国家"双高"建设项目系列教材

U0276499

工程测量

（含实训手册）

主　编　吴献文

副主编　阳德胜　黄炯荣　孙照辉

西南交通大学出版社
·成都·

图书在版编目（CIP）数据

工程测量：含实训手册. 1，工程测量 / 吴献文主
编. 一成都：西南交通大学出版社，2023.11
国家"双高"建设项目系列教材
ISBN 978-7-5643-9597-1

Ⅰ. ①工… Ⅱ. ①吴… Ⅲ. ①工程测量 – 高等职业教
育 – 教材 Ⅳ. ①TB22

中国国家版本馆 CIP 数据核字（2023）第 219494 号

国家"双高"建设项目系列教材
Gongcheng Celiang（Han Shixun Shouce）

工程测量（含实训手册）

主编　吴献文

责任编辑　罗在伟
封面设计　何东琳设计工作室

出版发行　西南交通大学出版社
　　　　　（四川省成都市金牛区二环路北一段 111 号
　　　　　西南交通大学创新大厦 21 楼）
邮政编码　610031
发行部电话　028-87600564　　　028-87600533
网址　　　http：//www.xnjdcbs.com
印刷　　　四川玖艺呈现印刷有限公司

成品尺寸　185 mm×260 mm
总印张　　22.5
总字数　　592 千
版次　　　2023 年 11 月第 1 版
印次　　　2023 年 11 月第 1 次
书号　　　ISBN 978-7-5643-9597-1
套价（全 2 册）　68.00 元

课件咨询电话：028-81435775
图书如有印装质量问题　本社负责退换
版权所有　盗版必究　举报电话：028-87600562

党的二十大报告指出，教育、科技、人才是全面建设社会主义现代化国家的基础性、战略性支撑。必须坚持科技是第一生产力、人才是第一资源、创新是第一动力，深入实施科教兴国战略、人才强国战略、创新驱动发展战略，开辟发展新领域新赛道，不断塑造发展新动能新优势。同时，为了深入贯彻党中央、国务院和教育部关于职业教育的相关文件和精神，进一步深化职业教育的教学改革，提高人才培养质量，编者根据高等职业教育的教学特点，结合测绘地理信息类专业的教学实际，坚持"以服务为宗旨、以就业为导向、以技能为核心"的职业教育理念，推广教育信息化，在广泛调研的基础上编写了本书。

本书以"项目导向、任务驱动、教学做一体化"教学模式的教学改革为方向，以工程测量岗位典型工作任务为内容，以《工程测量标准》（GB 50026—2020）、《公路勘测规范》（JTGC10—2007）、《铁路工程测量规范》（TB10101—2018）、《建筑施工测量标准》（JGJ/T408—2017）、《建筑变形测量规范》（JGJ 8—2016）等为技术依据，组织教学与生产实践经验丰富的编写团队，根据高职测绘地理信息类专业特点，工程测量基本原理与行业特点相结合，融入课程思政元素，精心设计了测量基础知识、施工测量的基本工作、道路与桥梁工程测量、隧道施工测量、建筑施工测量、建筑变形测量与竣工总图编绘等6个学习项目，共计38个学习任务。每个项目都按照"项目导学—学习目标—引导案例—任务知识—思政阅读—巩固提高"等环节编写。"任务知识"环节中，理论知识讲解以"实用、够用"为原则，深入浅出、透彻明了；配套的实训手册则基于工程测量员的工作过程，力求展现工程测量任务实施的过程性与完整性。

本书采用"教学做一体化"教学模式，各项目教学学时建议如下：

项目	项目内容	建议学时
项目1	测量基础知识	4
项目2	施工测量的基本工作	16
项目3	道路与桥梁工程测量	12
项目4	隧道施工测量	4
项目5	建筑施工测量	12
项目6	建筑变形测量与竣工总图编绘	6
合　计		54

本书配套有电子课件、计算电子表格、微课、视频等信息化资源，通过信息化教学手段，将纸质教材与课程资源有机结合，是资源丰富的"互联网+"智慧教材，最大限度地满足教师教学和学生学习的需要，提高教学和学习质量，促进教学改革。本书配备有活页式的实训手册，方便实训课程的组织与实施。

本书为国家"双高"建设项目系列教材，广东工贸职业技术学院高等职业教育测绘地理信息类"十四五"规划教材，由广东工贸职业技术学院吴献文担任主编（编写项目1、项目2、项目4）并完成统稿。担任副主编的有广东工贸职业技术学院阳德胜、黄炯荣（共同编写项目3）、广州全成多维信息技术有限公司孙照辉（编写项目5），担任参编的有河南省航空物探遥感中心马道鸣与广东省揭阳市华维测绘有限公司刘武（共同编写项目6）、广东工贸职业技术学院段芸杉（负责图表的制作）。特别鸣谢福建金创利信息科技发展股份有限公司为本书提供大量的虚拟仿真视频教学资料。本书在编写过程中，参阅了大量的书籍和资料，在此对原作者一并表示感谢！

本书可以作为高职院校测绘地理信息类专业的教材，也可以作为测绘地理信息技能培训用书，还可以作为企业测绘地理信息技术人员学习的参考书籍。

由于编者水平有限，书中难免存在疏漏和不足之处，恳请业内专家、同仁、广大读者批评指正（编者邮箱：957977080@qq.com）。

编　者

2023 年 5 月于广州

教材课件

资源目录索引

序号	二维码名称	资源类型/数量	页码
22	电子表格：综合曲线极坐标法测设数据计算表	电子表格（程序下载）	091
23	视频：三四等水准测量（闭合）	视频	095
24	视频：水准仪 i 角检测	视频	095
25	微课：中平测量	微课	096
26	图片：隧道洞外 GNSS 控制网布设示例图	图片	132
27	微课：竖井联系测量（单井方位角传递）	微课	134
28	微课：竖井高程传递	微课	137
29	视频：施工控制网的建立	视频	159
30	电子表格：水平地面挖填土方量的计算	电子表格（程序下载）	168
31	电子表格：倾斜地面挖填土方量的计算	电子表格（程序下载）	170
32	微课：根据原有建筑物定位与放线	微课	174
33	微课：恢复轴线的方法	微课	178
34	微课：垂线法建筑物轴线投测	微课	182
35	微课：经纬仪多层建筑轴线投测	微课	187
36	微课：经纬仪高层建筑轴线投测	微课	187
37	视频：DJ6 经纬仪竖直角观测（一测回）	视频	238
38	视频：DJ6 经纬仪视距测量	视频	238

目 录
CONTENTS

测量基础知识

项目导学

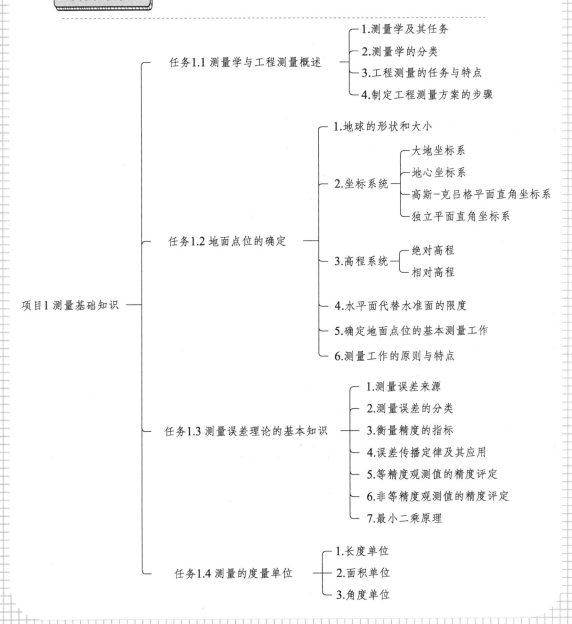

项目1 测量基础知识

任务1.1 测量学与工程测量概述
- 1.测量学及其任务
- 2.测量学的分类
- 3.工程测量的任务与特点
- 4.制定工程测量方案的步骤

任务1.2 地面点位的确定
- 1.地球的形状和大小
- 2.坐标系统
  - 大地坐标系
  - 地心坐标系
  - 高斯-克吕格平面直角坐标系
  - 独立平面直角坐标系
- 3.高程系统
  - 绝对高程
  - 相对高程
- 4.水平面代替水准面的限度
- 5.确定地面点位的基本测量工作
- 6.测量工作的原则与特点

任务1.3 测量误差理论的基本知识
- 1.测量误差来源
- 2.测量误差的分类
- 3.衡量精度的指标
- 4.误差传播定律及其应用
- 5.等精度观测值的精度评定
- 6.非等精度观测值的精度评定
- 7.最小二乘原理

任务1.4 测量的度量单位
- 1.长度单位
- 2.面积单位
- 3.角度单位

知识模块	能力目标	
	专业能力	方法能力
测量学与工程测量概述	（1）能掌握测量学的概念及任务； （2）能掌握测量学的分类； （3）能掌握工程测量的概念、任务与特点； （4）能掌握工程测量方案的制定步骤	
地面点位的确定	（1）能理解测量工作中的基准线和基准面的概念； （2）能掌握确定地球形状与大小的理论知识； （3）能理解常用的坐标系统建立方法； （4）能理解常用的高程系统建立方法； （5）能理解水平面代替水准面的限度； （6）能掌握确定地面点位的基本测量工作； （7）能理解测量工作的原则与特点	（1）独立学习、思考能力； （2）独立决策、创新能力； （3）获取新知识和技能的能力； （4）人际交往、公共关系处理能力； （5）工作组织、团队合作能力
测量误差理论的基本知识	（1）能掌握测量误差产生的三方面原因； （2）能正确区分测量中的系统误差和偶然误差； （3）能通过一定的方法消除或减小系统误差和偶然误差； （4）能计算观测值中误差、容许误差和相对误差； （5）能掌握最小二乘法原理	
激光施工测量仪器的应用	（1）能掌握常用的长度单位换算； （2）能掌握常用的面积单位换算； （3）能掌握常用的角度单位换算	

京沪高速铁路的建设之路

京沪高速铁路，从 20 世纪 90 年代开始进行勘测设计，2008 年正式开工建设，到 2011 年 6 月正式开通运营，至今运营时间已超过了十年。这二十几年来，无论是勘测设计阶段、施工建设阶段还是正式运营阶段，这条途经中国华北地区和华东地区，跨越 7 个省市的重要客运专线都离不开测绘工作，特别是工程测量工作的支撑，从控制网的布设、大比例尺地形图的测绘、纵横断面的测量到施工现场的线下线上施工放样、精密工程控制网的建立以及轨道的铺设，再到运营后的工程变形监测。在其整个生命周期内它都将和工程测量长期相伴。

思考：1. 在京沪高速铁路建设过程中，都经历了哪些阶段？

2. 在京沪高速铁路建设中的各施工阶段都需要进行哪些测量工作？

3. 工程测量中所采用的坐标系统与高程系统有哪些？

请写下你的分析：

任务 1.1 测量学与工程测量概述

1.1.1 测量学及其任务

测量学是研究地球的形状和大小以及确定地面（包括空中、地下和海底）点位的一门科学，是研究对地球整体及其表面和外层空间中的各种自然、人造物体上与地理空间分布有关的信息，并进行采集处理、管理、更新和利用的科学和技术，即确定空间点的位置及其属性关系。

测量工作的任务包括测定和测设两个部分。

测定又称测绘，是指运用测量仪器和工具，通过测量和计算得到一系列测量数据，把地球表面的地物和地貌缩绘成地形图，编制成数据资料，供经济建设、规划设计、科学研究和国防建设使用。

测设又称放样，是指把图纸上规划设计好的建筑物、构筑物的位置在地面上标定出来，作为施工的依据。

1.1.2 测量学的分类

测量学是测绘科学技术的总称，它所涉及的技术领域，按照研究范围及测量手段的不同可分为大地测量学、地形测量学、普通测量学、摄影测量与遥感、工程测量学、地图制图学、海洋测量学等学科。

1. 大地测量学

大地测量学是研究和确定地球形状、大小、重力场、整体与局部运动和地球表面点的几何位置以及它们变化的理论和技术的学科。其基本任务是建立国家大地控制网，测定地球的形状、大小和重力场，为地形测图和各种工程测量提供基础起算数据；为空间科学、军事科学及研究地壳变形、地震预报等提供重要资料。按照测量手段的不同，大地测量学又分为几何大地测量学、卫星大地测量学及物理大地测量学等。

2. 地形测量学

地形测量学是研究如何将地球表面局部区域内的地物、地貌及其他有关信息测绘成地形图的理论、技术和方法的学科。

3. 普通测量学

普通测量学是研究地球表面小范围测绘的基本理论、技术和方法的学科；它不顾及地球曲率的影响，把地球局部表面当作平面看待，是测量学的基础。

4．摄影测量与遥感

摄影测量与遥感是通过使用无人操作设备的成像和其他传感器系统进行记录和测量。然后对数据进行分析和表示，从而获得研究对象的可靠信息。其基本任务是通过对摄影像片或遥感图像进行处理、量测、解译，以测定物体的形状、大小和位置进而制作成图。

5．工程测量学

工程测量学是研究各项工程在规划设计、施工建设和运营管理阶段所进行的各种测量工作的学科。

工程测量学广泛应用在工业建设、铁路、公路、桥梁、隧道、水利工程、地下工程、管线（输电线、输油管）工程、矿山和城市建设等领域。一般的工程建设分为规划设计、施工建设和运营管理三个阶段。工程测量学是研究这三阶段所进行的各种测量工作。

6．地图制图学

地图制图学是研究模拟地图和数字地图的基础理论、设计、编绘、复制的技术、方法及其应用的学科。它的基本任务是利用各种测量成果编制各类地图，其内容一般包括地图检影。地图编制、地图整饰和地图制印等。

7．海洋测量学

海洋测量学是以海洋和陆地水域为对象所进行的测量和海图编绘工作的学科，目前在军事、跨海工程、码头建设、水工建筑等方面应用广泛。

本教材主要讲述测量基础知识及部分工程测量学的内容。

1.1.3 工程测量的任务与特点

1．工程测量的任务

工程测量按工程建设的对象可分为：建筑工程测量、电力工程测量、水利工程测量、交通工程测量（铁路、公路）、矿山测量、市政工程测量、海洋测量和国防工程测量等。

工程测量按工作顺序和性质分为勘察设计、施工放样和运营管理三个阶段，这三个阶段对测量工作有不同的要求，现简述各阶段的任务如下：

1）勘察设计阶段的测量工作

此阶段的测量工作主要是根据工程建设的需要，布设基础测量控制网，测绘不同比例尺地形图和各种图件。例如铁路在设计阶段要收集一切相关的地形资料，以及其他方面的地质、经济、水文等资料，先在图上选择几条有价值的线路，然后由测量人员测定所选线路上的带状地形图，最后由设计人员根据测得的现状地形图选择最佳路线，以及在图上进行初步的设计。

2）施工放样阶段的测量工作

此阶段的测量工作主要是建立施工控制网、建设时期的变形监测，以及根据设计和施工技术的要求把建筑物的空间位置关系在施工现场标定出来，作为施工建设的依据。这一步即为测设工作，也称施工放样。施工放样是联系设计和施工的重要桥梁，一般来讲，精度要求比较高。

3）运营管理阶段的测量工作

此阶段的测量工作主要是进行工程竣工后的竣工验收测量和建（构）筑物的变形观测，并通过对变形观测资料的整理与分析，预测变形规律，为建（构）筑物的安全使用提供保障，为研究维护方法、采取加固措施、研究设计理论、改进施工方法等提供有益的资料。

可见，测量工作贯穿于工程建设的整个过程，测量工作直接关系到工程建设的速度和质量。所以，每一位从事工程建设的人员，须掌握必要的测量知识和技能。

2. 工程测量的特点

工程测量的显著特点是与工程的设计、施工和运营管理紧密结合。工程测量的基本理论、方法是共同的，但工程测量是为具体的建设工程服务的，依附于工程勘察设计和施工程序，测量的精度取决于工程建设的质量要求。因此，工程测量的具体方法受工程施工方法和条件的影响，只有采用合理的工程测量方法，才能快速、准确地完成工程测量任务。因此，学习本课程还需要掌握大量的其他学科知识，只有把测量工作与所服务的建设工程紧密结合起来，才能胜任工程测量工作。

1.1.4 制定工程测量方案的步骤

工程测量工作者的能力反映在能否制定科学合理的工程测量方案，并能解决实施方案过程中产生的技术问题。一个工程测量方案从其形成到实施的过程大致需要下列几个步骤：

（1）制定方案前，首先要了解设计与施工。为此，工程测量工作者应具备一些工程建设方面的知识。但是，工程的种类很多，我们不可能也没必要对什么工程都懂，在遇到具体工程时可边做边学。但具备工程力学和工程制图知识是十分必要的，因为了解设计和施工方法的最起码或最低要求是首先能阅读设计图纸和文件，其次是与设计和施工人员交谈，从而记取与测量有关的重要事物及数据，为制定工程测量方案收集资料。

（2）在了解工程的设计及施工方法时，测量方案的构思就在同步进行。对一位既有理论基础又有实践经验的测量工程师来说，当他对工程了解清楚时，测量方案大体上也定下来了。理论基础主要指测量误差与数据分析知识，既包括对测量控制网和测量方法的误差分析，也包括对测量仪器和外界条件的误差分析。构思方案时，并不要求精确地计算精度，往往只是做粗略的估算，因此一些简化的精度估算公式和概略计算技巧是十分有用的。实践经验对制定方案也十分重要，虽然在其他工程中取得的经验不能照搬，但常可借鉴。经验越丰富，思路就越宽泛，越能提出解决问题的方法。

（3）工程条件各不相同，常规的测量仪器和测量方法往往不能解决所有的工程问题，因此工程测量方案中常要包括解决某些关键性技术问题的措施，有时还需要设计并加工一些专用的仪器和工具，制定一些新的工程测量方法。由于某个技术问题无法解决而迫使大幅度修改方案，甚至被迫放弃原方案的情况也是常有的。解决关键性技术问题和设计专用仪器、工具也与理论基础及实践经验分不开。此外，工程测量人员还应善于应用相邻学科成熟的技术来解决工程测量问题，如激光、传感器和电子技术已成功应用于变形监测工作中。

一个方案很少百分之百地付诸实施。只要方案的基本思路没有大的改动，即使实施中有些具体的修改补充，仍算是个好方案。事实上，方案实施的过程也是方案逐步完善的过程。

（4）总结提高，这是常会被人遗忘的一点。具体工程中的具体方案总带有一定特殊性，只有通过总结才可从特殊经验中提炼出有普遍意义的规律。总结要在理论指导下进行，是一个提高的过程。如果一个人不重视总结，或者因为缺乏理论素养而做不好总结，那么即使他经历了许多实践，处理问题的水平仍可能不高。

方案的制定到实施诸环节组成一个循环，每接一个新任务就进入一个新的循环。一个循环完成就提高一步。工程测量人员的能力就是在这样的循环中得到锻炼、不断提高的。

1.2.1　地球的形状和大小

地球表面是一个极不规则的曲面，它上面有高山峡谷、丘陵平原、沙漠戈壁、江河湖海等。其中，位于我国青藏高原的地球上最高峰珠穆朗玛峰，海拔达 8 848.86 m，最低处在太平洋西部的马里亚纳海沟，深为 11 022 m。虽然地球上这样的高低起伏，但同地球的平均半径 6 371 km 相比，是非常微不足道的。另外，地球上海洋面积约占整个表面积的 71%，而陆地仅占 29%。因此，我们可以将地球总的形状近似看作是一个被海水包围的球体。

设想静止的海水面延伸至大陆和岛屿后，形成包围整个地球的连续表面，称为水准面，它可以在局部由静止的液体表面来体现。水准面的特性是它处处与铅垂线正交，符合这一特性的水准面有无数个，其中与静止的平均海水面重合的叫作大地水准面（图 1-2-1）。大地水准面是测量工作的基准面，大地水准面所包围的地球形体，称为大地体。

大地水准面虽然比地球的自然表面要规则得多，但仍不能用一个数学公表示出来，为了便于测绘成果的计算，需选择一个大小和形状与大地水准面极为接近，且表面又能用数学公式表达的旋转椭球面来代替大地水准面，即地球参考椭球面（见图 1-2-2）。大地水准面对于旋转椭球面有一定的起伏，称为大地水准面差距。旋转椭球的大小可采用长半轴 a 和短半轴 b，或长半轴和扁率 $f = （a - b）/a$ 来决定。我国 1980 年国家大地坐标系采用 1975 年国际大地量与物理联合会推荐的椭球参数，长半轴 $a = 6\ 378\ 140$ m，短半轴 $b = 6\ 356\ 755.288\ 157\ 528\ 7$ m，扁率 $f = 1/298.257$；GPS 应用的 WGS-84 椭球参数，长半轴 $a = 6\ 278\ 137$ m，扁率 $f = 1/298.257\ 223\ 563$；2000 国家大地坐标系（CGCS2000）的长半轴 $a = 6\ 278\ 137$ m，扁率 $f = 1/298.257\ 222\ 101$。由于地球的扁率 f 很小，所以在一般测量工作中，可把地球近似看作一个圆球，地球半径 $R = 6\ 371$ km。

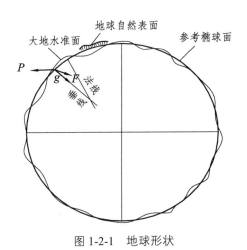

图 1-2-1　地球形状

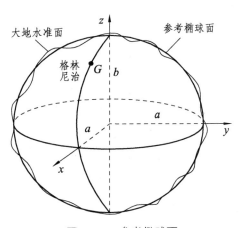

图 1-2-2　参考椭球面

1.2.2　坐标系统

为了确定地面点的空间位置，需要建立测量坐标系。在一般工程测量中，确定地面点的空间位置，通常需要三个量，即该点在一定坐标系下的三维坐标，或该点的二维球面坐标，或该点投影到平面上的二维平面坐标，以及该点到大地水准面的铅垂距离（高程）。为此我们必须研究测量中的坐标系。

1.　大地坐标系

地面点在参考椭球面上投影位置的坐标，可以用大地坐标系的经度和纬度表示。如图 1-2-3 所示，椭球体的短轴为地球的自转轴称地轴 NS。地轴与椭球体面相交，获得两个极点，北面的极点称作北极 N，南面的极点称作南极 S。短轴的中点 O 称作地心或球心。通过地轴的平面称作子午面。子午面与椭球体面的交线称作子午线（子午圈）或经线，而所有的子午圈都是长、短半径相同的椭圆。通过英国格林尼治天文台的子午线称作起始子午线，又叫作本初子午线。垂直于地轴 NS 的平面与椭球体面的交线称作纬圈或纬线。所有的纬圈都互相平行，也称作平行圈，它们都是半径不相同的圆圈，其中通过 O 点的平面就是赤道面，所在纬线就是赤道。

过地面上任一点 P 的子午面与起始子午面所夹的两面角，叫作 P 点的大地经度，用 L 表示。大地经度以起始子午面为 0°起算，向东 0°~180°称作东经，向西 0°~180°称作西经。过地面点 P 的法线（在该点与椭圆体面垂直的线）与赤道平面的交角，叫作 P 点的大地纬度，用 B 表示。大地纬度是以赤道为 0°，向北 0°~90°称作北纬，向南 0°~90°称作南纬。我国位于地球上的东北半球，经度范围为东经 73°~135°，纬度范围为北纬 3°~53°。

地面点沿法线至参考椭球面的距离称作这个点的大地高。大地坐标由大地经度 L、大地纬度 B 和大地高 H 共 3 个量组成，用以表示地面点的空间位置。

2.　地心坐标系

地心坐标系又称空间三维直角坐标系，是以地球椭球的中心（即地球体的质心）O 为原点，起始子午面与赤道面的交线为 X 轴，在赤道面内通过原点与 X 轴垂直的为 Y 轴，地球椭球的旋转轴为 Z 轴，如图 1-2-4 所示。地面点 A 的空间位置用三维直角坐标 (X_A, Y_A, Z_A) 表示。A 点可以在椭球面之上，也可以在椭球面之下。

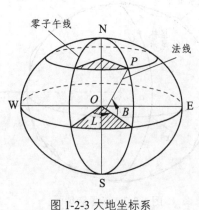

图 1-2-3 大地坐标系

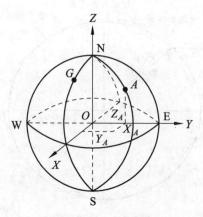

图 1-2-4　地心坐标系

3. 高斯-克吕格平面直角坐标系

视频：高斯-克吕格投影

在工程测量中，常将椭球坐标系按照一定的数学法则投影到平面上称为平面直角坐标系。为满足工程测量及其他工程上的应用，我国采用高斯-克吕格投影，简称高斯投影。

高斯投影法是将地球参考椭球面按经线划分成若干条带，然后将每带投影到平面上，如图1-2-5所示。

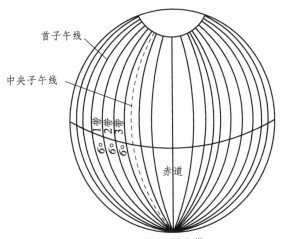

图 1-2-5　高斯投影分带

如何划分投影带，国际上通行有两种方法，一种是按经度差6°带划分，从本初子午线开始，自西向东每隔6°为一投影带，依次用阿拉伯数字1～60进行编号，全球共分为60个投影带。另一种是按经差3°带划分，划分时第1号3°带的中央子午线与第1号6°带的中央子午线相同，然后按每隔3°为一投影带，全球共分为120个投影带。而当按6°带划分时，根据地球赤道周长，可以简单计算出沿赤道线位置，每个6°带的两条边界子午线之间最大弧长约为667 km，即每个投影带中距离中央子午线最远处不超过334 km。经投影后此处的线段会产生约1/700长度变形。对于大比例尺测绘地形图，以及精度要求较高的工程测量（测距误差要求1/2 000～1/1 000）来说，如此大的投影长度变形是不允许的。因此还要采用3°带，甚至1.5°带来划分，并以此建立高斯平面直角坐标系。

图1-2-6展示了6°带与3°带的具体划分以及将它们展开之后的相互位置关系。根据该图，在东半球内的6°带与3°带的带号，与其相应的中央子午线的经度有如下关系：

$$\begin{cases} L_6 = 6N - 3 \\ L_3 = 3n \end{cases} \qquad (1\text{-}2\text{-}1)$$

式中，L_6 为6°带的中央子午线经度，N 为6°带的带号；

L_3 为3°带的中央子午线经度，n 为3°带的带号。

反之，如果知道某点经度 L，则可求算出该点所在6°带带号 N 或3°带的带号 n，计算公式如下：

$$\begin{cases} N = \text{INT}\left(\dfrac{L}{6}\right) + 1 \\ n = \text{INT}\left(\dfrac{L}{3} + 0.5\right) \end{cases} \qquad (1\text{-}2\text{-}2)$$

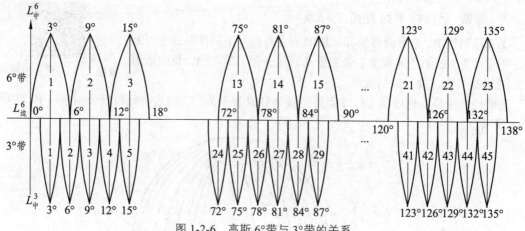

图 1-2-6　高斯 6°带与 3°带的关系

按上述方法划分投影带后，即可进行高斯投影。如图 1-2-7（a）所示，设想将一个平面卷成一个空心圆柱，把它横着套在参考椭球体外面，使圆柱的中心轴线位于赤道面内并通过球心，且使参考椭球上的某条 6°带的中央子午线与椭圆相切。在椭球而上的图形与圆柱上的图形保持等角的情况下，将整个 6°带投影到圆柱面上。然后将圆柱沿着通过南北极的母线切开并展成平面，便得到 6°带在平面上的影像，如图 1-2-7b 所示。由于分带很小，投影后的影像变形也很小，离中央子午线越近，变形就越小。在由高斯投影而成的平面上，中央子午线和赤道保持为直线，两者互相垂直。以中央子午线为坐标系纵轴 x，以赤道为横轴 y，其交点为原点 O，便构成此带的高斯平面直角坐标系，如图 2-7（b）所示。在这个投影面上的每一点的位置，都可以用直角坐标 x、y确定。此坐标与大地坐标的经度 L、B 是对应的，它们之间有严密的数学关系，可以互相换算。

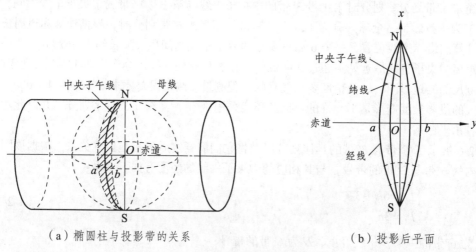

（a）椭圆柱与投影带的关系　　　　（b）投影后平面

图 1-2-7　高斯投影方法

每一投影带均有自己的中央子午线、坐标轴和坐标原点，形成独立但又相同的坐标系统。我国位于北半球，x 坐标均为正值，而 y 坐标则有正有负。为了避免 y 坐标出现负值，规定把坐标纵轴向西平移 500 km，如图 1-2-8 所示。另外，为了能确定点位属于哪一个投影带内，还规定在 y 坐标前面冠以带号，如式（1-2-3）：

图片：大地原点

$$y = 带号\ N（或\ n）+ 500\ \text{km} + Y \qquad\qquad (1\text{-}2\text{-}3)$$

式中，Y——以中央子午线投影位置为 X 轴的横坐标值，称为横坐标的自然值。

4. 独立平面直角坐标系

在小区域内进行测量时，局部椭球面（一般为 100 km² 以内）看作一个水平面，其对距离的影响可忽略不计，而且对角度的影响除最精密的测量工作外也可忽略。因此，可以在过测区中心点的切平面上建立起独立平面直角坐标系，纵轴为 X 轴，横轴为 Y 轴，构成右手坐标系。则地面上某点 A 在投影面上的位置就可用（x_A，y_A）来表示，如图 1-2-9 所示。

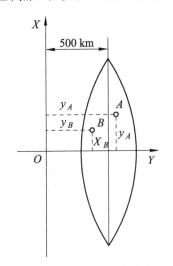

图 1-2-8　高斯平面直角坐标系

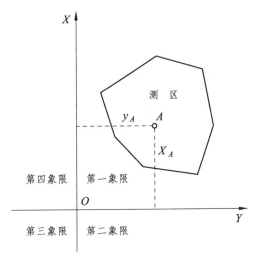

图 1-2-9　独立平面直角坐标系

1.2.3　高程系统

为了确定地面点的空间位置，除了要确定其在基准面上的投影位置外，还应确定其投影方向到基准面的距离，即确定地面点的高程。

1. 绝对高程

图片：水准原点

地面点到大地水准面的铅垂距离称为绝对高程（简称高程，又称海拔），习惯用 H 表示。如图 1-2-10 所示，H_A 和 H_B 即为 A 点和 B 点的绝对高程。为了建立全国统一的高程基准面，我国在青岛设立验潮站，并在附近的观象山建立了水准原点，作为全国各地的高程起算依据，1987 年以前，我国采用的是 1956 年黄海高程系，对应的水准原点高程为 72.289 m。1988 年 1 月 1 日起，我国正式启用 1985 国家高程基准，以青岛验潮站 1952～1979 年的潮汐资料推求的平均海水面作为统一的高程基准面，对应的水准原点高程为 72.260 m。

2. 相对高程

当个别测区引用绝对高程有困难，或有些工作不必要引用绝对高程时，可采用假定水准面作为高程起算的基准面。地面上一点到假定水准面的垂直距离称为该点的假定高程或相对高程。

如图 1-2-10 中的 H'_A 和 H'_B 所示。

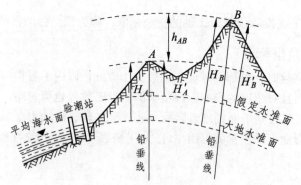

图 1-2-10　高程与高差示意图

在测量工作中，"点的高程"一般情况下是指绝对高程。

3. 高　差

两个地面点之间的高程差称为高差，习惯用 h 来表示。高差有方向性和正负，但与高程基准无关。如图 1-2-10 所示，A 点高程为 H_A，B 点高程为 H_B，则 B 点相对于 A 点的高差为 $h_{AB} = H_B - H_A$。当 h_{AB} 为正时，B 点高程高于 A 点高程；当 h_{AB} 为负时，B 点高程低于 A 点高程。同时不难证明，高差的方向相反时，其绝对值相等而符号相反。

需要注意的是，水准面是一个曲面，即使在很小范围内，高差和高程的确定也必须考虑地球曲率的影响，这一点与平面位置的确定有所不同。

1.2.4　水平面代替水准面的限度

水准面是一个曲面，从理论上讲，即使有极小部分的水准面当作平面看待，也是要产生变形的。但是由于测量和绘图的过程中都不可避免地产生误差，若将小范围的水准面当作平面看待，其产生的误差不超过测量和绘图的误差，那么这样做是可以的，而且也是合理的。下面来讨论以水平面代替水准面时对距离和高程的影响，以便明确用水平面代替基准面的范围。

1. 对水平距离的影响

如图 1-2-11 所示，A、B 为地面上两点，它们在大地水准面上的投影为 a、b，弧长为 D，所对的圆心角为 θ。A、B 两点在水平面上的投影为 a'、b'，其距离为 D'，两者之差 ΔD 即为用水平面代替水准面所产生的误差，即：$\Delta D = D' - D$。

因为　　$D' = R\tan\theta$，$D = R\theta$

则有　　$\Delta D = R\tan\theta - R\theta = R(\tan\theta - \theta)$

将 $\tan\theta$ 按级数展开，并略去高次项，取前两项得

$$\tan\theta = \theta + \frac{1}{3}\theta^3$$

则　　　　　　　　　$\Delta D = \frac{1}{3}R\theta^3$　　　　　　（1-2-4）

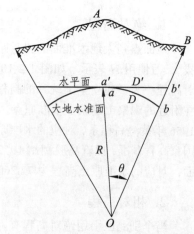

图 1-2-11　水平面代替水准面的影响

以 $\theta = D/R$ 代入式（1-2-4），得

$$\Delta D = \frac{D^3}{3R^3} \qquad (1\text{-}2\text{-}5)$$

表示成相对误差为

$$\frac{\Delta D}{D} = \frac{D^3}{3R^3} \qquad (1\text{-}2\text{-}6)$$

取 $R = 6\,371$ km，并以不同的 D 值代入式（1-2-5）和式（1-2-6），即可求得用水平面代替水准面的距离误差和相对误差，见表 1-2-1。

表 1-2-1　用水平面代替水准面对距离的影响

距离 D/km	距离误差 ΔD/cm	相对误差 $\Delta D/D$	距离 D/km	距离误差 ΔD/cm	相对误差 $\Delta D/D$
10	0.8	1∶1 220 000	50	102.6	1∶49 000
25	12.8	1∶200 000	100	821.2	1∶12 000

由以上计算可以看出，当距离为 10 km 时，以水平面代替水准面所产生的距离相对误差为 1∶1 220 000，小于目前精密距离测量误差 1∶1 000 000。由此可得出结论：在半径为 10 km 的范围内，地球曲率对水平距离的影响可以忽略不计。对于精度要求较低的测量，还可以扩大到以 25 km 为半径的范围。

2. 对高差的影响

在图 1-2-11 中，a、b 两点在同一水平面上，其高差 $h_{ab} = 0$。a'、b' 两点的高差 $h_{a'b'} = \Delta h$，则 Δh 就是 h_{ab} 与 $h_{a'b'}$ 的差，即 Δh 为水平面代替水准面所产生的高差误差。

化简得　　$(R + \Delta h)^2 = R^2 + D'^2$

$$\Delta h = \frac{D'^2}{2R + \Delta h} \qquad (1\text{-}2\text{-}7)$$

式（1-2-7）中，可用 D 代替 D'，同时 Δh 与 $2R$ 相比可略去不计，故式（1-2-7）可写为

$$\Delta h = \frac{D^2}{2R} \qquad (1\text{-}2\text{-}8)$$

以不同距离 D 代入式（1-2-8），即得相应的高差误差值，见表 1-2-2。

表 1-2-2　用水平面代替水准面对高差的影响

D/m	100	200	500	1 000
Δh/mm	0.8	3.1	19.6	78.5

由表 1-2-2 可知，当距离为 100 m 时，高差误差接近 1 mm，这对高程测量来说影响很大，所以在进行高程测量时，必须考虑地球曲率对高程的影响。

1.2.5 确定地面点位的基本测量工作

一个未知点的空间位置（平面坐标和高程）由已知点的空间位置、已知点与未知点间的相互关系要素确定。在测绘领域内，点的位置都从属于某个基准，不论点与点间的相互关系，还是已知点的空间位置都通过一定的测量工作获取。

如图 1-2-12 所示，M 和 N 是已知坐标点，它们在水平面上的投影位置为 m、n，地面点 A、B 是待定点，它们投影在水平面上的投影位置是 a、b。若观测了水平角 β_1、水平距离 D_1，可用三角函数计算出 a 点的坐标，同理，若又观测了水平角 β_2 和水平距离 D_2，则可计算出 b 点的坐标。

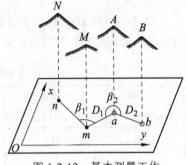

图 1-2-12 基本测量工作

在测绘地形图时，也可不计算坐标，在图上直接用量角器根据水平角 β_1 作出 m 点至 a 点的方向线，在此方向线上根据距离 D_1 和一定的比例尺，即可定出 a 点的位置，同理可在图上定出 b 点的位置。

因此，水平角测量和水平距离测量是确定地面点坐标或平面位置的基本测量工作。

若 M 点的高程已知为 H_M，观测了高差 h_{MA}，则可利用高差计算公式转换后计算出 A 点的高程：$H_A = H_M + h_{MA}$。

同理，若观测了高差 h_{AB}，可计算出 B 点的高程。因此高差测量是确定地面点高程的基本工作，由于高差测量的目的是求取高程，习惯上仍称其为高程测量。

综上所述，地面点间的水平角、水平距离和高差是确定地面点位的三个基本要素，我们把水平角测量、水平距离测量和高差测量称为确定地面点位的三项基本测量工作，再复杂的测量任务，都是通过综合应用这三项基本测量工作来完成的。

1.2.6 测量工作的原则与特点

1. 测量工作的原则

测量工作中将地球表面的形态分为地物和地貌两类。把地面上的河流、道路、房屋等称为地物，地面高低起伏的山峰、沟、谷等称为地貌，地物和地貌总称为地形。确定某处地物或地貌空间位置及形态的特征点，称为碎部点。

测量的一项基本任务是测绘地形图。为了分幅测绘，提高作业进度，控制误差积累，保证测图精度，要求测量工作遵循在布局上"由整体到局部"，在精度上"由高级到低级"，在次序上"先控制后碎部"的原则。例如，为了保证全国各地区测绘的地形图具有统一的坐标系，精度均匀合理，国家测绘主管部门及其他相关测绘机构首先在全国范围内建立了覆盖全国的平面控制网和高程控制网，得到了按一定密度均匀分布的高级平面已知点（国家等级平面控制点）、高程已知点（国家等级高程控制点）成果。在某局部域内测绘地形图时，先选埋少数有控制意义的点（低等级控制点），如图 1-2-12 的中 A、B、$\cdots$、F 所示。其中，A、B 点只能测山前的地形图，山后要用 C、D、E 等点测量。将这些控制点与国家等级控制点联测，获得它们的平面坐标与高程，然后在已知点上通过角度、距离、高程测量工作确定特征点的位置。例如，将仪器

架在已知点 A，测定其与特征点 1、2、3 的三项基本要素，即可得到这些特征点的平面位置和高程，进而绘在图纸上，确定所在房屋的大小及位置。

测量工作是一项非常细致且连续性很强的工作，一旦发生错误，就会影响到下一步工作，乃至整个测量成果。因此，对测绘工作的每一个过程、每一项成果都必须检核。故"步步有检核"是组织测量工作应遵循的又一项原则。假若发现错误或不符合精度要求的观测数据，应立即查明原因，及时返工重测，这样才能保证测绘成果的可靠性。

上述原则也适用于测设工作。如图 1-2-13 所示，欲将图上设计好的建筑物 P、Q、R 进行测设，须先在实地进行控制测量，然后再在控制点 A、F 上安置仪器，进行建筑物测设。

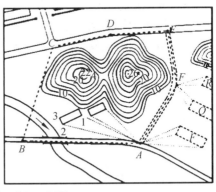

图 1-2-13　测图与测设示意图

2. 测量工作的特点

测量工作通常以队、组的形式由集体完成任务，只有合理分工，密切配合，才能保质保量地做好工作。

测绘仪器是测量工作必不可少的工具，测量人员应养成爱护仪器、正确使用仪器的良好习惯。

测量记录是评定观测质量、观测成果的基本依据。测量人员必须坚持以认真严肃的科学态度，实事求是地做好记录工作。要求做到内容真实、完善，书写清楚、整洁，野外记录必须当场进行，不得涂改，保持记录的"原始性"。

任务 1.3　测量误差理论的基本知识

1.3.1　测量误差来源

测量误差产生的原因，概括起来主要有以下三方面。

1. 观测者

由于观测者感觉器官的鉴别能力有一定的局限性，在仪器的安置、照准、读数等方面都会产生误差。同时观测者的技术水平、工作态度及状态都对测量成果的质量有直接影响。

2. 测量仪器

测量工作是需要用测量仪器进行的，每一种测量仪器都有一定的精密程度，如在用刻有厘米（cm）分划的普通水准尺进行水准测量时，就难以保证估读的毫米（mm）位完全准确。同时，测量仪器本身在设计、制造、安装、校正等方面也存在一定的误差，如钢尺的刻划误差、度盘的偏心误差等。

3. 外界环境的影响

测量工作进行时所处的外界条件（如温度、湿度、日光照射、大气折光等）时刻在变化，外界条件的变化使测量结果也产生变化。

上述三方面因素的影响是引起测量误差的主要来源，因此，把这三方面因素综合起来称为观测条件。测量成果中的误差是不可避免的，为了确保测量作业的观测成果具有较高的质量，就要在一定的观测条件下，通过正确的方法，将测量误差减少或控制在允许的限度内，从而得到符合精度要求的测量结果。

1.3.2 测量误差的分类

测量误差按其观测结果的影响性质，可分为系统误差和偶然误差两大类。

1. 系统误差

在相同的观测条件下作一系列观测，如果出现的误差大小及其符号按一定的规律变化，这种误差称为系统误差。如用一把名义长度为 30 m，而实际正确长度为 30.02 m 的钢尺测量距离，每量一尺段就产生 2 cm 的误差，该 2 cm 误差在数值上和符号上都是固定不变，大小与所量距离的长度成正比，且具有累积性的特点。因此，系统误差的存在对观测成果的准确度有较大影响，应尽可能地减小或消除系统误差，其常用的处理方法有以下几种：

（1）严格检校仪器，消除仪器本身对观测值产生的误差，把系统误差降低到最低程度。

（2）加改正数，将观测值结果进行改正。如上述量距中尺长存在 2 cm 的误差，可通过对每一尺段改正 2 cm 的方法消除误差影响。

（3）采用适当的观测方法，使系统误差削弱或消除。如在角度测量时，采用盘左、盘右观测，在每个测回起始方向上改变度盘的配置等。

2. 偶然误差

在相同的观测条件下进行一系列的观测，如果误差出现的大小和符号都表现偶然性，即从单个误差来看没有任何规律性，但从大量误差的总体来看，具有一定的统计规律，这种误差称为偶然误差。

偶然误差是由人力所不能控制的因素或无法估计的因素（如人眼的分辨能力、仪器的极限精度和气象因素等）共同引起的测量误差，其数值的正负、大小纯属偶然。偶然误差在测量工作中是不可避免的，其个体的数值大小与符号具有不确定性，但群体却符合统计学规律。

大量的观测统计资料结果表明，偶然误差具有如下特性：

（1）在一定的观测条件下，偶然误差的绝对值不会超过一定的限值。

（2）绝对值较小的误差比绝对值较大的误差出现的机会多。

（3）绝对值相等的正负误差出现的机会相同。

（4）偶然误差的算术平均值，随着观测次数的无限增加而趋近于零。

削弱偶然误差影响的常用方法有：

（1）提高仪器精度。

（2）采用多余观测的方法。

（3）调整闭合差。

通过对偶然误差统计学特性的分析，可以知道，用取多余观测值的平均值或分配闭合差、求改正后的平均差值的方法，可得到高精度的观测结果。在观测中，系统误差与偶然误差往往同时产生，当系统误差被设法消除或减弱后，决定观测值精度的关键是偶然误差。

除系统误差和偶然误差外，在测量工作中还可能产生粗差（错误）。粗差的数值大小超出规定的系统误差和偶然误差，主要是由于观测者的粗心大意（如读错、记错数值等）或受到干扰所造成的错误而引起的。包含有粗差的观测值应舍弃，并重新进行测量。

1.3.3 衡量精度的指标

在一定的观测条件下进行的一组观测，对应着同一种确定的误差分布。若误差较集中于零附近，可以称其误差分布较为密集或离散度小；反之，称其误差较为离散或离散度大。离散度小，表明该组观测值质量比较好，也就是观测值具有较高的精度；离散度大，表明该组观测值质量较差，也就是观测值精度较低。若采用误差分布表或绘制频率直方图来评定观测值精度，十分麻烦，有时甚至不可能。因此，人们需要对精度有一个数字的概念，这种具体的数字能反映出误差分布的离散或密集的程度，称作衡量精度的指标。衡量精度的指标有多种，测量中常用的有中误差、容许误差与相对误差。

1. 中误差

设在相同观测条件下，对某个量进行了 n 次重复观测，得到观测值分别为 l_1、l_2、$\cdots$、l_n，每次观测的真误差用 Δ_1、Δ_2、$\cdots$、Δn 表示，则定义中误差 m 为

$$m = \pm\sqrt{\frac{[\Delta\Delta]}{n}}$$ （1-3-1）

式中，$[\Delta\Delta]$ 为真误差的平方和，n 为观测次数。

中误差所代表的是某一组观测值的精度，而不是这组观测值中某一次值的观测精度。在实际工作中，由于未知量的真值往往是不知道的，真误差也就无法求得，所以不能直接利用式（1-3-1）求得中误差。可用以下公式来计算中误差，有

$$m = \pm\sqrt{\frac{[vv]}{n-1}}$$ （1-3-2）

式中，$[vv]$ 为改正数的平方和，n 为观测次数。

2. 容许误差

在一定的观测条件下，偶然误差的绝对值不应超过一定的限值，这个限值称为极限误差，也称限差或容许误差。在一定的观测条件下，偶然误差绝对值不会超过一定的限值。根据误差理论

和大量的实践证明，在等精度观测某量的一组误差中，超出 2 倍中误差的偶然误差，出现的机会占 5%，大于 3 倍中误差的偶然误差出现的机会仅占总数的 0.3%，因此，绝对值大于 3 倍中误差的偶然误差出现的机会很小，故在测量中通常取 3 倍的中误差作为偶然误差的极限误差，即

$$\Delta_{极限} = 3m \tag{1-3-3}$$

实际工作中，观测次数是有限次的，偶然误差大于 3 倍中误差的情况很少遇到。另一方面，若对观测值精度要求较高时，有时取 2 倍的中误差作为偶然误差的极限误差，一般称为容许误差或允许误差，即

$$\Delta_{容许} = 2m \tag{1-3-4}$$

3. 相对误差

对于某些测量结果，有时单靠中误差还不能完全表达测量结果的好坏，如分别用钢尺测量长分别为 100 m 与 200 m 的两段距离，中误差均为 ±2 cm。从中误差的角度看，二者的精度相同，但就单位长度而言，二者精度并不相同。因此，引入与观测值本身大小相关的精度指标——相对误差。

中误差 m 的绝对值与观测值 l 的比值称为相对中误差，一般用 K 表示，并化为分子为 1 的分数形式，即

$$K = \frac{|m|}{l} = \frac{1}{l/|m|} \tag{1-3-5}$$

相对误差是一个无量纲数值，相对误差越小，说明观测结果的精度越高。如上述两段距离，其相对误差分别为

$$K_1 = 0.02 \text{ m}/100 \text{ m} = 1/5\ 000$$

$$K_2 = 0.02 \text{ m}/200 \text{ m} = 1/1\ 000$$

显然，后者的精度高于前者。

1.3.4 误差传播定律及其应用

在测量工作中，有些需要获取的量并非直接观测值，而是根据一些直接观测值用一定的数学公式（函数关系）计算而得，如坐标由距离和角度计算而得，因此称这些量为观测值的函数。由于观测值中含有误差，使函数受其影响也含有误差，称为误差传播，阐述观测值的中误差与观测值函数的中误差之间关系的定律，称为误差传播定律。

1. 误差传播定律

设有独立观测值 x_1、x_2、$\cdots$、x_n，其中误差分别为 m_{x1}、m_{x2}、$\cdots$、m_{xn}，今有 n 个独立观测值的函数 $Z = f(x_1、x_2、\cdots、x_n)$，对其求全微分得

$$\mathrm{d}Z = \frac{\partial f}{\partial x_1}\mathrm{d}x_1 + \frac{\partial f}{\partial x_2}\mathrm{d}x_2 + \cdots + \frac{\partial f}{\partial x_n}\mathrm{d}x_n \tag{1-3-6}$$

因真误差Δx_i、ΔZ均很小，故可代替式（1-3-6）中的微分dx_i及dZ，从而有真误差关系

$$\Delta Z = \frac{\partial f}{\partial x_1}\Delta x_1 + \frac{\partial f}{\partial x_2}\Delta x_2 + \cdots + \frac{\partial f}{\partial x_n}\Delta x_n \tag{1-3-7}$$

注意，$\frac{\partial f}{\partial x_i}$可以用$x_i$的观测值代入求得，是一常数，故上式实际是线性表达式。

设对函数Z进行了N组观测，将上式平方求和，再取均值，得

$$\frac{\left[\Delta Z^2\right]}{N} = \left(\frac{\partial f}{\partial x_1}\right)^2\frac{\left[\Delta x_1^2\right]}{N} + \left(\frac{\partial f}{\partial x_2}\right)^2\frac{\left[\Delta x_2^2\right]}{N} + \cdots + \left(\frac{\partial f}{\partial x_n}\right)^2\frac{\left[\Delta x_n^2\right]}{N} +$$

$$\frac{2}{N}\left(\frac{\partial f}{\partial x_1}\frac{\partial f}{\partial x_2}[\Delta x_1\Delta x_2] + \frac{\partial f}{\partial x_2}\frac{\partial f}{\partial x_3}[\Delta x_2\Delta x_3] + \cdots + \frac{\partial f}{\partial x_{n-1}}\frac{\partial f}{\partial x_n}[\Delta x_{n-1}\Delta x_n]\right) \tag{1-3-8}$$

由于观测值彼此独立，x_i、x_j的偶然误差Δx_i、Δx_j之乘积$\Delta x_i\Delta x_j$也必然表现为偶然误差的性质，依偶然误差的抵偿性则有

$$\lim_{\substack{N\to\infty \\ i\neq j}}\left(\frac{\partial f}{\partial x_1}\right)\left(\frac{\partial f}{\partial x_j}\right)\frac{\left[\Delta x_i\Delta x_j\right]}{N} = 0 \tag{1-3-9}$$

依中误差定义式（1-3-1）得

$$m_Z^2 = \left(\frac{\partial f}{\partial x_1}\right)m_{x_1}^2 + \left(\frac{\partial f}{\partial x_2}\right)m_{x_2}^2 + \cdots + \left(\frac{\partial f}{\partial x_n}\right)m_{x_n}^2 \tag{1-3-10}$$

依据（1-3-10）式，可导出表1-3-1所列各类函数式的误差传播定律。

表 1-3-1　误差传播定律

函数	函数表达式	误差传播定律
一般函数	$Z = f(x_1, x_2, \cdots, x_n)$	$m_Z = \pm\sqrt{\left(\frac{\partial f}{\partial x_1}\right)^2 m_{x_1}^2 + \left(\frac{\partial f}{\partial x_2}\right)^2 m_{x_2}^2 + \cdots + \left(\frac{\partial f}{\partial x_n}\right)^2 m_{x_n}^2}$
倍数	$Z = kx$	$m_Z^2 = k^2 m_x^2$
和差	$Z = \pm x_1 \pm x_2 \pm \cdots \pm x_n$	$m_Z^2 = m_{x_1}^2 + m_{x_2}^2 + \cdots + m_{x_n}^2$
线性	$Z = k_1 x_1 + k_2 x_2 + \cdots + k_n x_n$	$m_Z^2 = k_1^2 m_{x_1}^2 + k_2^2 m_{x_2}^2 + \cdots + k_n^2 m_{x_n}^2$
均值	$Z = \dfrac{[x]}{n} = \dfrac{1}{n}x_1 + \dfrac{1}{n}x_2 + \cdots + \dfrac{1}{n}x_n$	$m_Z^2 = m_x^2/n$（等精度观测）

2. 误差传播定律的应用

误差传播定律在测量工作中有着广泛的应用，利用它不仅可以求得观测值函数的中误差，而且还可以确定非直接观测量的允许误差。

【例 1-3-1】两点间的水平距离D分为n段来丈量，各段量得的长度分别为d_1、d_2、$\cdots$、d_n，

$D = d_1 + d_2 + \cdots + d_n$，已知各段的中误差分别为 m_1、m_2、$\cdots$、m_n，求 D 的中误差。

解：$m_D = \sqrt{m_1^2 + m_2^2 + \cdots + m_n^2}$

特别是当各个观测值为等精度观测，即 $m_1 = m_2 = \cdots = m_n = m$ 时，$m_D = \sqrt{n}m$。

【例 1-3-2】在 1∶1 000 的地形图上量得两点间距 $d = 237.5$ mm，已知丈量中误差 $m_d = \pm 0.2$ mm，问该两点的地面水平距离 D 及中误差 m_D 为多少？

解：$D = 1\,000d = 237.5$ m

$\quad m_D = 1\,000\,m_d = \pm 0.20$ m

【例 1-3-3】用测距仪对某段距离进行了 16 次同精度的观测，每次测距中误差 $m_S = \pm 4$ mm，问这段距离算术平均值的中误差 m_{S0} 为多少？

解：$S_0 = [S]/n$

$$m_{S0} = m_S/\sqrt{n} = \pm 4/\sqrt{16} = \pm 1 \text{ mm}$$

【例 1-3-4】设有函数关系 $h = D\tan\alpha$，已知 $D = 120.25$ m ± 0.05 m，$m_\alpha = 12°47' \pm 0.5'$，求 h 及其中误差 m_h。

解：$h = D\tan\alpha = 120.25\tan12°47' = 27.28$ m

又　　　　　　$\mathrm{d}h = \tan\alpha\,\mathrm{d}D + (D\sec^2\alpha)\dfrac{\mathrm{d}\alpha'}{\rho'}$

显然　　　　　$f_1 = \tan12°47' = 0.226\,9$

$\quad\quad\quad\quad\quad f_2 = D\sec^2\alpha = (120.25\sec^2 12°47')\text{ m} = 126.44 \text{ m}$

应用误差传播公式（1-3-10），有

$$m_h^2 = \tan^2\alpha\, m_D^2 + \left(D\sec^2\alpha\right)^2\left(\frac{m_\alpha}{\rho'}\right)$$

$$= \left[(0.2269)^2 \times (0.05)^2 + (126.44)^2\left(\frac{0.5'}{3438'}\right)^2\right]\text{m}^2$$

$$= 4.67 \times 10^{-4}\text{ m}^2$$

故　　　　　　$m = \pm 0.02$ m

最后结果写为　　$h = (27.28 \pm 0.02)$ m

【例 1-3-5】在两水准点之间进行往返水准测量，线路长度为 L（km），共设 n 个测站，请推导往返观测闭合差的中误差及限差的表达式。

解：两点间的高差为各站所测高差的总和 $\sum h = h_1 + h_2 + \cdots + h_n$。

设每测站所测高差的中误差为 $m_{站}$，由误差传播定律有，高差总和中误差为

$$m_\Sigma = m_{站}\sqrt{n}$$

设两水准点间的水准路线的长度为 L（km），每站的距离 s（km），则有 $L = ns$，将 $n = L/s$，则长度 L 上的中误差为

$$m_\Sigma = m_{站}\sqrt{1/s}\sqrt{L}$$

式中　$1/s$——1 km 的测站数；

　　$m_{站}\sqrt{1/s}$——1 km 高差中误差，记作 μ。

　　则长度为 L（km）上的中误差为

$$m_{\Sigma} = \mu\sqrt{L}$$

即水准测量的高差中误差与水准路线的距离的平方根成正比。

　　已知四等水准测量每千米往返高差的平均值中误差 $m = \pm 5$ mm，则 L 千米单程高差的中误差为

$$m_L = \sqrt{2}m_{\Sigma} = \pm 5\sqrt{2L}$$

　　往返测量高差较差的中误差为

$$m_{\Delta h} = \sqrt{2}m_L = \pm 10\sqrt{L}$$

　　取两倍中误差作为极限误差，则较差的允许值为

$$f_{h允} = 2m_{\Delta h} = \pm 20\sqrt{L}$$

1.3.5　等精度观测值的精度评定

1. 算术平均值

　　相同条件下，对某一量进行 n 次重复观测，设其观测值为 L_1、L_2、$\cdots$、L_n。这些观测值的算术平均值 $\bar{x}$ 为

$$\bar{x} = \frac{L_1 + L_2 + \cdots + L_n}{n} = \frac{[L]}{n} \qquad （1\text{-}3\text{-}11）$$

式中　$[L]$——所有观测值之和；

　　　n——观测值的个数。

　　设其观测值的真值为 X，则各观测值的真误差为

$$\begin{cases} \Delta_1 = X - L_1 \\ \Delta_2 = X - L_2 \\ \quad\vdots \\ \Delta_n = X - L_n \end{cases} \qquad （1\text{-}3\text{-}12）$$

　　将等式两端相加，有

$$[\Delta] = nX - [L] \qquad （1\text{-}3\text{-}13）$$

　　上式等号两端各除以观测值个数 n，并考虑式（1-3-11）得

$$[\Delta]/n = X - \bar{x} \qquad （1\text{-}3\text{-}14）$$

　　根据偶然误差的特性，在式（1-3-14）中，当 $n\to\infty$ 时，$[\Delta]/n\to 0$，则 $\bar{x}\to X$。即如果对某一量观测无穷多次，据此无穷多个观测值求出的算术平均值就是某一量的真值。在实际作中，

对任一量的观测次数是有限的，所以只能根据有限个观测值求出该量的算术平均值 $\bar{x}$。由于 $\bar{x}$ 与其真值 X 只差一个很小的量 $[\varDelta]/n$，故算术平均值最接近于真值，是该量最可靠的值，也称为最或是值。但是，有限次观测所得到的算术平均值不是真值。

2. 根据观测值改正数计算观测值中误差

由于观测值的真值 X 一般无法知道，真误差 $\varDelta$ 也难以计算，故而常常不能直接应用式（1-3-1）求观测值的中误差。而观测值的算术平均值 $\bar{x}$ 总是可求的，所以可利用观测值的最或是值 $\bar{x}$ 与各观测值之差 v 来计算中误差。v 称为改正数，定义为

$$\begin{cases} v_1 = \bar{x} - L_1 \\ v_2 = \bar{x} - L_2 \\ \quad\vdots \\ v_n = \bar{x} - L_n \end{cases} \tag{1-3-15}$$

以式（1-3-12）减去式（1-3-15），并令 $\delta = (X - \bar{x})$，得

$$\begin{cases} \varDelta_1 = v_1 + \delta \\ \varDelta_2 = v_2 + \delta \\ \quad\vdots \\ \varDelta_n = v_n + \delta \end{cases} \tag{1-3-16}$$

将式（1-3-16）等号两边分别自乘后相加，得

$$[\varDelta\varDelta] = [vv] + n(X - \bar{x})^2 + 2\delta[v] \tag{1-3-17}$$

若将式（1-3-15）中之各式相加，得

$$[v] = n\bar{x} - [L] \tag{1-3-18}$$

根据算术平均值的定义得 $n\bar{x} = [L]$，则 $[v] = 0$。

再将式（1-3-18）代入式（1-3-17），则有

$$[\varDelta\varDelta] = [vv] + n\delta^2 \tag{1-3-19}$$

将式（1-3-16）中之各式相加，得

$$[\varDelta] = [v] + n\delta \tag{1-3-20}$$

由于 $[v] = 0$，所以 $[\varDelta] = n\delta$，将此式自乘，则有

$$\delta^2 = \frac{[\varDelta]^2}{n^2} \tag{1-3-21}$$

将式（1-3-21）代入式（1-3-19），得

$$[\varDelta\varDelta] = [vv] + \frac{[\varDelta]^2}{n} \tag{1-3-22}$$

即

$$[\Delta\Delta] = [vv] + \frac{[\Delta\Delta]}{n} + \frac{2(\Delta_1\Delta_2 + \Delta_2\Delta_3 + \cdots + \Delta_{n-1}\Delta_n)}{n}$$ （1-3-23）

式（1-3-23）中，Δ_1、Δ_2、$\cdots$、Δn 为偶然误差，Δ_i（$i = 1$、2、$\cdots$、n）的互乘项，也是偶然误差，在相当多的观测次数情况下，根据偶然误差的特性，互乘项之间相互抵消，其和再除以观测次数，其值可忽略不计。于是式（1-3-23）可写成

$$[\Delta\Delta] = [vv] + \frac{[\Delta\Delta]}{n}$$ （1-3-24）

根据中误差的定义，式（1-3-24）可表达为 $nm^2 = [vv] + m^2$，于是有

$$m = \pm\sqrt{\frac{[vv]}{n-1}}$$ （1-3-25）

这就是利用改正数求观测值中误差的公式，称为白塞尔公式。

算术平均值的中误差为

$$M = m/\sqrt{n} = \pm\sqrt{\frac{[vv]}{n(n-1)}}$$ （1-3-26）

【例 1-3-6】在相同条件下对某一水平距离进行 6 次观测，观测数据如表 1-3-2 中。求其算术平均值及其中误差。

解：先按式（1-3-11）计算 6 个观测值的算术平均值，再按式（1-3-15）计算各观测值的改正数，接着计算改正数的平方数，然后按式（1-3-25）及式（1-3-26）计算观测值及算术平均值的中误差。计算过程全部列于表 1-3-2 中。

表 1-3-2　按观测值的改正数计算中误差

次序	观测值（m）	改正值 v（cm）	vv（cm²）	计算 $\bar{x}$，m
1	120.031	−1.4	1.96	
2	120.025	−0.8	0.64	$\bar{x} = [l]/n = 120.017$ m
3	119.983	+3.4	11.56	
4	120.047	−3.0	9.00	$m = \pm\sqrt{\dfrac{[vv]}{n-1}} = \pm3.0$ cm
5	120.040	−2.3	5.29	
6	119.976	+4.1	16.81	$M = m/\sqrt{n} = \pm1.2$ cm
Σ	720.102	$[v] = 0.0$	$[vv] = 45.26$	

1.3.6　非等精度观测值的精度评定

1. 加权平均值原理

在实际测量工作中常有非等精度观测成果，见表 1-3-3。两组同一观测对象的非等精度观测

成果 L_1、L_2，因 $m_1 \neq m_2$，不能采用（$L_1 + L_2$）/2 的方法求解，但可用下述两种方法求解：

1）简单平均值的求法

$$x = \frac{\Sigma l' + \Sigma l''}{n_1 + n_2} = \frac{l_1' + l_2' + l_1'' + l_2'' + l_3''}{5} \tag{1-3-27}$$

2）加权平均值的求法

（1）权的定义式

$$P_i = \frac{u^2}{m_i^2} \tag{1-3-28}$$

表 1-3-3　精度不同的观测成果

组	观测数	观测值	观测中误差	观测成果	平均值中误差
1	$n_1 = 2$	l_1'、l_2'	m_0	$L_1 = \frac{\Sigma l'}{n_1} = \frac{l_1' + l_2'}{2}$	$m_1^2 = \frac{m_0^2}{n_1} = \frac{m_0^2}{2}$
2	$n_2 = 3$	l_1''、l_2''、l_3''	m_0	$L_2 = \frac{\Sigma l''}{n_2} = \frac{l_1'' + l_2'' + l_3''}{3}$	$m_2^2 = \frac{m_0^2}{n_2} = \frac{m_0^2}{3}$

根据表 1-3-3 中 m_i 的计算式，则

$$P_i = \frac{u^2}{m_i^2} = \frac{u^2}{\left(\frac{1}{\sqrt{n_i}} m_0\right)^2} = n_i \frac{u^2}{m_0^2} \tag{1-3-29}$$

式中　P_i ——观测成果即新观测值 L_i 的权；

　　　u ——一个具有中误差性质的参数。

第一组观测值 L_1 的权是 P_1，将 n_1 代入式（1-3-29）得 $P_1 = 2u^2 / m_0^2$。同理，第二组观测值 L_1 的权 $P_2 = 3u^2 / m_0^2$。

（2）组成加权平均值求解公式

$$x = \frac{P_1 L_1 + P_2 L_2}{P_1 + P_2} \tag{1-3-30}$$

把表 1-3-3 中的 L_1、L_2 及 P_1、P_2 的表示式代入式（1-3-30）可得与式（1-3-27）的相同结果。

（3）加权平均值的原理通式

根据式（1-3-30）设 n 个权为 P_i 的观测值 L_i，加权平均值的通式为

$$x = \frac{P_1 L_1 + P_2 L_2 + \cdots + P_n L_n}{P_1 + P_2 + \cdots + P_n} = \frac{[PL]}{[P]} \tag{1-3-31}$$

式中

$$[PL] = P_1 L_1 + P_2 L_2 + \cdots + P_n L_n \tag{1-3-32}$$

$$[P] = P_1 + P_2 + \cdots + P_n \qquad (1\text{-}3\text{-}33)$$

2．加权平均值中误差

式（1-3-31）可表示为

$$x = \frac{P_1}{[P]}L_1 + \frac{P_2}{[P]}L_2 + \cdots + \frac{P_n}{[P]}L_n \qquad (1\text{-}3\text{-}34)$$

按线性函数误差传播律得加权平均值中误差 M_x 的关系式为

$$M_x^2 = \left(\frac{P_1}{[P]}\right)^2 m_1^2 + \left(\frac{P_2}{[P]}\right)^2 m_2^2 + \cdots + \left(\frac{P_n}{[P]}\right)^2 m_n^2 \qquad (1\text{-}3\text{-}35)$$

根据权的定义式（1-3-28）可知

$$m_i^2 = \frac{u^2}{P_i} \qquad (1\text{-}3\text{-}36)$$

把式（1-3-36）代入式（1-3-35），经整理得

$$M_x = \pm u\sqrt{\frac{1}{[P]}} \qquad (1\text{-}3\text{-}37)$$

3．单位权中误差

1）观测值权的相对关系

不论 u 取何值，观测值权之间的相对关系不变。根据权的定义式，u 一经确定，则 P_i 与 m_i^2 成反比，如表 1-3-4 中，m 越小，精度越高，则权 P 大，反映 $P_i L_i$ 的分量大；同时可见，如表 1-3-4 中 P_1、P_2 的相对关系 $P_1 : P_2 = 2 : 3$ 不变。

表 1-3-4 观测值权的相对关系

观测值	中误差	权的相对确定值			m_i	精度	权 P_i	$P_i L_i$ 的份量
L_1	$m_1^2 = m_0^2/2$	P_1	1	2/3	2	大	低	小	小
L_2	$m_2^2 = m_0^2/3$	P_2	3/2	1	3	小	高	大	大
u^2 的取值			m_1^2	m_2^2	m_0^2				

2）单位权中误差

数值上等于 1 的权，称为单位权。相应于权为 1 的中误差称为单位权中误差。单位权中误差的获得方法为：

（1）可以根据选定的 m_i 确定。如表 1-3-2 中，$u = m_1$，则 $P_1 = 1$，称 m_1 为单位权中误差。$u = m_2$，则 $P_2 = 1$，称 m_2 为单位权中误差。

（2）可以根据需要虚拟。如表 1-3-4 中，$u = m_0$，则 $P_1 = 2$，$P_2 = 3$，若 m_0 不存在，则没有具体的单位权和单位权观测值。

（3）根据真误差 $\triangle$ 或最或然误差 v 计算，其结果是 u，即单位权中误差。

真误差 Δ 计算单位权中误差 u：

设观测值 L_1、L_2、$\cdots$、L_n 的权是 P_1，P_2，$\cdots$，P_n，真误差是 Δ_1、Δ_2、$\cdots$、Δ_n。又设 $L_i' = \sqrt{P_i}L_i$ 为对 L_i 进行变换的观测值，根据误差传播律可知，相应的真误差为

$$\Delta_i' = \sqrt{P_i}\Delta_i \tag{1-3-38}$$

则中误差为 $m_i'^2 = P_i m_i^2$，L_i' 的权为

$$P_i' = \frac{u^2}{m_i'^2} = \frac{u^2}{P_i m_i^2} = \frac{1}{P_i} \times \frac{u^2}{m_i^2} = \frac{1}{P_i} \times P_i = 1$$

由此可见，L_i' 是一批权等于 1 的单位权观测值，是等精度观测值，Δ_i' 是单位权等于 1 的观测值真误差。因此，根据式（1-3-1），可以利用真误差计算中误差的定义式计算单位权中误差，即

$$u = \pm\sqrt{\frac{[\Delta'\Delta']}{n}} = \pm\sqrt{\frac{\Delta_1'^2 + \Delta_2'^2 + \cdots + \Delta_n'^2}{n}} \tag{1-3-39}$$

实际上，把式（1-3-38）代入式（1-3-39）得

$$u = \pm\sqrt{\frac{[P\Delta\Delta]}{n}} \tag{1-3-40}$$

上式为真误差计算单位权中误差公式。

以最或然误差 v 计算单位权中误差。仿式（1-3-40）按白塞尔公式的要求可证计算公式为

$$u = \pm\sqrt{\frac{[Pvv]}{n-1}} \tag{1-3-41}$$

式中

$$v_i = x - L_i \tag{1-3-42}$$

4．几种常用的定权方法

1）同精度算术平均值的权

根据式（1-3-29），令 $u^2/m_0^2 = c$（任意常数），则平均值 L_i 的权为

$$P_i = n \times c \tag{1-3-43}$$

结论：同精度算术平均值的权随观测次数 n 的增大而增大。

2）水准测量的权

若取 c 个测站的高差中误差为单位权中误差，则 $u = \sqrt{c}m_{\text{站}}$，故一条水准路线观测高差 $\sum h$ 的权为

$$P_{\Sigma h} = \frac{u^2}{m_{\Sigma h}^2} = \frac{\left(\sqrt{c}m_{\text{站}}\right)^2}{\left(\sqrt{n}m_{\text{站}}\right)^2} = \frac{c}{n} \tag{1-3-44}$$

结论：在水准路线中，观测高差的权 P 与测站数 n 成反比。n 越多，误差越大，权越小。

平坦地区水准测量每测站的视距长度 s 大致相等，1 km 的测站数为 $1/s$，$\sqrt{1/s}m_{\text{站}}$ 为 1 km 观测高差中误差。现设 c km 高差中误差为单位权中误差，即 $u=\sqrt{c/s}m_{\text{站}}$，则 L 千米观测高差中误差为 $m_{\Sigma h}=\sqrt{L/s}m_{\text{站}}$，故水准路线观测高差的权为

$$P_{\Sigma h}=\frac{u^2}{m_{\Sigma h}^2}=\frac{\left(\sqrt{c/s}m_{\text{站}}\right)^2}{\left(\sqrt{L/s}m_{\text{站}}\right)^2}=\frac{c}{L} \tag{1-3-45}$$

由式（1-3-45）可见，$c=1$，则水准测量观测高差的权为

$$P_{\Sigma h}=\frac{1}{L} \tag{1-3-46}$$

结论：在水准测量中，观测高差的权 P 与距离 L 成反比。

由式（1-3-45）可知，$u^2/m_{\Sigma h}^2=c/L$，若 $L=1$，则 $m_{\Sigma h}$ 是 1 km 的高差中误差，即

$$m_{1\,\text{km}}=\frac{u}{\sqrt{c}} \tag{1-3-47}$$

3）三角高程测量的权

三角高程测量在原理上的主项是 $h=D\sin\alpha$，按误差传播律可知，高差中误差 m_h 是

$$m_h^2=\sin^2\alpha\times m_D^2+(D\cos\alpha)^2\times m_\alpha^2$$

式中 m_D ——测距误差；

m_α ——竖直角误差。

一般三角高程测量的 $\alpha<5°$，$\sin^2\alpha\approx0$，故上式为

$$m_h^2=(D\cos\alpha)^2\times m_\alpha^2$$

设 $u=(\cos\alpha)\times m_\alpha$，又 $\cos\alpha\approx1$，则 $m_h^2=u^2\times D^2$，故三角高程的权 P_h 为

$$P_h=\frac{u^2}{m_h^2}=\frac{u^2}{u^2D^2}=\frac{1}{D^2} \tag{1-3-48}$$

【例 1-3-7】见表 1-3-5，表中 Q 点水准测量高程的计算按表中（1）、（2）…（10）的计算工作顺序进行。

表 1-3-5　高程测量计算实例

水准路线名称	起点	起点测量至 Q 点高程 H（m）（1）	测站数 n（2）	权 $P=c/n$（$c=10$）（3）	改正数 $v=x-H$（mm）（7）	略图
L_1	A	48.821	35	0.285 7	−35.4	
L_2	B	48.753	26	0.384 6	32.6	
L_3	C	48.795	39	0.256 4	19.4	
（4）$[PH]=45.209\ 6$　　（5）$[P]=0.926\ 7$　　（6）$x=[PH]/[P]=48.786$ m （8）$[Pvv]=789.420\ 8$　　（9）$u=\pm19.9$ mm　　（10）$M_x=\pm20.7$ mm						

1.3.7 最小二乘原理

我们已经知道，观测量是具有一定量值的观测对象，对其观测的目的在于求得观测量的实际量值。但是，观测量的实际量值是多少，开始是不知道的，这时观测量又称为未知量。可以设想，由于观测有误差，必然给未知量的确定带来矛盾。例如表 1-3-5 以三条不同水准路线测量 Q 点高程，得到三个不同的，即存在矛盾的高程测量值。所谓平差，就是按照某种准则要求，对存在误差的观测值进行适当的数学处理，消除误差矛盾，以便获得具有一定精度指标的未知量的最可靠值。

在数理统计理论中有一个最大似然原理，在测量平差理论中有一个最小二乘原理，二者都属于处理存在误差的观测值（子样）的准则。从宏观上理解，最大似然原理描述问题的似然函数中观测向量的密度函数满足最小二乘条件解决的最大可能性，最小二乘原理则是从实现最大可能性的偏差平方和最小出发解决问题。尽管两种原理按各自的理论体系解释问题，解决矛盾，但最终得到的结果是一致的。

最小二乘原理的基本思路：根据观测值的基本情况，设计一个数学模型[pvv]，按[pvv]为最小的准则要求解题。下面说明这一思路的实现步骤。

1. 误差方程及权的设立

式（1-3-15）就是一个最简单的误差方程。现设

$$V = \begin{bmatrix} v_1 \\ v_2 \\ \vdots \\ v_n \end{bmatrix} X = \begin{bmatrix} x \\ x \\ \vdots \\ x \end{bmatrix} L = \begin{bmatrix} l_1 \\ l_2 \\ \vdots \\ l_n \end{bmatrix} P = \begin{bmatrix} p_1 & 0 & \cdots & 0 \\ 0 & p_2 & \cdots & 0 \\ \vdots & \vdots & & \vdots \\ 0 & 0 & \cdots & p_n \end{bmatrix} \quad (1\text{-}3\text{-}49)$$

则误差方程为

$$V = X - L, \ P \quad (1\text{-}3\text{-}50)$$

式中　L——观测值向量；

　　　V——最或然改正数向量；

　　　X——未知数向量；

　　　P——观测值的权向量。

x 可以是直接观测量，也可以是间接观测量，都属于待求的未知数。在观测方程中，x 的个数及所表示的对象依解题的实际而定，这里涉及的个数是 1。

2. 设立数学模型 $V^{\mathrm{T}}PV$

按式（1-3-48）建立数学模型为

$$V^{\mathrm{T}}PV = (X-L)^{\mathrm{T}} P(X-L)$$

用纯量表示，即

$$V^{\mathrm{T}}PV = [pvv] = P_1(x-l_1)^2 + P_2(x-l_2)^2 + \cdots + P_n(x-l_n)^2 \quad (1\text{-}3\text{-}51)$$

3. [pvv]最小准则

按[pvv]为最小，即准则为

$$V^{\mathrm{T}}PV = \min \qquad\qquad (1\text{-}3\text{-}52)$$

导出式（1-3-51）的解题方案。

式（1-3-51）可以理解为一条二次曲线，如图 1-3-1 所示。[pvv] 最小的位置在曲线的底端，该处的一阶导数为零，即

$$\frac{\mathrm{d}[pvv]}{\mathrm{d}x} = 0 \qquad\qquad (1\text{-}3\text{-}53)$$

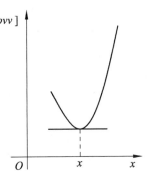

按要求展开式（1-3-53），则得

$$2p_1(x-l_1) + 2p_2(x-l_2) + \cdots + 2p_n(x-l_n) = 0$$

对上式合并同类项，经整理得

图 1-3-1　最小准则二次曲线

$$x(p_1 + p_2 + \cdots + p_n) - (p_1l_1 + p_2l_2 + \cdots + p_nl_n) = 0$$

上式是一个未知数 x 的一元一次方程，解题方案是

$$x = \frac{p_1l_1 + p_2l_2 + \cdots + p_nl_n}{p_1 + p_2 + \cdots + p_n} \qquad\qquad (1\text{-}3\text{-}54)$$

按式（1-3-32）、式（1-3-33）的要求整理便可得式（1-3-54），若式中的 $P_i = 1$，则式（1-3-54）便是式（1-3-11）。由此可见，算术平均值及加权平均值是符合最小二乘原理的最可靠值。上述讨论的是对未知量 x 进行 n 次直接观测的平差问题，x 以直接观测值 l_i 按式（1-3-54）求得，故称这种平差方法为直接平差。

任务 1.4　测量的度量单位

1.4.1　长度单位

我国测量工作中法定的长度计量单位为米（Meter）制单位：

1 m（米）= 10 dm（分米）= 100 cm（厘米）= 1 000 mm（毫米）

1 km（千米）= 1 000 m（米）

在一些测量仪器中，还会用到英制长度计量单位，它与米制长度单位的换算关系如下：

1 in（英寸）= 2.54 cm

1 ft（英尺）= 12 in = 0.304 8 m

1 yd（码）= 3 ft = 0.914 4 m

1 mile（英里）= 1 760 yd = 1.609 3 km

1 n mile（海里）= 1.852 km

1.4.2　面积单位

我国测量工作中法定的面积单位为平方米（m^2），大面积则用公顷（hm^2）或平方千米（km^2）；我国农业土地常用亩为面积计量单位。其换算关系如下：

1 m^2（平方米）= 100 dm^2 = 10 000 cm^2 = 1 000 000 mm^2

1 亩 = 10 分 = 100 厘 = 666.666 7 m^2

1 hm^2（公顷）= 10 000 m^2 = 15 亩

1 km^2（平方千米）= 100 hm^2 = 1 500 亩

1.4.3　角度单位

测量工作中常用的角度单位有 60 进制的度分秒（DMS—Degree，Minute，Second）制和弧度（Radian）制，此外还有每象限 100 进制的新度（Grade）制。这里只介绍度分秒制和弧度制。

$$1 \text{ 圆周} = 360°（度），1° = 60'（分），1' = 60''（秒）$$

圆心角的弧度为该角所对弧长与半径之比。在推导测量学的公式和进行计算时，通常需要用弧度来表示；特别是计算机运算中角度也需要用弧度表示。如图 1-4-1（a）所示，将弧长 L 等于半径 R 的圆弧所对的圆心角称为一个弧度，以 ρ 来表示，因此，整个圆周为 2π 弧度（取 π = 3.141 592 654）。弧度与度分秒角度的关系为：

$$2\pi \cdot \rho = 360°, \quad \rho = \frac{180°}{\pi}$$

1 弧度（rad）相对于度分秒制的角度值为：

$$\rho° = \frac{180°}{\pi} = 57.295\ 779\ 5° \approx 57.3°$$

$$\rho' = \frac{180°}{\pi} \times 60 = 3\ 437.746\ 77' \approx 3\ 438'$$

$$\rho'' = \frac{180°}{\pi} \times 360 = 206\ 264.806'' \approx 206\ 265''$$

角度的度、分、秒值，可按下式转化为弧度值：

$$\alpha = \frac{\alpha°}{\rho°} = \frac{\alpha'}{\rho'} = \frac{\alpha''}{\rho''}$$

在测量工作中，有时需要按圆心角 α 和半径 R 计算所对弧长 L。如图 1-4-1（b）所示，已知 R = 100 m，α = 15°36′18″，计算弧长 L：

$$\alpha° = 15° + \left(\frac{36}{60} + \frac{18}{3\ 600}\right)° = 15.605°$$

$$L = R \cdot \alpha = R \cdot \frac{\alpha°}{\rho°} = 100 \text{ m} \times \frac{15.605°}{57.295\ 779\ 5°} = 27.236 \text{ m}$$

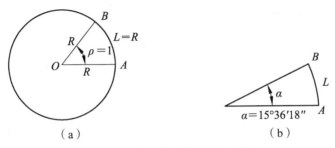

图 1-4-1　角度与弧度关系示意图

中国古代测绘十大人物

测绘学有着悠久的历史，古代的测绘技术起源于水利和农业。司马迁在《史记·夏本纪》中记载了大禹治水："左准绳，右规矩，载四时，以开九州，通九道，陂九泽，度九山"。自夏禹采用"左准绳，右规矩"测量远近和高低，可以说开启了有文字记载历史的测绘技术新纪元。大禹铸造的九鼎图，是中国最早的原始地图。测绘学对于我们的生活有着重大的帮助，大到天文宇宙，小到我们平时用的地图导航，都有着深刻的影响。在历史上，有很多杰出的测绘学人物，他们对中国测绘事业的发展，有着不可磨灭的历史贡献，其功绩将永垂青史。我们走近他们，从历史的角度，了解中华灿烂的测绘史。

张衡——东汉天文学家、大地测量学家

张衡为中国天文学、机械技术、地震学的发展做出了杰出的贡献，发明了浑天仪、地动仪，是东汉中期浑天说的代表人物之一。被后人誉为"木圣"（科圣）。浑天仪，是浑仪和浑象的总称。浑仪是测量天体球面坐标的一种仪器，而浑象是古代用来演示天象的仪表。浑仪发明者是我国西汉的落下闳，东汉时期由伟大的科学家张衡进行改进。张衡发现地球是圆的，并沿南北极轴旋转，黄道是太阳运行轨道，与赤道交角为24°，为天文大地测量和大范围的地图测绘提供了理论基础。

裴秀——魏晋时期名臣、地图学家

裴秀字季彦，河东郡闻喜（今山西省闻喜县）人。裴秀作《禹贡地域图》，开创了中国古代地图绘制学。英国著名学者李约瑟称他为"中国科学制图学之父"，与古希腊著名地图学家托勒密齐名，是世界古代地图学史上东西方交相辉映的两颗灿烂明星。裴秀在地图学上的主要贡献，在于他第一次明确建立了中国古代地图的绘制理论。他总结中国古代地图绘制的经验，在《禹贡地域图》序中提出了著名的具有划时代意义的制图理论"制图六体"。所谓"制图六体"就是绘制地图时必须遵守的六项原则，即：即分率（比例尺）、准望（方位）、道里（距离）、高下（地势起伏）、方邪（倾斜角度）、迂直（河流、道路的曲直），前三条讲的是比例尺、方位和路程距离，是最主要且具普适性的绘图原则；后三条是因地形起伏变化而需考虑的问题。这六项原则是互相联系，互相制约的，它把制图学中的主要问题都涉及了。裴秀的"制图六体"对后世制图工作影响十分深远，直到后来地图投影方法在明末从西方传入中国，中国的制图学才再一次革新。

沈括——宋代著名科学家

沈括撰写的《梦溪笔谈》为世人熟知，其实他在测绘、仪器制造方面的出贡献鲜为人知。他编绘的《天下州县图》，比例尺为"二寸折一百里"，相当于1：90万。还首次把各相邻州县间的方位和距离，用数据文字形式记录编制成册。他运用静力水准进行测量；用水平尺、干尺和罗盘测量地形，并在世界上最早发现了磁偏角。他制作的地图模型，是我国制图史上首个有文字记载地图模型。

苏颂——宋代著名测量学家和测量仪器制造专家

苏颂主持建造的"水运仪象台"高约12米，宽约7m，重约20多吨，这是一台把浑仪、浑象和报时装置结合在一起的大型天文测量仪器，能用多种形式来反映及观测天体的运行，既能演示天象、观测天象，又能计时、报时。它是中国古代科技史上的一次卓越创造，与500年后欧洲的锚状擒纵器非常相似，英国著名学者李约瑟认为，"水运仪象台可能是欧洲中世纪天文钟的直接祖先。"

郭守敬——元代著名天文大地测量学家

郭守敬在天文、历算、地理、测绘、水利等领域，均有突出成就，特别是在水准测量中，他首创以我国沿海海平面作为水准测量的基准面，并创立"海拔"这一科学概念，这不但对于我国测量事业的发展具有十分重要的意义，也是世界测绘史上杰出的科学成果。直到今日，世界各国的区域性测量，其水准测量成果均归化到以海岸某点的平均海水面作为基准面的高程系统中去。我国现在青岛设有水准原点，以黄海平均海水面作为高程基准面。

朱思本——元代著名地理学家、地图制图学家

朱思本在元武宗至大四年至仁宗延祐七年（1311—1320），主持绘制的《舆地图》，可以说是汉代以来地学成就的科学总结与实地调查相结合的产物，其内容非常丰富，既有国内疆域又有域外地区，既有陆地畔，又含海洋海岛，并且是采用"计里画方"的方法绘制（即按比例尺绘制地图），精确性超过前人且真实可靠，是我国制图史上的杰出成就。按此法绘制地图沿用了500余年，直到清初，在我国和世界制图学史上都具有重要意义。

郑和——明代著名的外交家、航海家和地理学家

郑和曾先后七次率领多达二万七千多人的庞大船队下西洋。在航行中，他采用古代天文定位技术（即观测恒星高度来确定地理纬度）来导航，并根据七次下西洋积累的经验和资料，编制成世界著名的《郑和航海图》。全图包括亚非两洲，地名500余个。所有图幅都采用"写景"画法表示海岛，形象生动，直观易读，在许多重要的地方还标注有测量数据，有的还注有一地到另一地的"更"数（以"更"来计算航海距离），因而，可以说《郑和航海图》是我国古代地图史上又一杰出的成就。

徐光启——明代著名科学家

徐光启师从在中国传教的意大利传教士利马窦，主要学习天文、历算、测绘等。他和利马窦合译了《几何原本》和《测量法义》，与熊三拔合译了《简平仪说》。为了融通东西，他撰写了《测量异同》，详细考证了中国测量术与西方测量术的相同点和不同点。他主持编写了《测量

全义》，这是集当时测绘学术之大成的力作，内容丰富，涉及面积、体积测量和有关平面三角、球面三角的基本知识以及测绘仪器制造等。此外，他还身体力行，积极推进西方测绘技术在实践中的应用。1610 年他受命修订历法，积极采用西方测量技术和制造测量仪器。此次仪器制造的规模在我国测绘史上是罕见的，共制造象限大义、纪限大仪、候时钟、望远镜等27件，促进了我国天文大地测量的发展。总之，无论在理论上还是在实践上，徐光启都算得上是传播西方测绘技术的卓越先驱者。

爱新觉罗·玄烨——清康熙皇帝

爱新觉罗·玄烨，不仅是一位雄才大略的政治家，而且也是一位博学多才，勇于实践的学者；他不仅重视政治和军事，而且也重视科学技术。他学习并懂得中国传统的和西方的测量技术原理，深知测绘在加强国防、巩固政权、发展经济中的重要作用。因而，他下诏开展并亲自主持我国历史上最大规模的全国性测绘，并多次到现场巡勘地形，甚至亲自进行测量并提出具体意见。他特别关注测制与编绘《皇舆全览图》，该图于康熙五十八年（1719）终于编成，其覆盖面积、测绘精度、完成速度等在中国史无前例，在当时世界上也是首屈一指。玄烨看后说："朕费三十余年心力始得告成。山脉水道，俱与禹贡合。"给予极高评价。英国著名学者李约瑟说："《皇舆全览图》不但在亚洲是当时所有地图中最好的一幅，而且比当时所有的欧洲地图更好更精确。"中国在制图学方面又再一次走在世界各国的前面。因此，我们可以说玄烨不但是一位帝王，而且也是一位中国古代最大测绘工程的领导者、主持者和参与者。

魏源——近代爱国思想家、文学家和著名地理学家

魏源在林则徐主持编译的《四洲志》的基础上，参考历代史志、史方以及古今中外各家著述和各种奏折和其他资料100多种，编纂成《海国图志》100卷。在编纂过程中，魏源对旧志进行了许多增补和订正，每一幅地图均附文字说明，左图右文，便于对照阅读。该图集共有各种地图74幅，其中有中国历史沿革图8幅，如《汉西域沿革图》《北魏与西域沿革图》《唐西域沿革图》《元西北疆域沿革图》等；外域有《东南洋各国沿革图》《西南洋与印度沿革图》《小西洋利未利亚洲沿革图》《大西洋欧罗巴各国沿革图》；还有东西两半球图、亚细亚洲图及25幅各国图，利未利亚洲图及23幅各国图，亚墨利加州国及11幅各国图等。该图集系统地介绍了各国历史沿革、地理、政治等情况，特别是主要图幅上表示的山川、城镇，基本轮廓和地理位置都比较准确，其精度大大超过利马窦翻译的《世界地图》。总之，《海国图志》是我国自编的第一部世界地图集，是中国编制世界地图的一个里程碑。

走过波澜壮阔的历史长卷，无数先贤都在用自己的智慧和创造力推动着测绘事业的发展和人类文明的进步。

一国测绘学的发达，是国家和民族自信的表现。知边界而知开拓进取，晓四维而能守民保土，这是历史留给我们的启示。在18、19世纪之交，西方近代地图学的迅速发展下，由于中国对外语和新科学理解的困难，以致清朝学者自己绘制的中国地图没有外国人绘制的精致，不得不购买外国人绘制的中国地图。这是何等的耻辱啊！

测绘人以简陋的仪器不畏艰难险阻踏遍中国山水，康熙皇帝以开拓疆土的豪气大胆接受吸收葡萄牙、西班牙等国家的测绘科学，魏源等人高呼"睁眼看天下"，追求天文地理的精细图示，推动测绘事业的发展，形成了一股务实、严谨、科学之风，也为今天"热爱祖国、忠诚事业、艰苦奋斗、无私奉献"的测绘精神奠定了基础。

一、单项选择题

1. 研究工程建设中所进行的各种测量工作属于（　　）范畴。
　　A. 大地测量学　　　　　　　　　　　B. 工程测量学
　　C. 普通测量学　　　　　　　　　　　D. 摄影测量学

2. 以下不属于基本测量工作范畴的一项是（　　）。
　　A. 高差测量　　　　　　　　　　　　B. 距离测量
　　C. 导线测量　　　　　　　　　　　　D. 角度测量

3. 下面的选项中不属于工程测量任务范围内的是（　　）。
　　A. 公路运营管理　　　　　　　　　　B. 测图
　　C. 放样　　　　　　　　　　　　　　D. 断面测量

4. 测量学中，称（　　）为测量工作的基准线。
　　A. 铅垂线　　　　　　　　　　　　　B. 大地线
　　C. 中央子午线　　　　　　　　　　　D. 赤道线

5. 测量工作的基准面是（　　）。
　　A. 大地水准面　　　　　　　　　　　B. 水准面
　　C. 水平面　　　　　　　　　　　　　D. 地面

6. 目前，我国采用的统一测量高程基准和坐标系统分别为（　　）。
　　A. 1956 年黄海高程系、1980 西安坐标系
　　B. 1956 年黄海高程系、1954 年北京坐标系
　　C. 1985 国家高程基准、2000 国家大地坐标系
　　D. 1985 国家高程基准、WGS-84 大地坐标系

7. A 点的高斯坐标为（112 240 m，19 343 800 m），则 A 点所在 6° 带的带号及中央子午线的经度分别为（　　）。
　　A. 11 带，66°　　　　B. 11 带，63°　　　　C. 19 带，117°　　　　D. 19 带，111°

8. 高斯平面直角坐标系的通用坐标，在自然坐标 Y 上加 500 km 的目的是（　　）。
　　A. 保证 Y 坐标值为正数　　　　　　B. 保证 Y 坐标值为整数
　　C. 保证 X 轴方向不变形　　　　　　D. 保证 Y 方向不变形

9. 进行高斯投影后，离中央子午线越远的地方，长度（　　）。
　　A. 保持不变　　　　　　　　　　　　B. 变形越小
　　C. 变形越大　　　　　　　　　　　　D. 变形无规律

10. 相对高程的起算面是（　　）。
　　A. 平均海水面　　　　　　　　　　　B. 水准面
　　C. 大地水准面　　　　　　　　　　　D. 假定水准面

11. 地面点到高程基准面的垂直距离成为该点的（　　）。
　　A. 相对高程　　　　　　　　　　　　B. 绝对高程
　　C. 高差　　　　　　　　　　　　　　D. 高度

12. 通常所说的某山峰海拔是指山峰最高点的（　　　）。

　　A. 距离地面高度　　　　　　　　　　B. 距离海面高度

　　C. 相对高程　　　　　　　　　　　　D. 绝对高程

13. 用钢尺丈量两段距离，第一段长 1 500 m，第二段长 1 300 m，中误差均为±22 mm，哪一段的精度高？（　　　）

　　A. 第一段精度高　　　　　　　　　　B. 第二段精度高

　　C. 两段直线的精度相同

14. 在三角形 ABC 中，测出∠A 和∠B，计算出∠C。已知∠A 的中误差为±4″，∠B 的中误差为±3″，则∠C 的中误差为（　　　）。

　　A. ±3″　　　　　B. ±4″　　　　　C. ±5″　　　　　D. ±7″

15. 一段直线丈量 4 次，其平均值得中误差为±0 cm，若要使其精度提高一倍，则还需要丈量（　　　）次。

　　A. 4　　　　　B. 8　　　　　C. 12　　　　　D. 16

16. 用经纬仪测量两个角，∠A = 10°20.5′，∠B = 81°30.5′，中误差为±2′，问哪个角精度高？（　　　）

　　A. 第一个角精度高　　　　　　　　　B. 第二个角精度高

　　C. 两个角精度相同

17. 观测值 L 和真值 X 的差成为观测值的（　　　）。

　　A. 最或然值　　　　　　　　　　　　B. 中误差

　　C. 相对误差　　　　　　　　　　　　D. 真误差

18. 一组观测值的中误差 m 和它的算数平均值的中误差 M 关系为（　　　）。

　　A. $M = m$　　　　　　　　　　　　B. $m = \dfrac{M}{\sqrt{n}}$

　　C. $M = \dfrac{m}{\sqrt{n}}$　　　　　　　　D. $M = \dfrac{m}{\sqrt{n-1}}$

19. 在误差理论中，公式 $m = \pm\sqrt{\dfrac{[\varDelta \cdot \varDelta]}{n}}$ 中的 Δ 表示观测值的（　　　）。

　　A. 最或然误差　　　　　　　　　　　B. 中误差

　　C. 真误差　　　　　　　　　　　　　D. 容许误差

20. 系统误差具有的特点为（　　　）。

　　A. 偶然性　　　　　　　　　　　　　B. 统计性

　　C. 累积性　　　　　　　　　　　　　D. 抵偿性

21. 水平角测量时视准轴不垂直与水平轴引起的误差属于（　　　）。

　　A. 中误差　　　　　　　　　　　　　B. 系统误差

　　C. 偶然误差　　　　　　　　　　　　D. 相对误差

22. 在等精度观测条件下，正方形一条边 a 的观测中误差为 m，则正方形的周长（S = a）中误差为（　　　）m。

　　A. 1　　　　　B. 2　　　　　C. 4　　　　　D. 5

二、多项选择题

1. 建筑工程测量学的任务包括（　　　）。

　　A. 测绘大比例尺地形图　　　　　　　B. 对建筑物进行施工放样

C. 熟悉测量工具 D. 对建筑物进行变形观测

2. 在工程测量的勘察设计阶段主要内容包括（　　　）。

    A. 建立基础测量控制网 B. 测绘大比例尺地形图

    C. 工程点位的放样

3. 工程测量按工作顺序和性质分为（　　　）。

    A. 勘察设计 B. 施工放样

    C. 运营管理 D. 变形监测

4. 测量学主要分为（　　　）。

    A. 大地测量学 B. 普通测量学

    C. 工程测量学 D. 摄影测量学

三、简答题

1. 什么是工程测量？

2. 制定工程测量方案的步骤是什么？

3. 简述大地坐标系、地心坐标系、高斯-克吕格平面坐标系的定义。

4. 什么是绝对高程？我国现用的大地水准面是如何确定的？

5. 简述确定地面点的三要素。

6. 什么叫观测误差？观测误差产生的原因有哪些？

7. 举例说明测量中常见的偶然误差和系统误差都有哪些？

8. 偶然误差和系统误差有什么不同？偶然误差有什么特性？

9. 在角度测量中采用正倒镜观测、水准测量中前后视等距，这些规定都是为了消除什么误差？

10. 中误差如何得到？它能说明什么问题？

11. 等精度与非等精度观测值的精度评定有什么不同？

12. 简述最小二乘原理。

四、计算题

1. 经测量得到一圆的半径 $R = 30.2$ mm，已知半径测量的中误差为 0.2 mm，求该圆的周长和面积的中误差。

2. 对某直线等精度独立丈量了 7 次，观测结果分别为 68.148 m、168.120 m、168.129 m、168.150 m、168.137 m、168.131 m。试计算其算术平均值、每次观测的中误差及算术平均值的中误差。

单项选择题答案：1. B　2. C　3. A　4. A　5. A　6. C　7. D　8. A　9. C　10. D　11. B　12. D　13. A　14. C　15. C　16. C　17. D　18. C　19. C　20. C　21. B　22. C

多项选择题答案：1. ABD　2. AB　3. ABC　4. ABCD

项目 2 施工测量的基本工作

项目导学

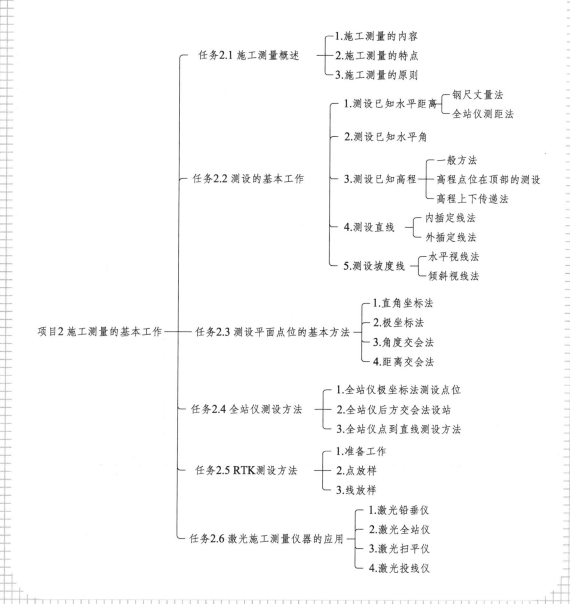

项目2 施工测量的基本工作

任务2.1 施工测量概述
- 1.施工测量的内容
- 2.施工测量的特点
- 3.施工测量的原则

任务2.2 测设的基本工作
- 1.测设已知水平距离
  - 钢尺丈量法
  - 全站仪测距法
- 2.测设已知水平角
- 3.测设已知高程
  - 一般方法
  - 高程点位在顶部的测设
  - 高程上下传递法
- 4.测设直线
  - 内插定线法
  - 外插定线法
- 5.测设坡度线
  - 水平视线法
  - 倾斜视线法

任务2.3 测设平面点位的基本方法
- 1.直角坐标法
- 2.极坐标法
- 3.角度交会法
- 4.距离交会法

任务2.4 全站仪测设方法
- 1.全站仪极坐标法测设点位
- 2.全站仪后方交会法设站
- 3.全站仪点到直线测设方法

任务2.5 RTK测设方法
- 1.准备工作
- 2.点放样
- 3.线放样

任务2.6 激光施工测量仪器的应用
- 1.激光铅垂仪
- 2.激光全站仪
- 3.激光扫平仪
- 4.激光投线仪

知识模块	能力目标	
	专业能力	方法能力
施工测量概述	（1）能掌握施工测量的内容； （2）能掌握施工测量的特点和要求	
测设的基本工作	（1）能完成已知水平距离的测设； （2）能完成已知水平角的测设； （3）能完成已知高程的测设； （4）能完成直线的测设； （5）能完成已知坡度线的测设	（1）独立学习、思考能力； （2）独立决策、创新能力； （3）获取新知识和技能的能力； （4）人际交往、公共关系处理能力； （5）工作组织、团队合作能力
测设平面点位的基本方法	（1）能用直角坐标法完成点的平面位置的测设； （2）能用极坐标法完成点的平面位置的测设； （3）能用角度交会法完成点的平面位置的测设； （4）能用距离交会法完成点的平面位置的测设	
全站仪测设方法	（1）能用全站仪极坐标法完成点位测设； （2）能用全站仪后方交会法进行设站； （3）能用全站仪完成点到直线的测设	
RTK 测设方法	（1）能用 RTK 进行点位放样； （2）能用 RTK 进行线放样	
激光施工测量仪器的应用	（1）能够使用激光铅垂仪； （2）能够使用激光全站仪； （3）能够使用激光扫平仪； （4）能够使用激光投线仪	

广州新中轴线上的亮丽景观——广州塔

广州塔位于广州城市新中轴线与珠江景观轴交会处，目前是中国第一、世界第三的旅游观光塔。广州塔建筑总高达 600 m，其中主塔体达 450 m，天线桅杆高 150 m，广州塔柔美的风格，完全契合了岭南水乡的文化气韵。她的独特不仅体现在创意上，还很好地结合了审美、材料、结构、人体工程学和使用功能，也正是融合了多种要素，才使得她在施工过程中困难重重。在设计方案初成时，专家、学者纷纷感慨：这是一项不可能完成的建筑。今天，站在广州塔前，在饱览这座城市新地标之美的同时，也不难想象出工程建设过程的艰苦卓绝。

广州塔的"根"深扎在 40 m 的地下，直径达 3.8 m 的人工挖孔扩底灌注桩直达微风化岩；她苗条的"躯体"浇筑了高强度高性能的混凝土，直接泵送高程达 450 m，创下国内混凝土泵送最高的新纪录；她柔韧的"筋骨"由 5 万吨厚钢板焊接而成，钢管立柱底部直径 2.0 m 渐变到顶部的 1.2 m，安装精度达 1/2 000，误差不超过 5 mm。

广州塔亮丽的"外衣"采用高强度钢化夹胶玻璃制造，为营造动感的曲线美，椭圆形弧面上的每一块三角形玻璃尺寸无一相同……镂空、开放的钢结构，塔身自下而上逆时针扭转 45°，使结构呈三维倾斜状态，每一个截面都在变化，一万多种构件无一相同，使得施工测量、变形控制的难度极大。

广州塔的落成将世人的梦想变成了现实，破解所有难题的关键在于创新的科技和超前的思维。绿色环保概念的融入，让她有别于其他著名高塔，成为新型观光高塔的典范。毫不夸张地说，广州塔的落成改写的多项历史纪录，是 21 世纪建筑史上的一个新的里程碑。

思考：1. 广州塔的施工测量、变形监测需用到哪些仪器设备？

2. 施工测量用到哪些工作方法？有哪些难点？

请写下你的分析：

_____

_____

_____

_____

_____

_____

_____

_____

_____

_____

_____

任务 2.1 施工测量概述

2.1.1 施工测量的内容

各种工程在施工阶段所进行的测量工作称为施工测量。施工测量的目的是将设计图纸上的建筑物和构筑物，按其设计的平面位置和高程，通过测量手段和方法，用线条、桩点等可见标志，在现场标定出来，作为施工的依据。这种由图纸到现场的测量工作又称为测设或放样。

施工测量的工作内容主要是测设或放样，还包括为保证放样精度和统一坐标系统，事先在施工场地上进行的前期测量工作——施工控制测量；为了检查每道工序施工后建筑物和构筑物的尺寸是否附合设计要求，以及确定竣工后建筑物和构筑物的真实位置和高程，而进行的事后测量工作——检查验收与竣工测量；为了监视重要建筑物和构筑物，在施工过程和使用过程中位置和高程的变化情况，而进行的周期性测量工作——变形监测。

2.1.2 施工测量的特点

1. 施工测量精度要求较高

不同种类的建筑物和构筑物，其测量精度要求有所不同，一般来说，工业建筑的测量精度要求高于民用建筑，高层建筑的测量精度要求高于低（多）层建筑，桥梁工程的精度要求高于道路工程；同类建筑物和构筑物在不同的工作阶段，其测量精度要求也有所不同。

施工测量的精度则与建筑物的大小、结构形式、建筑材料以及放样点的位置有关。从大类来说，工业建筑的测量精度要求高于民用建筑，高层建筑的测量精度要求高于多层建筑，桥梁工程的测量精度要求高于道路工程；从小类来说，以工业建筑为例，钢结构的工业建筑测量精度要求高于钢筋混凝土结构的工业建筑，自动化和连续性的工业建筑测量精度要求高于一般的工业建筑，装配式工业建筑的测量精度要求高于非装配式工业建筑。

对同类建筑物和构建物来说，建筑物本身的细部点测设精度比建筑物主轴线点的测设精度要求高。这是因为，建筑物主轴线测设误差只影响到建筑物的微小偏移，而建筑物各部分之间的位置和尺寸，设计上有严格要求，破坏了相对位置和尺寸就会造成工程事故。

2. 施工测量与施工进度关系密切

施工测量直接为工程的施工服务，一般每道工序施工前都要先进行放样测量，为了不影响施工的正常进行，应按照施工进度及时完成相应的测量工作。

在施工现场，各工序经常交叉作业，运输频繁，并有大量土方填挖和材料堆放，使测量作业的场地条件受到影响，视线被遮挡，测量桩点被破坏等。因此，各种测量标识必须埋设稳固，并设在不易破坏和碰动的位置，此外还应经常检查，如有损坏，及时恢复，以满足现场施工测量的需要。

施工测量的进度与精度直接影响着施工的进度和施工质量。这就要求施工测量人员在放样前应熟悉建筑物总体布置和各个建筑物的结构设计图，并要检查和校核设计图上轴线间的距离和各部位高程注记。在施工过程中对主要部位的测设一定要进行校核，检查无误后方可施工。

2.1.3　施工测量的原则

由于施工测量的要求精度较高，施工现场各种建筑物的分布面广，且往往同时开工兴建。所以，为了保证各建筑物测设的平面位置和高程都有相同的精度并且符合设计要求。施工测量必须遵循"由整体到局部、先高级后低级、先控制后碎部"的原则组织实施。对于大中型工程的施工测量，要先在施工区域内布设施工控制网，而且要求布设成两级即首级控制网和加密控制网。首级控制点相对固定，布设在施工场地周围不受施工干扰，地质条件良好的地方。加密控制点直接用于测设建筑物的轴线和细部点。不论是平面控制还是高程控制，在测设细部点时要求一站到位，减少误差的累积。

任务 2.2　测设的基本工作

2.2.1　测设已知水平距离

水平距离测设是从现场上的一个已知点出发，沿给定的方向，按已知的水平距离量距，在地面上标出另一个端点。

1. 钢尺丈量法

1）一般方法

当放样要求精度不高时，放样可以从已知点开始，沿给定的方向量出设计给定的水平距离，在终点处打一个木桩作为标志，并在桩顶标出测设的方向线，然后仔细量出给定的水平距离，对准读数在木桩顶画一条垂直测设方向的短线，两线相交即为要放的点位。

为了校核和提高放样精度，以测设的点位为起点向已知点返测水平距离，若返测的距离与给定的距离有误差，且相对误差超过允许值时，须重新放样。若相对误差在容许范围内，可取两者的平均值，用设计距离与平均值的差的一半作为改正数，改正测设点位的位置（当改正数为正，短线向外平移，反之向内平移），即得到正确的点位。

【例 2-2-1】如图 2-2-1 所示，已知 A 点，欲放样 B 点。AB 设计距离为 28.50 m，放样精度要求达到 1/2 000。试按一般放样方法确定 B 的正确点位。

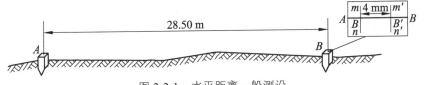

图 2-2-1　水平距离一般测设

解：测设方法与步骤如下：

① 以 A 为准在放样的方向（A—B）上量 28.50 m，打一个木桩，并在桩顶标出方向线 AB。

② 甲把钢尺零点对准 A 点，乙拉直并放平尺子对准 28.50 m 处，在桩上画出与方向线垂直

的短线 $m'n'$，交 AB 方向线于 B' 点。

③ 返测 $B'A$ 得到距离为 28.508 m。则 $\Delta D = 28.500 - 28.508 = -0.008$ m。

相对误差 $= \dfrac{0.008}{28.5} \approx \dfrac{1}{3\,560} < \dfrac{1}{2\,000}$，测设精度符合要求。

改正数 $= \dfrac{\Delta D}{2} = -0.004$ m。

④ $m'n'$ 垂直向内平移 4 mm 得 mn 短线，其与方向线的交点即为测设的 B 点。

2）精确方法

当测设的水平距离精度要求较高时，就必须考虑尺长、温度、倾斜等对测设水平距离的影响。测设时，要进行尺长、温度和倾斜改正。

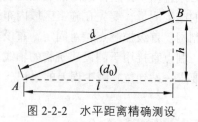

图 2-2-2　水平距离精确测设

【例 2-2-2】如图 2-2-2 所示，设 d_0 为欲测设的设计长度（水平距离），在测设之前必须根据所使用钢尺的尺长方程式计算尺长改正、温度改正，求该尺应量水平长度为

$$l = d_0 - \Delta l_d - \Delta l_t \tag{2-2-1}$$

式中，Δl_d 为尺长改正数；Δl_t 为温度改正数。

顾及高差改正可得实地应量距离为

$$d = \sqrt{l^2 + h^2} \tag{2-2-2}$$

式中，h 为高差。

【例 2-2-3】如图 2-2-2 所示，假如欲测的设计长度 $d_0 = 25.530$ m，所使用钢尺的尺长方程式为 $l_t = 30\ \text{m} + 0.005\ \text{m} + 1.25 \times 10^{-5}(t - 20\,^\circ\text{C}) \times 30\ \text{m}$，量距时的温度为 15 ℃，$a$、$b$ 两点的高差 $h_{ab} = +0.530$ m，试求：测设时应量的实地长度 d。

解：

① 计算尺长改正数 Δl_d：$\Delta l_d = 0.005 \times 25.530 / 30 = +4$ (mm)

② 计算温度改正数 Δl_t：$\Delta l_t = 1.25 \times 10^{-5} \times (15 - 20) \times 25.530 = -2$ (mm)

③ 计算应量的水平长度 l：$l = 25.530\ \text{m} - 4\ \text{mm} + 2\ \text{mm} = 25.528$ (m)

④ 计算应量的实地长度 d：$d = \sqrt{25.528^2 + 0.530^2} = 25.534$ (m)

2. 全站仪测距法

用全站仪测距测设水平距离的步骤如下：

（1）如图 2-2-3 所示，在 A 点安置全站仪，反光棱镜在已知方向上前后移动，使仪器显示值略大于测设的距离，定出 C' 点。

（2）在 C' 点安置反光棱镜，测出水平距离 D'，求出 D' 与应测设的水平距离 D 之差 $\Delta D = D - D'$。

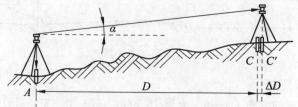

图 2-2-3　全站仪测设水平距离

（3）根据ΔD的数值在实地用钢尺沿测设方向将C'改正至C点，并用木桩标定其点位。

（4）将反光棱镜安置于C点，再实测AC距离，其不符值应在限差之内，否则应再次进行改正，直至符合限差为止。如全站仪有自动跟踪功能，可对反向棱镜进行跟踪，直到显示的水平距离为设计长度即可。

2.2.2 测设已知水平角

测设已知水平角就是根据一已知方向测设出另一方向，使它们的夹角等于给定的设计角值。按测设精度要求不同分为一般方法和精确方法。

1. 一般方法

当测设水平角精度要求不高时，可采用此法，即用盘左、盘右取平均值的方法。如图 2-2-4 所示，设OA为地面上已有方向，欲测设水平角β，在O点安置经纬仪，以盘左位置瞄准A点，配置水平度盘读数为 0。转动照准部使水平度盘读数恰好为β值，在视线方向定出B_1点。然后用盘右位置，重复上述步骤定出B_2点，取B_1和B_2中点B，则AOB即为测设的β角。

该方法也称为盘左盘右分中法。

2. 精确方法

当测设精度要求较高时，可采用精确方法测设已知水平角。如图 2-2-5 所示，安置经纬仪于O点，按照上述一般方法测设出已知水平角$\angle AOB'$，定出B'点。然后较精确地测量$\Delta AOB'$的角值，一般采用多个测回取平均值的方法，设平均角值为β'，测量出OB'的距离。按式（2-2-3）计算B'点处OB'线段的垂距$B'B$

$$B'B = \frac{\Delta\beta}{\rho}OB' = \frac{\beta'-\beta}{\rho}OB' \qquad (2\text{-}2\text{-}3)$$

式中，$\rho = 206\ 265''$，$\Delta\beta$以秒为单位。

然后，从B'点沿OB'的垂直方向调整垂距$B'B$，$\angle AOB$即为β角。如图 2-2-4 所示，若$\Delta\beta>0$时，则从B'点往内调整$B'B$至B点；若$\Delta\beta<0$时，则从B'点往外调整$B'B$至B点。

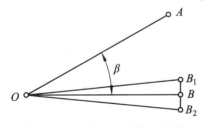

图 2-2-4　一般方法测设水平角

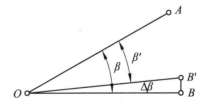

图 2-2-5　精确方法测设水平角

3. 简易方法测设直角

在小型、简易型以及临时建筑和构筑物的施工过程中，经常需要测设直角，如果测设水平角的精度要求不高，也可以不用经纬仪，而是用钢尺或皮尺，按简易方法进行测设。

1）勾股定理法测设直角

如图 2-2-6 所示，勾股定理指直角三角形斜边（弦）的平方等于对边（股）与底边（勾）的平方和，即 $c^2 = a^2 + b^2$。

据此原理，只要使现场上一个三角形的三条边长满足上式，该三角形即为直角三角形，从而得到想要测设的直角。

在实际工作中，最常用的做法是利用勾股定理的特例"勾3股4弦5"测设直角。如图2-2-7所示，设 AB 是现场上已有的一条边，要在 A 点测设与 AB 成90°的另一条边，做法是先用钢尺在 AB 线上量取 3 m 定出 P 点，再以 A 点为圆心、4 m 为半径在地面上画圆弧，然后以 P 点为圆心、5 m 为半径在地面上画圆弧，两圆弧相交于 C 点，则 $\angle BAC$ 即为直角。

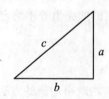

图 2-2-6　勾股定理图

图 2-2-7　按勾股定理的特例测设直角

也可用一把皮尺，将刻划为 0 m 和 12 m 处对准 A 点，在刻划为 3 m 和 8 m 处同时拉紧皮尺，并让 3 m 处对准直线 AB 上任意位置，在 8 m 处定点 C，则 $\angle BAC$ 便是直角。

如果要求直角的两边较长，可将各边长保持 3 : 4 : 5 的比例，同时放大若干倍，再进行测设。

2）中垂线法测设直角

如图 2-2-8 所示，AB 是现场上已有的一条边，要过 P 点测设与 AB 成90°的另一条边，可先用钢尺在直线 AB 上定出与 P 点等距的两个临时点 A' 和 B'，再分别以 A' 和 B' 为圆心，以大于 PA' 的长度为半径，画圆弧相交于 C 点，则 PC 为 $A'B'$ 的中垂线，即 PC 与 AB 成90°。

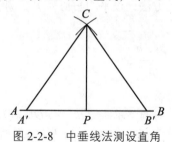

图 2-2-8　中垂线法测设直角

2.2.3　测设已知高程

在施工测量中，经常要把设计的室内地坪（±0）高程及房屋其他各部位的设计高程（在工地上，常将高程称为"标高"）在地面上标定出来，作为施工的依据。这项工作称为高程测设（或称高程放样）。

视频：高程放样

1. 一般方法

如图 2-2-8 所示，安置水准仪于水准点 R 与待测设高程点 A 之间，得后视读数 a，则视线高程 $H_视 = H_R + a$；前视应读数 $b_应 = H_视 - H_设$（H 设为待测设点的高程）。此时，在 A 点木桩侧面，上下移动标尺，直至水准仪在尺上截取的读数恰好等于 $b_应$ 时，紧靠尺底在木桩侧面画一横线，此横线即为设计高程位置。为求醒目，再在横线下用红油漆画标志"▼"，若 A 点为室内地坪，则在横线上注明"±0"。

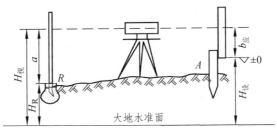

图 2-2-9　高程测设的一般方法

【例 2-2-4】 如图 2-2-8 所示，已知水准点 R 的高程为 $H_R = 362.768 \text{ m}$，需放样的 A 点高程为 $H_A = 363.450 \text{ m}$。

解： 先将水准仪架在 R 与 A 之间，后视 R 点尺，读数为 $a = 1.352$。要使 A 点高程等于 H_A，则前视尺读数就应该是：

$$b_{\text{应}} = (H_R + a) - H_A = (362.768 + 1.352) - 363.450 = 0.670 \text{ m}$$

测设时，将水准尺贴靠在 A 点木桩一侧，水准仪照准 A 点处的水准尺。当水准管气泡居中时，将 A 点水准尺上下移动，当十字丝中丝读数为 0.670 时，此时水准尺的底部，就是所要放样的 A 点，其高程为 362.450 m。

2. 高程点位在顶部的测设

在地下坑道施工中，高程点位通常设置在坑道顶部。通常规定当高程点位于坑道顶部时，在进行水准测量时水准尺均应倒立在高程点上。如图 2-2-10 所示，A 为已知高程 H 的水准点，B 为待测设高程为 H_B 的位置，由于 $H_B = H_A + a + b$，则在 B 点应有的标尺读数 $b = H_B - (H_A + a)$。因此，将水准尺倒立并紧靠 B 点木桩上下移动，直到尺上读数为 b 时，在尺底画出设计高程 H_B 的位置。

同样，对于多个测站，也可以采用类似分析和解决方法。如图 2-2-11 所示，A 为已知高程 H_A 的水准点，C 为待测设高程为 H_C 的点位，由于 $H_C = H_A - a - b_1 + b_2 + c$，则在 C 点应有的标尺读数 $c = H_C - (H_A - a - b_1 + b_2)$。

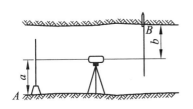

图 2-2-10　高程点在顶部的测设

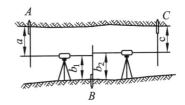

图 2-2-11　高程点在顶部多测站的测设

3. 高程上下传递法

若待测设高程点的设计高程与水准点的高程相差很大，如测设较深的基坑标高或测设高层建筑物的标高，只用标尺已无法放样，此时可借助钢尺将地面水准点的高程传递到在坑底或高处所设置的临时水准点上，然后再根据临时水准点测设其他各点的设计高程。

如图 2-2-12（a）所示，是将地面水准点 A 的高程传递到基坑临时水准点 B 上。在坑边上杆上悬挂经过检定的钢尺，零点在下端并挂 10 kg 重锤，为减少摆动，重锤放入盛废机油或水的桶内，在地面上和坑内分别安置水准仪，瞄准水准尺和钢尺读数（见图中 a、b、c、d），则

$$H_B = H_A + a - (c - d) - b \qquad (2\text{-}2\text{-}4)$$

H_B 求出后，即可以临时水准点 B 为后视点，测设坑底其他各待测设高程点的设计高程。

如图 2-2-12（b）所示，是将地面水准点 A 的高程传递到高层建筑物上，方法与上述相似，任一层上临时水准点 B_i 的高程为：

$$H_{B_i} = H_A + a + (c_i - d) - b_i \qquad (2\text{-}2\text{-}5)$$

H_{B_i} 求出后，即可以临时水准点 B_i 为后视点，测设第 i 层楼上其他各待测设高程点的设计高程。

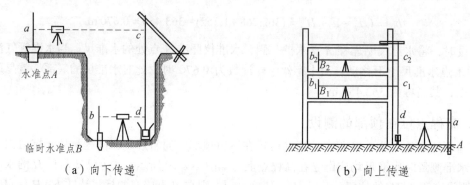

（a）向下传递　　　　　　　　　　（b）向上传递

图 2-2-12　高程测设的传递方法

4. 简易法测设高程

在施工现场，当距离较短，精度要求不太高时，施工人员常利用连通管原理，用一条装了水的透明胶管，代替自动安平水准仪进行高程测设，方法如下：

如图 2-2-13 所示，设墙上有一个高程标志 A，其高程为 H_A，要在附近的另一面墙上，测设另一个高程标志 P，其设计高程为 H_P。将装了水的透明胶管的一端放在 A 点处，另一端放在 P 点处，两端同时抬高或者降低水管，使 A 端水管水面与高程标志对齐，在 P 处与水管水面对齐的高度作一个临时标志 P'，则 P' 高程等于 H_A，然后根据设计高程与已知高程的差 $\Delta h = H_P - H_A$，以 P' 为起点垂直往上（Δh 大于 0 时）或往下（Δh 小于 0 时）量取 dh，作标志 P，则此标志的高程为设计高程。

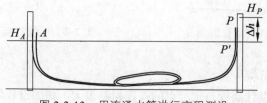

图 2-2-13　用连通水管进行高程测设

例如，若 $H_A = 77.600$ m，$H_P = 78.000$ m，$\Delta h =$（78.000 − 77.600）m = 0.400 m，按上述方法标出与 H_A 同高的 P' 点后，再往上量 0.400 m 定点即为设计高程标志 P。

使用这种方法时，应注意水管内不能有气泡，在观察管内水面与标志是否同高时，应使眼睛与水面高度一致，此外，不宜连续用此法往远处传递和测设高程。

2.2.4 测设直线

测设直线是应用广泛的一种施工测量工作。在铁路、隧道、运河、输电线路和各种地下管道等线型工程中，主要的施工测量工作就是测设直线。在其他工程中也都有各种轴线的测设工作。

设地面上已有 A、B 两点，在这两点之间或延长线上测设一些点，使它们位于 AB 直线上的工作称为测设直线，也称定线。定线方法有内插定线法和外插定线法两种。

1. 内插定线法

如图 2-2-14 所示，地面上有 A、B 两点，经纬仪置于 A 点，瞄准 B 点后固定照准部，然后自 A 向 B（即由近而远），或自 B 向 A（由远而近）地定出 AB 之间直线上诸点。

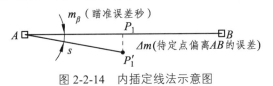

图 2-2-14　内插定线法示意图

设瞄准误差为 m_β，所引起的相应待定点偏离直线的误差为 m_Δ；待定点至测站的距离为 S，则有：

$$m_\Delta = S \frac{m_\beta}{\rho} \qquad (2\text{-}2\text{-}6)$$

式中 $\rho = 206\,265''$ 为常数 m_Δ 和 S 的单位为 m，m_β 的单位为 s。

对某台仪器而言，m_β 为定值，由式（2-2-6）可知，m_Δ 与 S 成正比，即视线越长，定线的误差越大。实际工作中，应注意当距离 S 较大时，要努力使瞄准误差 m_β 尽可能小些，即要求瞄准仔细些；反之，当距离 S 较小时，可放宽些，以求提高工作速度。对于近的待定点即使瞄准误差稍大，也不难达到预期的 m_Δ 值。

2. 外插定线法（正倒镜取中定线法）

如图 2-2-15 所示，已知 A、B 两点，要在 AB 之延长线上定出一系列待定点。操作步骤如下：

（1）仪器安置于 B 点上（对中、整平）；

（2）盘左，望远镜瞄准 A 点，固定照准部；

（3）然后把望远镜绕横轴旋转 180° 定出待定点 1'；

（4）盘右重复步骤（2）、（3）得待定点 1″；

（5）取 1' 与 1″ 的中点为 1 点的最终位置。

（6）同理可定出 2、3、…、诸点。

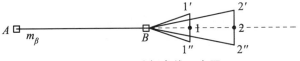

图 2-2-15　外插定线示意图

外插定线法采用盘左、盘右两个竖盘位置定点，取其中点为最终点位置，是为减弱仪器轴系误差（主要是视准轴不垂直于横轴的误差）的影响。

2.2.5 测设坡度线

在平整场地、修筑道路和铺设管道等工程中，往往要按一定的设计坡度（倾斜度）进行施工，这时需要在现场测设坡度线，作为施工的依据。根据坡度大小的不同和场地条件的不同，坡度线测设的方法有水平视线法和倾斜视线法。

1. 水平视线法

水平视线法广泛用于道路和管线的施工测量。如图 2-2-16 所示，A、B 为设计坡度线的两个端点，A 点设计高程为 $H_A = 56.487$ m，坡度线长度（水平距离）为 $D = 110$ m，设计坡度为 $i = -1.5\%$，要求在 AB 方向上每隔距离 $d = 20$ m 打一个木桩，并在木桩上定出一个高程标志，使各相邻标志的连线符合设计坡度。设附近有一水准点 M，其高程为 $H_M = 56.128$ m，测设方法如下：

（1）在地面上沿 AB 方向，依次测设间距为 d 的中间点

1、2、3、4、5，在点上打好木桩。

（2）计算各桩点的设计高程。

先计算按坡度 i 每隔距离 d 相应的高差：

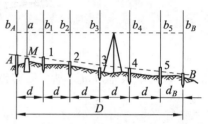

图 2-2-16　水平视线法测设坡度线

$$h = i \cdot d = -1.5\% \times 20 \text{ m} = -0.3 \text{ m}$$

再计算各桩点的设计高程，其中

第 1 点：$H_1 = H_A + h = （56.487 - 0.3）\text{ m} = 56.187 \text{ m}$

第 2 点：$H_2 = H_1 + h = （56.187 - 0.3）\text{ m} = 55.887 \text{ m}$

同法算出其他各点设计高程为 $H_3 = 55.587$ m，$H_4 = 55.287$ m，$H_5 = 54.987$ m，最后根据 H_5 和剩余的距离计算 B 点设计高程：

$$H_B = 54.987 \text{ m} + （-1.5\%）\times （110 - 100）\text{ m} = 54.837 \text{ m}$$

注意，B 点设计高程也可用下式算出：

$$H_B = H_A + i \cdot D$$

此式可用来检核上述计算是否正确，例如，这里为 $H_B = 56.487$ m $+ （-1.5\%）\times 110 = 54.837$ m，说用高程计算正确。

（3）在合适的位置（与各点通视，距离相近）安置水准仪，后视水准点上的水准尺，设读数 $a = 0.866$ m，计算仪器视线高：

$$H_视 = H_M + a = （56.128 + 0.866）\text{ m} = 56.994 \text{ m}$$

再根据各点设计高程，依次计算测设各点时的应读前视读数，例如 A 点为：

$$b_A = H_视 - H_A = （56.994 - 56.487）\text{ m} = 0.507 \text{ m}$$

1 号点为：

$$b_1 = H_视 - H_1 = （56.994 - 56.187）\text{ m} = 0.807 \text{ m}$$

同理得 $b_2 = 1.107$ m，$b_3 = 1.407$ m，$b_4 = 1.707$ m，$b_5 = 2.007$ m，$b_B = 2.157$ m。

各点应读前视读数的计算也可简化成：先计算第一点的应读前视读数，再减去第一点与下

一个点的高差，得到下一个点的应读前视读数。

（4）水准尺依次贴靠在各木桩的侧面，上下移动尺子，直至水准仪在尺上读数为 b 时，沿尺底在木桩上画一道横线，该线即在 AB 坡度线上。也可将水准尺立于桩顶上，读前视读数 b'，再根据应读读数和实际读数的差 $l = b - b'$，用小钢尺自桩顶往下量取高度 l 画线。

2. 倾斜视线法

当坡度较大时，坡度线两端高差太大，不便按水平视线法测设，这时可采用倾斜视线法。

如图 2-2-17 所示，点的设计高程为 $H_{B设}$，两点间水平距离为 D，设计坡度为 -1%。为了便于施工，需在中心线上每隔一定距离打一木桩，并在木桩上标出该点设计高程。测设方法如下：

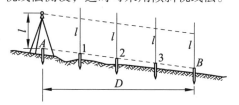

图 2-2-17　倾斜视线法测设坡度线

（1）测设 A、B 点设计高程。

用式 $H_{B设} = H_A + D \times (-1\%)$ 计算 B 点设计高程，然后通过附近水准点，用前述已知高程的测设方法，把 A 点和 B 点的设计高程测设到地面上。

（2）用水准仪测设时，在 A 点安置水准仪，使一个脚螺旋在 AB 方向线上，而另两个脚螺旋的连线垂直于 AB 方向线，量取仪高 l，如图 2-2-18 所示。用望远镜瞄准 B 点上的水准尺，旋转 AB 方向线上的脚螺旋，让视线倾斜，使水准尺上读数为仪器高 l 值，此时仪器的视线即平行于设计的坡度线。

图 2-2-18　水准仪安置

（3）在 AB 间的 1、2、3、…木桩处立尺，贴靠木桩上下移动水准尺，使水准仪的中丝读数均为 l，此时水准尺底部即为该点的设计高程，沿尺子底面在木桩侧面画一标志线。各木桩标志线的连线，即为已知坡度线。如果条件允许，采用激光经纬仪及激光水准仪代替普通经纬仪和水准仪，则测设坡度线的中间点更为方便，因为中间点上可根据光斑在尺上的位置，上下调整尺子的高低。

以上所述方法仅适合于设计坡度较小时的情况。如果设计坡度较大，可以用经纬仪进行测设，其方法与上述方法基本相同。

3. 坡度尺测设

坡度尺也叫坡度测量仪，有度盘式坡度仪和数字式坡度仪，如图 2-2-19 所示。

实际坡度线测设工作中，可以在坡底和坡顶之间拉线绳，通过坡度尺读数，调整线绳坡度，使其满足坡度要求，从而指导施工。

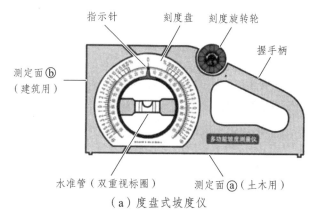

（a）度盘式坡度仪

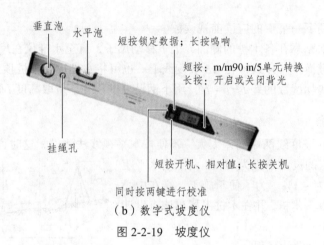

垂直泡
水平泡
短按锁定数据；长按鸣响
短按：m/m90 in/5单元转换
长按：开启或关闭背光
挂绳孔
短按开机、相对值；长按关机
同时按两键进行校准

（b）数字式坡度仪

图 2-2-19　坡度仪

任务 2.3　测设平面点位的基本方法

确定建筑物的平面位置时，设计图上一般是提供一些主要点的设计坐标（x，y），这时应先根据设计坐标计算有关的水平距离和水平角，然后综合应用水平距离测设和水平角测设方法，在现场测设点位。在实际工作中，可根据施工控制网的布设形式、控制点的分布、地形情况、测设精度要求以及施工现场条件等，选用适当的方法进行测设。

2.3.1　直角坐标测设法

微课：直角坐标测设法

当施工控制网为方格网或彼此垂直的主轴线时采用此法较为方便。

如图 2-3-1 所示，A、B、C、D 为方格网的四个控制点，P 为欲放样点。放样的方法与步骤：

X
D
C
M
P
Δx_AP
A
B
Δy_AP
N
O
Y

图 2-3-1　直角坐标法测设点位

1. 计算放样参数

计算出 P 点相对控制点 A 的坐标增量：

$$\Delta x_{AP} = AM = x_P - x_A$$

$$\Delta y_{AP} = AN = y_P - y_A$$

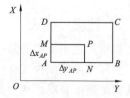

2. 外业测设

（1）A 点架经纬仪，瞄准 B 点，在此方向上放水平距离 $AN = \Delta y$ 得 N 点。

（2）N 点上架经纬仪，瞄准 B 点，仪器左转 90°确定方向，在此方向上丈量 $NP = \Delta x$，即得出 P 点。

3. 校　核

沿 AD 方向先放样 Δx 得 M 点，在 M 点上架经纬仪，瞄准 A 点，左转一直角再放样 Δy，也可以得到 P 点位置。

注意事项：测设 90°角的起始方向要尽量照准远距离的已知点位，因为对于同样的对中和照准误差，照准远处点比照准近处点放样的点位精度高。

2.3.2 极坐标测设法

极坐标测设法是根据一个水平角和一段水平距离测设点的平面位置的方法。如图 2-3-2 所示，A、B 点是现场已有的测量控制点，其坐标已知，P 点为待测设的点，其设计坐标也已知。

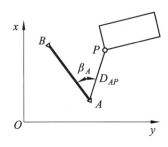

微课：极坐标测设法

图 2-3-2　极坐标法测设点位

视频：极坐标放样

1. 计算测设数据

（1）根据 A、B 点和 P 点的坐标，用坐标反算公式，计算 A、P 之间水平距离 D_{AP} 为

$$D_{AP} = \sqrt{\Delta x_{AP}^2 + \Delta y_{AP}^2}$$

其中，$\Delta x_{AP} = x_P - x_A$，$\Delta y_{AP} = y_P - y_A$。

（2）计算 AB 的坐标方位角 α_{AB} 和 AP 的坐标方位角 α_{AP}

$$\alpha_{AB} = \arctan \frac{\Delta y_{AB}}{\Delta x_{AB}}$$

$$\alpha_{AP} = \arctan \frac{\Delta y_{AP}}{\Delta x_{AP}}$$

计算水平角 $\angle PAB$ 为

$$\beta_A = \alpha_{AP} - \alpha_{AB}（注意是：右方向 - 左方向）$$

2. 现场测设

安置经纬仪于 A 点，瞄准 B 点；顺时针方向测设 β_A 角，并在视线方向上用钢尺测设水平距离 D_{AP} 即得 P 点。

如果在一个测站上测设建筑物的几个定位角点，可先计算所有点的测设数据，然后用上述方法在测站上依次测设这几个点。测设完后要用钢尺检核边长是否与设计值相符，用经纬仪检核大角是否为 90°，边长误差和角度误差应在限差以内。

极坐标法的特点是只需设一个测站，就可以测设很多个点，效率很高，但要求量边方便。由于全站仪可同时准确快速地测角量边，并可根据坐标自动计算放样方位角和边长，因此，用全站仪按极坐标法测设点位非常方便。

注意： 如果待测设点的精度要求较高，可以利用前述的精确方法测设水平角和水平距离。

2.3.3 角度交会测设法

欲测设的点位远离控制点，地形起伏较大，距离丈量困难且没有全站仪时，可采用经纬仪角度交会法来放样点位。

如图 2-3-3 所示。A、B、C 为已知控制点，P 为某码头上某一点，需要测设它的位置。P 点的坐标由设计人员给出或从图上量得。用角度前方交会法放样的步骤如下：

1. 计算测设参数

（1）用坐标反算 AB、AP、BP、CP 和 CB 边的方位角 α_{AB}、α_{AP}、α_{BB}、α_{CP} 和 α_{CB}。

（2）根据各边的方位角计算 α_1、β_1 和 β_2 角值。

$$\alpha_1 = \alpha_{AB} - \alpha_{AP}$$
$$\beta_1 = \alpha_{BP} - \alpha_{BA}$$
$$\beta_2 = \alpha_{CP} - \alpha_{CB}$$

2. 外业测设

（1）分别在 A、B、C 三点上架经纬仪，依次以 AB、BA、CB 为起始方向，分别放样水平角 α_1、β_1 和 β_2。

（2）通过交会概略定出 P 点位置，打一大木桩。

（3）在桩顶平面上精确放样，具体方法是：由观测者指挥，在木桩上定出三条方向线即 AP、BP 和 CP。

（4）理论上三条线应交于一点，由于放样存在误差，形成了一个误差三角形，如图 2-3-3 所示。当误差三角形内切圆的半径在允许误差范围内，取内切圆的圆心作为 P 点的位置。

注意事项：为了保证 P 点的测设精度，交会角一般不得小于 30°和大于 150°，最理想的交会角是 30°~ 70°。

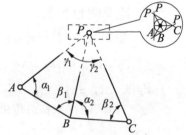

图 2-3-3　角度交会法示意图

2.3.4 距离交会测设法

当施工场地平坦，易于量距，且测设点与控制点距离不长（小于一整尺长），常用距离交会法测设点位。

如图 2-3-4 所示，A、B 为控制点，P 为要测设的点位，测设方法如下：

（1）计算放样参数：根据 A、B 的坐标和 P 点坐标，用坐标反算方法计算出 d_{AP}、d_{BP}。

（2）外业测设：分别以控制点 A、B 为圆心，分别以距离 d_{AP} 和 d_{BP} 为半径在地面上画圆弧，两圆弧的交点，即为欲测设的 P 点的平面位置。

图 2-3-4　距离交会法示意图

（3）实地校核：如果待放点有两个以上，可根据各待放点的坐标，反算各待放点之间的水平距离。对已经放样出的各点，再实测出它们之间的距离，并与相应的反算距离比较进行校核。

任务 2.4 全站仪测设方法

2.4.1 全站仪极坐标法测设点位

全站仪可以方便地以较高精度同时测角与测距，并能自动进行常见的测量计算，在施工测量中应用广泛，是提高施工测量质量和效率的重要手段，用全站仪测设点位一般采用极坐标法，不同品牌和型号的全站仪，用极坐标法测设点位的具体操作方法也有所不同，但其基本过程是一样的。

1. 安置全站仪

如图 2-4-1 所示，在 A 点安置全站仪，对中整平，开机自检并初始化，输入当时的温度和气压，将测量模式切换到"放样"。

2. 设置测站和定向

输入 A 点坐标作为测站坐标，后视照准另一个控制点 B，输入 B 点坐标作为后视点坐标，或者直接输入后视方向的方位角，进行定向。切换到坐标测量模式，测量 1~2 个已知点的坐标作为检核。

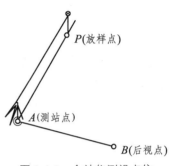

图 2-4-1 全站仪测设点位

3. 输入设计坐标和转到设计方向

将测量模式切换到"放样"，输入放样点 P 的 x、y 坐标，全站仪自动计算测站至该点的方位角和水平距离，按"角度"对应功能键，屏幕上即显示出当前视线方向与设计方向之间的水平夹角，转动照准部，当该夹角接近 0° 时，制动照准部，转动水平微动螺旋使夹角为 0°00′00″，此时视线方向即为设计方向。

4. 测距和调整反光镜位置

指挥反光镜立于视线方向上，按"距离"对应功能键，全站仪即测量出测站至反光镜的水平距离，并计算出该距离与设计距离的差值，在屏幕上显示出来。一般差值为"+"表示反光镜立得偏远，应往靠近测站方向移动；差值为"−"表示反光镜立得偏近，应往远离测站方向移动。观测员通过对讲机将距离偏差值通知持镜员，持镜员按此数据往近处或远处移动反光镜，并立于全站仪望远镜视线方向上，然后观测员按"距离"键重新观测。如此反复趋近，直至距离偏差值接近 0 时打桩。

5. 精确定点

打桩时用望远镜检查是否在左右方向打偏，还可以立镜测距检查是否前后方向打偏，如有偏移及时调整。桩打好后，用全站仪在桩顶上精确放出 P 点，打下小钉作标志。

在同一测站上测设多个放样点时，只需按"继续"键，然后重复 3~5 步操作即可。该方法具有精度高、速度快等优点，广泛应用于各项工程建设。

2.4.2 全站仪后方交会法设站

当放样现场现有控制点与放样点之间不通视时，需要增设新的控制点，常用的方法是支导线法，这需要至少多安置一次全站仪并进行相应的坐标测量工作。全站仪后方交会法也称为自由设站法，在任意位置安置全站仪，观测两个以上的已知点，全站仪便可自动计算得到测站点的坐标，省去了支导线点的测量工作，提高了工作效率。

全站仪后方交会法分为距离测量后方交会和角度测量后方交会。距离测量后方交会至少需要观测 2 个已知点，并且需要在已知点上立棱镜；角度测量后方交会至少需要观测 3 个已知点，已知点上可以只立普通的观测标志。但两者的操作过程基本一样。

1. 安置全站仪

如图 2-4-2 所示，在自由设站点安置全站仪，对中整平（如果不保留测站点，只需整平不需对中），开机自检并初始化，输入当时的温度和气压。

2. 交会测得测站点的坐标

（1）将全站仪设置为放样模式，选择"新点"功能，进入后方交会法功能模块。

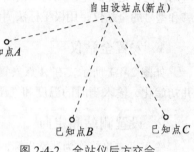

图 2-4-2　全站仪后方交会

（2）输入自由设站点点号。

（3）在第一个已知点安置棱镜，并输入该已知点的坐标和棱镜高，照准该已知点，这时若进行距离测量后方交会则按显示屏上"距离"对应的键，若进行角度测量后方交会则按显示屏上"角度"对应的键。

（4）第一个已知点观测完成后，照准第二个已知点，输入该点的坐标和棱高，并按"距离"或"角度"键，就可以完成第二个已知点的观测。同样方法，观测完所有的已知点后仪器自动进行计算，获得测站点坐标成果并显示其误差的大小。

通过后方交会获得测站点坐标后，就可以利用前面所述的方法，用极坐标法来测设各放样点的点位。值得注意的是，后方交会法选定的新点应不在几个已知点构成的外接圆上，否则新点的坐标具有不确定性。此外，新点与两个已知点所构成的水平角称为交会角，为了保证新点的精度，交会角不能太小和太大，应在 30°～150°。

2.4.3　全站仪点到直线测设方法

如图 2-4-3 所示，全站仪点到直线的测量模式用于相对于原点 A（0，0，0）和以 AB 为 N 轴（相当于 X 方向）的目标点的坐标测量。安置仪器在任意未知点 C，将棱镜分别安置在 A 点和 B 点进行观测，就得到 C 点的坐标数据并设置为仪器的测站坐标，同时，仪器还设置好定向角。具体操作过程如下：

1. 安置全站仪

如图 2-4-3 所示，在任意未知点安置全站仪，整平，开机自检并初始化，输入当时的温度和气压。

2. 设置测站和定向角

（1）使全站仪处于菜单显示状态，选择"程序"功能，进入"点到直线测量功能"模块。

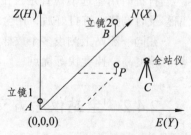

图 2-4-3　全站仪点到直线的测量

（2）输入仪器高。

（3）在 A 点安置棱镜，并量取棱镜高，输入 A 点棱镜高，照准 A 点棱镜进行测量。

（4）在 B 点安置棱镜，并量取棱镜高，输入 B 点棱镜高，照准 B 点棱镜进行测量。

（5）全站仪自动计算测站坐标和定向角并设置在仪器上，在仪器上显示 A、B 之间的距离，而且可以查询测站数据。

3．坐标测量和测设

设置好测站和定向角后，就可以按前面所述的坐标测量和点位测设的方法进行有关测量工作。注意这时是以 A 为原点，AB 为 X 轴，AB 往右垂直方向为 Y 轴的独立坐标系统数据，是一个相对坐标系统，一般在建筑内部轴线测设时使用较多。如果不需要测量高程，可不量取和输入仪器高和棱镜高。

任务 2.5　RTK 测设方法

RTK 测设是用 GNSS RTK 测量仪器把设计图上待放样点在实地上标定出来，采用 RTK 测设方法，只要放样区域内卫星高度角满足要求，放样点与控制点不需要通视，放样速度快，精度可靠，目前在工程施工的放样中得到广泛应用。

RTK 测设的操作流程和方法主要是：准备工作、新建工程项目、基准站架设与设置（网络 RTK 作业模式无需此操作）、手簿连接移动站并进行设置、获取测区坐标转换参数、利用已有控制点进行检核等。上述工作完成后，即可对待放样点进行实地测设，这里主要介绍实地测设的具体方法。

根据工程类型的不同和实际工作的需要，常用的 RTK 测设方法有点放样和线放样两种。下面以广州南方卫星导航仪器有限公司的"工程之星 5.0"手簿软件为例，介绍 RTK 测设方法。

2.5.1　准备工作

1．接收机设置（电台模式）

1）基准站设置

基准站主机开机并插电台天线→手簿开机打开手簿软件"工程之星 5.0"→配置菜单栏→仪器连接→允许开启蓝牙请求→扫描→找到与基准站主机编码对应的可用设备名称号→选中连接→主机提示仪器连接成功，同时主机蓝牙灯点亮并语音播报"蓝牙连接成功"。

返回配置菜单栏→仪器设置→基准站设置→数据链：内置电台外置电台→数据链设置：设置电台通道（外置电台模式则无数据链设置项，电台通道需在外挂电台上通过按键 C 设置）→差分格式：RTCM32→发射间隔：1→基站启动坐标：基站启动模式中选择"自动单点启动"，点击"确定"（请勿设置重复设站模式）→天线高：无需设置→截至角：10→PDOP：4→以上设置完成，点击最下方启动→显示启动成功。

主机"上下箭头"数据灯 1 秒/次闪动并语音播报"基准站启动成功"则基准站设置完毕→下次使用无需再进行设置，开机即可自动启动。

2）移动站设置

移动站主机开机并插电台天线→手簿断开基站主机蓝牙，再连上移动站主机蓝牙→配置菜单栏→ 仪器连接→允许开启蓝牙请求→扫描→找到与移动站主机编码对应的可用设备名称号→选中连接→主机提示仪器连接成功，同时主机蓝牙灯点亮并语音播报"蓝牙连接成功"。

返回配置菜单栏→仪器设置→移动站设置→数据链：内置电台（无论基准站使用的是内置电台还是外置电台，移动站都需设置为内置电台模式）→数据链设置：设置电台通道与基准站一致→截至角:10→至此移动站设置成功，返回主界面稍等数秒，显示固定解即可正常作业→下次使用无需再进行此设置，开机收到基站差分信号即可固定解。

注意事项： 如果采用网络 RTK 方法，只需根据账号登录，接收机无须进行电台模式的基准站与移动站设置。

2. 新建工程

在电子手簿软件"工程之星 5.0"上操作：工程→新建工程→设置工程名称→确定→弹出当前坐标系统设置，如无特殊要求，只需设置投影参数更改中央子午线即可（中央子午线可在百度搜索当地中央子午线即可）→确定→提示"确定将该参数应用到当前工程"点击"确定"→以上设置完成，点击"确定"即可。

3. 求转换参数

新建工程后，采集完控制点的坐标后→输入→求转换参数→添加→平面坐标：输入已知控制点坐标→大地坐标：选择更多获取方式，点库获取，选择与上方对应控制点上所采集的坐标→确定→再次按以上步骤添加至少一组坐标→两组（或两组以上）坐标添加完毕点击"计算"→点击"确定"（如提示平面/高程精度超限，则需返回检查原因）→应用→提示"确定将该参数应用到当前工程"点击"确定"→至此求转换参数完毕，核对精度无误后即可使用。

4. 单点校正

求完转换参数应用后，如基准站关机或位移，移动站需先进行单点校正才能正常作业→移动站固定解状态下到一个控制点上→输入→校正向导→默认基准站架设在未知点，点击"下一步"→输入此控制点坐标→天线高选择杆高并输入→下方经纬度模式不要选择→点击"校正"→对中后点击"确定"→显示校正成功后核对精度无误，至此点击"校正"完成，即可正常作业。

2.5.2　点放样

在电子手簿软件"工程之星 5.0"主界面上，操作：测量→ 点放样，进入放样界面，如图2-5-1 所示。点击"目标"，选择需要放样的点，点击"点放样"，如图 2-5-2 所示。也可点击右上角"三条黑线"组成的图案，直接放样坐标管理库里的点。

点击"选项"，选择"提示范围"，选择 1 m，则当前点移动到离目标点 1 m 范围以内时，系统会语音提示，如图 2-5-3 所示。在放样主界面上也会三方向上提示往放样点移动多少距离。放样与当前点相连的点时，可以不用进入放样点库，点击"上点"或"下点"根据提示选择即可。

图 2-5-1　点放样界面

图 2-5-2　放样点库

图 2-5-3　点放样设置

在有固定解和仪器对中杆竖直的状态下，当向北、向东为零时，表示已准确到达放样点。在 RTK 接收机对中杆指示的位置打桩或者其他标志，即可得到测设点位。软件也可以在配置中打开放样声音提示，当到达预设提示范围和达到放样精度时，手簿会发出不同的提示音进行提示，使放样工作更轻松。

2.5.3　线放样

在电子手簿软件"工程之星 5.0"上操作：测量→直线放样

点击"目标"，如果有已经编辑好的放样线文件，选择要放样的线，点"确定"按钮即可，如图 2-5-4 所示。也可点击右上角"三条黑线"组成的图案，直接放样坐标管理库里的线。如果线放样坐标库中没有线放样文件，点击"增加"，输入线的起点和终点坐标就可以在线放样坐标库中生成放样线文件，如图 2-5-5 所示。

直线放样主界面会提示当前点与目标直线的垂距、里程、向北、向东距离等信息（显示内容可以点击显示按钮，会出现很多可以显示的选项，选择需要显示的选项即可），与点放样一样，在"选项"里也可进行线放样的设置，如图 2-5-6 所示。

具体放样时，根据图上的放样提示，向北、向东移动 RTK 接收机，放样出指定里程点，放样过程就是 RTK 接收机当前所在点到目标点的靠近过程。为了指引到达目的地，软件绘制了一条连接线，只要保证当前行走方向与该连接线重合，可保证行走方向正确。

同时，屏幕上还提示当前 RTK 接收机偏离直线的距离，以及偏离待测设桩号的距离，下方还有一些"向南""向东"等指引数据。利用这些图形和数据，可以引导测量员更快捷地移动RTK 接收机到达待放样点。放出该点后，进入该直线下一个点的放样、直至完成该直线所有待定点的放样。

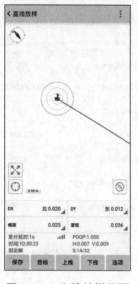

图 2-5-4　直线放样界面　　　　图 2-5-5　放样线数据　　　　图 2-5-6　线放样设置

激光施工测量仪器的应用

2.6.1　激光铅垂仪

随着施工新技术的应用，要求测量人员快速地铅直向上传递建筑物轴线交点，激光铅垂仪（也称激光垂准仪）就是一种铅直定位的专用仪器，适用于高层建筑物、烟囱及高塔的铅直定位测量。激光铅垂仪的基本构造如图 2-6-1 所示，主要由水平激光器、物镜、调焦螺旋、圆气泡、刻度盘、激光开关及接收屏等部分组成。

图 2-6-1　激光铅垂仪

激光器通过两组固定螺钉固定在套筒内。仪器的竖轴是一个激光物镜空心筒轴,激光器安装在筒轴的下端,发射望远镜安装在上端,构成向上发射的激光铅垂仪。仪器上设置有一个管水准器,其角值一般为 20″/2 mm。通过调节基座整平螺旋,使水准管气泡严格对中。仪器配有激光对中器,代替常见的光学对中器。仪器上有一个转换激光方向的变换按钮,按一下即可使激光往下发射进行对中,再按一下使激光往上发射进行轴线投测。有的仪器设置两个独立的激光开关,一个是往下对中激光的开关,另一个是往上投测激光的开关。如果对中时激光亮斑不清晰,可调节对中器的螺旋,使激光亮斑清晰,以便照准地面标志。

使用激光铅垂仪投点时,将激光铅垂仪安置在建筑物底部的主轴线(或其平行线)的交点上,对中整平,使竖轴垂直。在高处施工楼层的通光孔上安置接收靶,仪器操作员打开激光电源,使激光束向上射出,调节望远镜调焦螺旋,直至接收靶上得到明显的接收光斑。在接收靶处的观测员,根据接收靶上的光斑记录下激光束的位置,并随着铅垂仪绕竖轴的旋转,记录下光斑的移动轨迹,一般为一个小圆,小圆的中心即为铅垂仪的投射位置。

2.6.2　激光全站仪

目前,很多新型全站仪都具有激光指向功能,激光器的光轴与望远镜视准轴重合,工作时可发射可见的激光束作为参考线,使测量工作更加直观和方便。这一激光束所指的水平角及垂直角,也可在屏幕上显示出来。激光全站仪主要用于建筑施工、隧道挖掘、大型机械设备安装、电梯调试、管线铺设、桥梁工程等。

激光全站仪用于普通的角度测量,与一般全站仪没有什么区别。其激光指向的作用主要是进行准直测量,即定出一条直线,作为土建安装、施工放样或轴线投测的基准线。下面介绍激光指向部分的操作与使用。图 2-6-2 所示为广州南方测绘科技股份有限公司生产的 NTS-330 系列全站仪,该仪器具有激光对中和激光指向功能,以此仪器为例进行介绍。

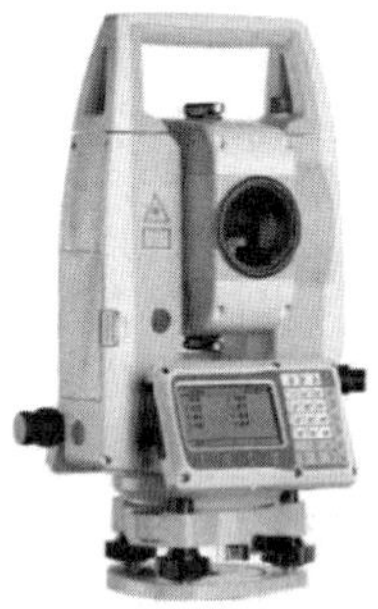

图 2-6-2　激光全站仪

1. 仪器的定向测量

以已知两点为基准,找出这两点连线之间的其他点称为激光定向测量。步骤如下:在第一个已知点安置仪器,开机后按星号键,按 F4(对点)键,按 F1 打开激光对点器,对中器激光亮起,将仪器对中、整平。

精确瞄准第二个已知点,开启激光指向功能(操作键的点号键),激光束从望远镜射出,在需要定点处竖立一块光屏,或直接照在地物上,调节望远镜调焦螺旋使激光束在光屏或地物上聚焦为一个清晰的亮点,此亮点即为定向点,据此可设置出方向标志。

2. 角度的测设

以两点的连线为基准,按设计要求测设出一个水平角,称为角度测设。

步骤如下:在一个基准点上将仪器对中整平,通过望远镜瞄准另一基准点,水平度盘读数置零,然后转动仪器,使得水平度盘读数为拟测设的角度,打开指向激光,激光束就以与基准线成设计水平角射出,按激光束指示在地物上定出标志即可。

3. 垂线投测

以一点为基准,垂直向上射出激光束,称为垂线投测。

步骤如下：将仪器精确对中及整平，转动望远镜竖直向上（盘左时竖直度盘读数为0°00′00″），打开指向激光，激光束即竖直向上射出，转动望远镜调焦手轮使目标处光斑最小。为了消除望远镜视准轴与仪器横轴不垂直引起的误差，可旋转照准部，目标处光斑晃动轨迹的几何中心即为铅垂方向，这时全站仪具有相当于激光铅垂仪的功能。

4．水准测量

先将仪器对中整平，然后测出仪器竖盘指标差，将望远镜调到水平位置（盘左时竖直度盘读数为 90°00′00″），旋紧垂直制动手轮，根据指标差，利用垂直微动螺旋精细到达要求的竖直度盘读数，这样出射的激光束即可作为水准线使用。

2.6.3　激光扫平仪

激光扫平仪是一种新型的测量仪器。激光扫平仪具有自动安平功能，作业精度高，不需要人员监视、维护。它采用激光二极管作为激光光源，发射出的激光束为红光，可见度较好。在室内工作时，激光平面与墙壁相交，可以得到一个可见的激光水平面，使测量更直观、简便。激光扫平仪除能扫描水平面外，还能扫描铅垂面以及斜面，能在瞬间大范围建立起平面、立面、斜面作为施工和装修的基准面，目前已广泛应用于机场、广场、体育场等工程项目的大面积土方施工、基础扫平、地坪平整度检测、墙裙水平线测设以及大型场馆网架吊装定位等。

图 2-6-3 所示为苏州一光仪器有限公司的JP300 全自动激光扫平仪。该仪器的水平自动安平精度为 ±10″，垂直自动安平精度为 ±15″，自动安平范围为 ±5°，若超出范围，自动安平指示灯将闪烁，激光束不射出，报警约 5 min 后，仪器将自动关机。该仪器采用波长为 635 nm 的半导体激光器，发射出的激光束可见度较好，当使用激光探测器时，测量直径可达 300 m。旋转速度为 2 ~ 600 r/min，并连续可调，可使激光进行水平扫描、垂直扫描、定向扫描、设计坡度等。

图 2-6-3　JP300 全自动激光扫平仪主机

在施工应用时，激光扫平仪悬挂在网架中间或三脚架上，接受靶安置在测量杆或水准尺上，或固定在各吊点上，或悬挂在网架中间，当主机发射激光扫描平面时，接受靶在待定位置上下移动。施工人员根据接受靶指示灯的位置调整吊点位置，若接受靶上的液晶显示屏显示一条水平面指示线，即可将此指示线绘于待测面上，即为所测设的水平位置。

2.6.4　激光投线仪

室内装修、门窗安装、管道敷设、设备安装、地面和隧道等建筑施工中，经常需要在墙面上弹一些水平或垂直的墨线，作为立面施工的基准，激光投线仪就是能高效快速完成这项工作的测量仪器，如图 2-6-4 所示。

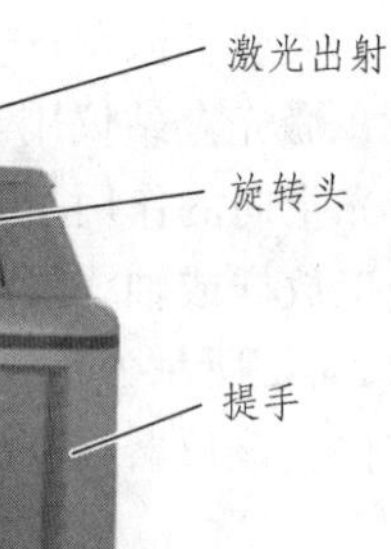

图 2-6-4　激光投线仪

仪器的主要操作方法如下：

（1）将仪器装上电池，置于平台或三脚架上。

（2）将锁紧旋钮顺时针方向旋至定位，即松开锁紧机构。此时电源接通，仪器顶部控制面板上的红色指示灯亮。

（3）在控制面板上，按一下水平投射按钮 H，水平环线点亮，按一下垂直投射按钮 V。四条垂直线和下投点亮。当再次按任意一个按钮时，相应的激光器熄灭。

（4）当仪器的工作半径较大，人眼观察不到激光光线时，应该使用该产品所带的调制光接收器。根据接收器接收到激光信号后所发出的不同的声音和光点显示的位置，即可确定激光光线与接收器外壳上的刻线已经重合，然后在标尺上读出激光光线高度的相应数值。

（5）仪器使用完毕，应将锁紧手轮逆时针方向旋至定位，将仪器锁紧。

（6）电源接通后，若水平激光器频繁闪烁，表示自动安平系统超出自动安平范围。此时，投射出来的光线是非水平和非铅垂的，可调整三个调节支脚，至激光器停止闪烁；当安放正确后，仪器即能恢复正常工作。

（7）当仪器使用三脚架工作时，应将带有三个支脚螺钉的电池盒盖拆下，同时换上充电电池盖即可。

思政阅读

大国工匠陈兆海：一生练就"工程之眼"

陈兆海，中交一航局第三工程有限公司首席技能专家。自 1995 年参加工作以来，先后参建了我国首座 30 万吨级矿石码头——大连港 30 万吨级矿石码头工程，我国首座航母船坞——大船重工香炉礁新建船坞工程，国内最长船坞——中远大连造船项目 1 号船坞工程，我国首座双层地锚式悬索桥——星海湾跨海大桥工程，以及大连湾海底隧道和光明路延伸工程等；曾获全国劳动模范、全国技术能手、全国交通技术能手、辽宁工匠、辽宁省劳动模范等荣誉。他执着专注、勇于创新，练就了一双慧眼和一双巧手，以追求极致的匠人匠心，为大国工程建设保驾护航。

图 1　陈兆海工作照

陈兆海（中共党员，1974年12月出生，1995年毕业于天津航务技工学校测量试验专业，现为中交一航局三公司测量首席技能专家），作为中交一航局第三工程有限公司测量施工的主要负责人，是索塔上随叫随到的"蜘蛛侠"，也是中国土木工程詹天佑奖的获得者，更是创下了靠人工测量方法，将沉箱水下基床标高精度控制在厘米级的奇迹……一次次挑战、一次次跨越，专业、专心与专注已经融进他的血液之中，他用执着与坚守、用心与细腻，一次又一次撰写着中国工程的技艺和传奇。

提及桥梁建设者，大家头脑中的第一反应就会想到工程师，谈及铁路建设者，人们往往想到的是筑路工人。然而，有一类职业工种，会出现在各大施工现场，他们佝偻着背、挤着眼，通过架设在三脚架上的仪器测算数据，为施工人员定位精准的角度、高度和深度，他们拥有一个共同的名字——工程测量员。

陈兆海是万千工程测量员中的一员，主攻水利工程测量的他，参与了我国首座30万吨级矿石码头、首座航母船坞、首座海上地锚悬索式跨海大桥等标志性工程建设。

当一个又一个荣誉向"战功"赫赫的陈兆海"袭来"，他却表现得平静淡然。"大国工匠大多从事导弹设计、航天焊接等重要工作，和他们相比，我都没有成品。"尽管陈兆海这样说，但人们知道，所有工程都需要建立在测量的基础之上。工程开工，测量先行，因此测量员常常被比作"工程之眼"。

陈兆海二十七年如一日追求测量精准的极致化，靠着钻研和磨砺，凭着专注和坚守，创造了一个又一个的测量行业传奇。二十七年来，陈兆海只干了一件事："测量点和线"，只是数量需要以"上百万个"来计算。

匠人易得，匠心难修。作为中交一航局第三工程有限公司目前在测量施工领域当之无愧的领军人物，陈兆海不仅是技艺精湛的匠人，更有一颗竭尽所能让工匠技艺和精神薪火相传的匠心。他不仅把自己的知识和技能倾囊相授，更能敞开心扉，与青年测量人员分享个人的成长故事，引领大家开启自己与众不同的测量人生，学会用心测量人生的轨迹。

图2　中交一航局第三工程有限公司测量首席技能专家陈兆海

虽然有着傲人的荣誉，带着出色的徒弟，陈兆海依然每天清晨踏着轻松的步伐走上岗位，一次次让茫茫的陆地转换成点、线、面。平凡的世界里总会涌现出一批不平凡的人，用心做事，踏实做人总能赢得人生的掌声。

（材料来源：《2021年大国工匠年度人物/陈兆海：当好"工程之眼"》）

巩固提高

一、单项选择题

1. 施工放样的基本操作包括（　　　）。
   A. 水平角、水平距离和高程　　　　　B. 坐标、水平角和高程
   C. 水平角、水平距离　　　　　　　　D. 坐标、高程和高差

2. 工程建设的三个阶段不包括（　　　）。
   A. 工程立项　　　　　　　　　　　　B. 勘测设计
   C. 施工建设　　　　　　　　　　　　D. 运营管理

3. 以下选项中一般不属于测量技术方案组成部分的是（　　　）。
   A. 编制依据　　　　　　　　　　　　B. 测区概况
   C. 仪器检定资料　　　　　　　　　　D. 提交资料目录

4. 为了保证施工放样的精度要求，要求由控制点坐标直接反算的边长与实地量得的边长在数值上应尽量相等。工程测量规范规定由上述投影改正而带来的长度变形综合影响应该限制在（　　　）内。
   A. 1/10 000　　　　B. 1/20 000　　　　C. 1/30 000　　　　D. 1/40 000

5. 在工程建筑工地，为了便于平面位置的施工放样，一般采用（　　　）。
   A. 大地坐标系　　　　　　　　　　　B. 建筑坐标系
   C. 空间坐标系　　　　　　　　　　　D. 地心坐标系

6. 决定施工放样精度的具体因素是（　　　）。
   A. 规范及合同取高标准　　　　　　　B. 规范及合同取低标准
   C. 规范及合同冲突按规范执行　　　　D. 规范及合同冲突按合同执行

7. 施工放样工作包括（　　　）。
   A. 确定建筑物平面位置及高程　　　　B. 确定建筑物平面位置
   C. 确定建筑物高程

8. 在施工放样中，若设计允许总误差为 M，没允许测量工作的误差为 m_1，允许施工产生的误差为 m_2，按"等影响原则"，则有 $m_1 =$（　　　）。
   A. $M/2$　　　　B. $M/\sqrt{2}$　　　　C. $M/3$　　　　D. $M/\sqrt{3}$

9. 施工放样主要包括直线放样、角度放样和（　　　）放样。
   A. 地理坐标　　　　　　　　　　　　B. 高程
   C. 极坐标　　　　　　　　　　　　　D. 平面直角坐标

10. 当待测设点与控制点间不便量距，又无测距仪时，可用（　　　）法测设点的平面位置。
    A. 直角坐标法　　　　　　　　　　　B. 极坐标法
    C. 角度交会法　　　　　　　　　　　D. 距离交会法

11. GNSS 单点定位，实质上是以卫星为已知点的（　　　）定位方法。
    A. 测角后方交会　　　　　　　　　　B. 测角前方交会
    C. 测距后方交会　　　　　　　　　　D. 测距前方交会

12. 若用（　　　）根据极坐标法测设点的平面位置，则不需要预先计算放样数据。
    A. 全站仪　　　　B. 水准仪　　　　C. 经纬仪　　　　D. 测距仪

13. 用全站仪坐标放样功能测设点的平面位置，按提示分别输入测站点、后视点及设计点的坐标后，仪器即自动显示测设数据 β 和 D。此时应水平转动仪器至（　　　），视线方向即需测设方向。

    A. 角度差为 $0°00'00''$ B. 角度差为 β

    C. 水平角为 β D. 方位角为 $0°00'00''$

14. 角度交会法测设点的平面位置所需的测设数据是（　　　）。

    A. 纵、横坐标增量   B. 两个角度

    C. 一个角度和一段距离   D. 两段距离

15. 当建筑场地的施工控制网为方格网或轴线形式时，采用（　　　）进行建筑物细部点的平面位置测设最为方便。

    A. 直角坐标法   B. 极坐标法

    C. 角度前方交会法   D. 距离交会法

16. 根据测定点与控制点的坐标，计算出它们之间的夹角（极角 β）与距离（极距 S），按 β 与 S 之值即可将给定的点位定出的测量方法是（　　　）。

    A. 直角坐标法   B. 极坐标法

    C. 角度前方交会法   D. 方向线交会法

17. 用角度交会法与距离交会法测设点位时，交会角一般应在（　　　）以保证精度。

    A. $20°\sim150°$ B. $30°\sim150°$ C. $30°\sim180°$ D. $20°\sim180°$

18. 放样点位的距离交会法是根据（　　　）来放样的。

    A. 一个角度和一段距离   B. 两个角度

    C. 两段距离   D. 两个坐标差

19. 当坡度较小时，选用（　　　）完成坡度测设。

    A. 全站仪   B. 水准仪   C. 钢尺

20. 坡度线测设时，当坡度较大的地段通常采用（　　　）。

    A. 经纬仪法   B. 水准仪法

    C. 钢尺法   D. 垂准仪法

21. 倾斜视线法测设坡度时，使用（　　　）。

    A. 水准仪   B. 垂准仪

    C. 经纬仪   D. 钢尺

22. 倾斜视线法测设已知坡度直线，就是利用视线与已知坡度（　　　）原理测设的。

    A. 垂直   B. 平行

    C. 成 $45°$ D. 成 $60°$

二、多项选择题

1. 已知水平距离的测设可用（　　　）。

    A. 钢尺测设法   B. 光电测距仪法

    C. 目估法   D. 定向法

2. 点的平面位置的测设方法为（　　　）。

    A. 直角坐标法   B. 极坐标法

    C. 角度交会法   D. 距离交会法

    E. 目测法

3. GNSS 可用于进行（　　　）。

    A. 平面控制测量　　　　　　　　　　B. 高程控制测量

    C. 隧道洞内控制测量　　　　　　　　D. 真方位角测量

    E. 碎部测量　　　　　　　　　　　　F. 线路中线测设

    G. 桥梁控制测量　　　　　　　　　　H. 建筑物变形观测

4. 采用角度交会法测设点的平面位置可使用（　　　）完成测设工作。

    A. 水准仪　　　　　　　　　　　　　B. 全站仪

    C. 光学经纬仪　　　　　　　　　　　D. 电子经纬仪

    E. 测距仪

5. 采用极坐标测设点的平面位置可使用的仪器包括（　　　）。

    A. 水准仪、测距仪　　　　　　　　　B. 全站仪

    C. 经纬仪、钢尺　　　　　　　　　　D. 电子经纬仪

    E. 经纬仪、测距仪

6. 用水准仪测设坡度的方法有（　　　）。

    A. 高差法　　　　　　　　　　　　　B. 视线高法

    C. 水平视线法　　　　　　　　　　　D. 倾斜视线法

三、简答题

1. 施工测量有哪些主要工作内容？

2. 测设的基本工作有哪些？

3. 精密测设方法与一般测设方法区别是什么？

4. 水平角测设时，采用盘左盘右测设有什么好处？

5. 简述高程测设的一般方法。

6. 点的平面位置测设方法有哪几种？各需要计算哪些测设数据？试绘图说明。

7. 测设直线的方法有哪些？各适用什么场合？

8. 测设坡度线的方法有哪些？各适用什么场合？

9. 简述全站仪极坐标法测设点位的具体步骤。

10. 简述 RTK 测设点位的基本过程。

四、计算题

1. 在地面上要测设一段长为 46.500 m 的水平距离 AB，所使用钢尺的尺长方程式为 $l = 30 + 0.009 + 0.000\ 012 \times 30\ (t - 20)$。测设时钢尺温度为 12 ℃，拉力与检定时的拉力相同，A、B 两点桩顶间的高差为 0.70 m，试计算在地面上需要测设的长度。

2. 在地面上要设置一段长为 48.642 m 的水平距离 CD，先沿 CD 方向按一般方法测设 48.642 m，定出 D' 点，再用名义长度为 30 m 的钢尺精确量得 CD' 的水平距离为 48.658 m，问应如何对 D' 点进行改正？请绘出示意图。

3. 在 O 点架设全站仪，OA 为角度基准线，测设出直角 ΔAOB 后，精确测定其角值为 90°01′12″，又知 OB 的长度为 48 m，问 B 点应在 OB 的垂线上移动多少距离才能得到 90° 角？应往内侧移还是往外侧移？

4. 某水准点 A 的高程为 126.546 m，水准仪在该点上的标尺读数为 1.658 m，现欲测设出高程为 127.248 m 的 B 点，问 B 点上标尺读数为多少时，其尺底高程为欲测设的高程？请绘出示意图。

5. 设有高程为 86.458 m 的水准点 A，欲测设高程为 86.900 m 的室内地坪 ±0.000 的标高。

若尺子立于 A 点上时，按水准仪的视线在尺上画一条线，问在同一根尺上应在什么地方再画一条线，才能使视线对准此线时，尺子底部就是 ± 0.000 高程的位置？

6. A、B 为控制点，其坐标 $x_A = 485.389$ m，$y_A = 620.832$ m，$x_B = 512.815$ m，$y_B = 882.320$ m。P 为待测设点，其设计坐标为 $x_P = 704.485$ m，$y_P = 720.256$ m，计算以 A 点为测站用极坐标法测设所需的测设数据，并说明用经纬仪和钢尺测设的步骤。

7. 已知水准点 B 的高程 $H_B = 122.436$ m，后视读数 $a = 1.164$ m，设计坡度线起点 A 的高程 $H_A = 122.048$ m，设计坡度 $i = -1.2\%$，拟用水准仪按水平视线法测设 A 点和距 A 点 20 m、40 m、60 m、72 m 的桩点，使各桩顶位于设计坡度线上，试计算测设时各桩顶的应读读数。

单项选择题答案：1. A　2. A　3. D　4. D　5. B　6. A　7. A　8. B　9. B　10. C　11. C　12. A　13. A　14. B　15. A　16. B　17. B　18. C　19. B　20. A　21. A　22. B

多项选择题答案：1. AB　2. ABCD　3. ABEF　4. BCD　5. BCE　6. BD

项目 3 **道路与桥梁工程测量**

项目导学

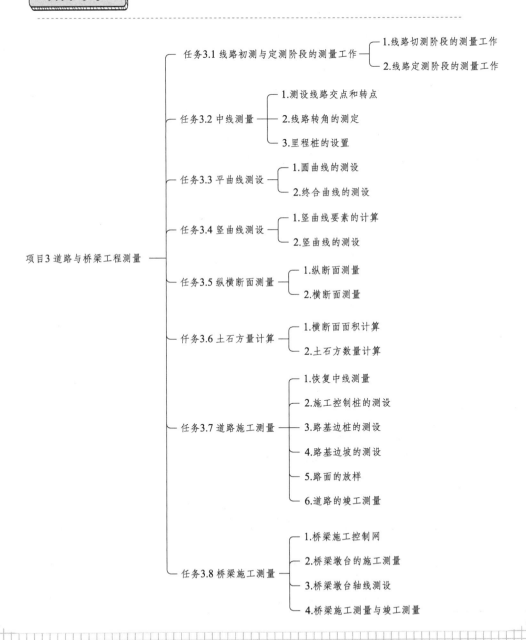

项目3 道路与桥梁工程测量

任务3.1 线路初测与定测阶段的测量工作 —— 1.线路切测阶段的测量工作
　　　　　　　　　　　　　　　　　　　2.线路定测阶段的测量工作

任务3.2 中线测量 —— 1.测设线路交点和转点
　　　　　　　　　2.线路转角的测定
　　　　　　　　　3.里程桩的设置

任务3.3 平曲线测设 —— 1.圆曲线的测设
　　　　　　　　　　2.终合曲线的测设

任务3.4 竖曲线测设 —— 1.竖曲线要素的计算
　　　　　　　　　　2.竖曲线的测设

任务3.5 纵横断面测量 —— 1.纵断面测量
　　　　　　　　　　　2.横断面测量

任务3.6 土石方量计算 —— 1.横断面面积计算
　　　　　　　　　　　2.土石方数量计算

任务3.7 道路施工测量 —— 1.恢复中线测量
　　　　　　　　　　　2.施工控制桩的测设
　　　　　　　　　　　3.路基边桩的测设
　　　　　　　　　　　4.路基边坡的测设
　　　　　　　　　　　5.路面的放样
　　　　　　　　　　　6.道路的竣工测量

任务3.8 桥梁施工测量 —— 1.桥梁施工控制网
　　　　　　　　　　　2.桥梁墩台的施工测量
　　　　　　　　　　　3.桥梁墩台轴线测设
　　　　　　　　　　　4.桥梁施工测量与竣工测量

知识模块	能力目标		
	专业能力		方法能力
线路初测与定测阶段的测量工作	（1）能完成线路初测阶段的测量工作； （2）能完成线路定测阶段的测量工作		
中线测量	（1）能完成道路中线交点和转点的测设； （2）能完成道路中线转折角的测定； （3）能完成道路里程桩的测设		
平曲线测设	（1）能正确计算圆曲线的主点测设元素； （2）能完成圆曲线主点的测设； （3）能用偏角法完成圆曲线的详细测设； （4）能用切线支距法完成圆曲线的详细测设； （5）能正确计算综合曲线的主点测设元素； （6）能完成综合曲线主点的测设； （7）能用偏角法完成综合曲线的详细测设； （8）能用切线支距法完成综合曲线的详细测设； （9）能用极坐标法完成综合曲线的详细测设		
竖曲线测设	（1）能正确计算道路竖曲线的测设元素； （2）能完成道路竖曲线的测设		（1）独立学习、思考能力； （2）独立决策、创新能力； （3）获取新知识和技能的能力； （4）人际交往、公共关系处理能力； （5）工作组织、团队合作能力
纵横断面测量	（1）能完成道路基平测量； （2）能完成道路中平测量的外业施测和记录表格的填写、计算； （3）能完成道路纵断面图的绘制； （4）能用水准仪皮尺法完成道路横断面测量； （5）能用经纬仪法完成道路横断面测量； （6）能用测杆皮尺法完成道路横断面测量； （7）能完成道路横断面图的绘制		
土石方量计算	（1）能完成横断面面积计算； （2）能完成平均断面法计算土石方量； （3）能完成路基土石方调配计算		
道路施工测量	（1）能完成道路施工控制桩的测设； （2）能完成道路路基边桩和边坡的测设		
桥梁施工测量	（1）能完成桥梁基础施工测量； （2）能完成桥墩、台身施工测量； （3）能完成桥墩、台顶部施工测量； （4）能完成上部结构安装测量		

高速公路建设促腾飞

交通是经济社会发展的"先行官"。我国高速公路的起步相比发达国家整整晚了半个世纪。20世纪80年代中期，我国开始探索高速公路建设。然而，我国仅用30余年时间就实现了高速公路后发赶超，里程跃居世界第一。改革开放以来特别是党的十八大以来，伴随着经济的高质量快速发展，我国高速公路网快速成形、加密，打通了经济社会发展的"经脉"，推动我国由"交通大国"逐步向"交通强国"迈进。

我国幅员辽阔，地质情况多样，修建高速公路面临诸多困难。建设者们因地制宜，不断开展技术创新，在勘察设计关键技术、特殊路基处置技术、路面结构与材料、隧道技术等领域都得到长足发展，涌现了一大批具有代表性的重大工程项目。

以特大型桥梁工程为例，在高速公路修建过程中，我国长大桥梁建设技术迎来了"创新与超越"的历史性发展时期，先后建成了以江阴大桥、苏通大桥、润扬大桥、西堠门大桥、嘉绍大桥、泰州大桥、马鞍山大桥、虎门二桥、杭州湾大桥、港珠澳大桥等为代表的一大批跨江、跨海的世界级工程。目前，在全世界跨径排名前10位的斜拉桥中，我国就有7座；在全世界跨径排名前10位的悬索桥中，我国就有6座。

作为多山的国家，隧道在我国公路交通中也发挥了重要作用。但受技术、资金等条件所限，我国公路隧道的建设成为交通发展的短板，直到秦岭终南山隧道的顺利建成，才宣告我国公路隧道建设迈上了新台阶。

秦岭终南山隧道是规划国家高速公路网中G65内蒙古包头至广东茂名、G69宁夏银川至广西百色高速公路共用的特大型控制性工程。该工程建设规模和施工难度之大、科技含量之高、施工条件和环境之恶劣，创下多项全国乃至世界之最。

经52家单位历时9年联合攻关，秦岭终南山隧道工程共解决关键技术难题40余项，取得运营管理、通风、防灾救援、监控和设计施工五大关键技术领域的自主创新成果。先后荣获"中国公路学会科技进步特等奖""国家科技进步一等奖""鲁班奖""詹天佑大奖"和"全国十大建设科技成就奖"等荣誉。

思考：1. 机动车在道路上高速行驶，转弯不能太急，否则可能侧翻，导致交通事故。怎么样测设道路，增加机动车高速行驶的安全性？

2. 道路是一种比较规整的空间带状构筑物，如何实现其定位和构造？

请写下你的分析：

_____

_____

_____

_____

_____

_____

_____

任务 3.1 线路初测与定测阶段的测量工作

3.1.1 线路初测阶段的测量工作

初测是指根据项目批复的《工程项目可行性研究报告》所拟定的修建原则和设计方案，进行现场踏勘，确定采用方案，并收集编制初步设计所需的勘察资料。

初测阶段的任务是：在指定范围内布设导线，测量各方案的路线带状地形图和纵断面图，收集沿线水文、地质等有关资料，为图纸上定线、编制比较方案等初步设计提供依据。

线路初测阶段的测量工作主要包括：线路控制测量、线路地形图测量、工点地形图测量，以及配合设计人员在初步设计阶段的专业调查工作开展的中桩测量、横断面测量、细部测量。

1. 准备工作

1）收集资料

收集各种比例尺的地形图、影像资料，国家级有关部门设置的 GNSS 点、三角点、导线点、水准点等资料。

2）室内方案研究

各级工程可行性研究报告拟定的路线基本走向方案，在地形图（1∶10 000—1∶50 000）或影像图上进行室内研究，经过多路线方案的初步比选，拟定出需勘测的方案（包括比较路线）以及需现场重点落实的问题。

2. 平面控制测量

平面控制测量包括路线、桥梁、隧道及其他大型建筑物的平面控制测量。平面控制网的布设应符合因地制宜、技术先进、经济合理、确保质量的原则。

路线控制网是道路平面控制测量的主控制网，沿线各种工点平面控制网应联系于主控制网上，主控制网宜全线贯通，统一平差。

平面控制网的建立，可采用全球导航卫星系统（GNSS）测量、三角测量、三边测量和导线测量等方法。平面控制测量的等级，当采用三角测量、三边测量时依次为二、三、四等和一、二级小三角；当采用导线测量时依次为三、四等和一、二、三级导线；当采用 GNSS 测量平面控制网时，应符合相关路线勘测规范规程的等级规定。

选择路线平面控制网坐标系时，应使测区内投影长度变形值不大于 2.5 cm/km。选择大型构造物平面控制测量坐标系时，其投影长度变形值不大于 1 cm/km。根据上述要求并结合测区所处地理位置和平均高程，可按下列方法选择坐标系：

（1）当投影长度变形值不大于 2.5 cm/km 时，采用高斯正形投影 3°带平面直角坐标系。

（2）当投影长度变形值大于 2.5 cm/km 时，可采用：

① 投影于抵偿高程面上的高斯正形投影 3°或 1.5°带平面直角坐标系统。

② 投影于 1954 年北京坐标系或 1980 西安坐标系或 CGCS2000（2000 国家大地坐标系）椭球面上的高斯正形投影任意带平面直角坐标系。

（3）投影于抵偿高程而上的高斯正形投影任意带平面直角坐标系。

（4）当采用一个投影带不能满足要求时，可分为几个投影带，但投影带位置不应选择大型构造物处。

（5）假定坐标系。根据在 1∶50 000 或 1∶10 000 比例尺地形图上标出的经过批准规划的线路位置，结合实际踏勘情况，选择线路转折点并在地形图上标定点位，同时标定初步设置的大型桥梁、隧道等构造物的位置。设计人员将标定后的地形图以及路线转角表交付测量人员进行下一步工作。

3. 高程控制测量

路线高程系统宜采用 1985 国家高程基准。同一条路线应采用同一个高程系统，并应与相邻项目高程系统相衔接。不能采用同一系统时，应给定高程系统的转换关系。独立工程或三级以下公路联测有困难时，可采用假定高程。

路线高程测量应采用水准测量或三角高程测量的方法进行。在高程异常、变化平缓的地区可使用 GNSS 测量的方法进行，但应对作业成果进行充分的检核与验证。

各等级路线高程控制网最弱点高程中误差不得大于 25 mm，用于跨水域和深谷的大桥、特大桥的高程控制网最弱点高程中误差不得大于 25 mm，且每千米观测高差中误差和附合（环线）水准路线长度应小于相关勘测规程规范的规定。

路线的高程控制测量主要是通过水准测量来完成的。在施测过程中，不仅需要联测沿线布设的水准点，还要尽量将布设的平面控制点纳入水准路线中，联测其水准高程。联测较为困难的点位，可通过三角高程或 GNSS 方式测定其高程。

初测阶段，可每 3~5 km 设立一个水准点，遇有大型桥梁和隧道、大型工点或重点工程地段应加设水准点。水准点应选在离线路中线 50 m 以外 300 m 以内的范围，设在未被风化的基岩或稳固的建筑物上，亦可埋设混凝土桩、条石等永久性测量标志。也可在坚硬稳固的岩石上刻制水准点，或利用建筑物、构造物基础的顶面作为其测量标志。

水准测量应采用精度等级不低于 S3 的水准仪，用双面水准尺、中丝法进行测量，或两台水准仪组同时进行单程双测站观测。如具备条件，最好采用数字（电子）水准仪进行施测。使用过程中应注意光线影响、最低视线、路面温度影响、测量模式等环节。

GNSS 测量的大地高高差可以作为检查水准测量中是否含有粗差的手段，特别是各独立段测量高差的检查。

4. 地形测量

线路勘测中的地形测量，主要是以平高控制点为基准，测绘线路数字带状地形图。数字带状地形图比例尺多数采用 1∶2 000 和 1∶1 000，测绘宽度为中线两侧各 200~600 m。对于地物、地貌简单的平坦地区，比例尺可采用 1∶5 000，但测绘宽度每侧不应小于 250 m。对于地形复杂或是需要设计大型构筑物或工点的地段，应测绘专项工程地形图，比例尺采用 1∶500~1∶1 000，测绘范围视设计需要而定。

地形图测绘可根据实际情况采用不同的方法实现。对于线路较短、沿线建筑物不密集、植被一般、通视条件尚可的地段，可采用全野外数字测图方式进行。

如果线路较短，但房屋等建筑物密集，植被茂密，通行、通视条件较差，则可利用无人机航摄的方式进行地形图成图。

如果路线长，地形复杂，地物繁多，则可采用大型飞机进行数码航摄成图，也可搭载激光雷达，利用激光点云结合影像的方式成图。

如果线路等级较低，对于地形图的精度特别是高程精度要求不高时，也可利用卫星遥感影像进行地形图成图。

成图时应把握线路设计重点关注的要素，包括：成图范围内的各级道路，含田间作业道和人行通道，需测绘准确。对于乡级以上道路（含村村通公路），特别是县级以上公路，应注明公路的等级、路线编号和铺装材料。如果在整个图幅内，还必须在调绘线以外注明通至地名。

除公路外，设计线路穿越的铁路、大型河流、沟壑、高压线、输油输水管线、各类光缆桩、坟地等地物也是重点测绘调绘内容，需描绘清楚，平面位置测绘准确，保证上述之处加设构造物尺寸及规格的准确性，同时按规范要求测注高程注记点。

对于路线沿途经过的厂矿企业的名称、范围应仔细调绘。特别是那些容易对路线方案造成严重影响的军队或生产化工、制药、鞭炮等易燃、易爆、有毒物品企业的名称调绘一定要准确无误。对于自然或生态及文物保护区需要准确测定其范围，名称标注正确。

5. 初测阶段的线路测量

初测阶段线路测量的主要内容包括：被交路测量、中线放样及纵段测量，特殊路段横断面测量，影响路线方案的主要地貌的坐标测量，例如天然气管线、污水管线、热力管线、自来水管、房屋等。

测量方法是在线路基础控制点的基础上，主要采用 GNSS-RTK 辅助全站仪测量方法进行，利用全站仪的悬高测量功能测量相交电力线的悬高。

此外，对纵横断面坐标数据文件与地形图进行现势性检查验证，二者吻合后，再通过数模（DEM 或 DTM）生成设计需要的纵横断面。

对于相关的路面、干渠、水坝、河堤、管线、铁路等地物的高程，采用水准测量的方式测量其高程。

6. 初测后应提交的测绘资料

初测后应提交的测绘资料如下：

（1）线路（包括比较线路）的数字带状地形图及重点工程地段的数字地形图电子版；

（2）控制测量成果，包括平面和高程控制网图。控制网平差计算报告，控制点成果表，控制点点之记，仪器检定证书复印件；

（3）技术设计书和技术总结报告；

（4）纵横断面成果；

（5）重要地物数据采集成果；

（6）各种测量表格，如各种测量记录本，原始记录电子版等；

（7）有关调查资料。

3.1.2　线路定测阶段的测量工作

定测应根据批准的初步设计文件及确定的修建原则和工程方案，结合自然条件与环境，通过优化设计后进行实地定桩放线，准确测定路线线位和构造物位置。高速公路、一级公路采用分离式路基时，应按各自的中线分别进行定测。定测应进行路线中线、高程、横断面、桥涵、隧道、路线交叉、沿线设施、环境保护等测量和资料调查，为施工图设计提供资料。

定测阶段的任务是：在选定方案的路线上进行中线测量、纵断面测量、横断面测量及局部地区的大比例尺地形图测绘等，为路线纵坡设计、工程量计算等道路技术设计提供详细的测量资料。

线路定测阶段的测量工作主要包括线路控制成果检查和补充、桥隧工点独立控制测量、线路地形图修补测、工点地形图测量及路线测量。定测阶段的路线测量工作包括中桩测量、横断面测量和细部测量。

勘测工作结束之后，根据施工所下达的任务书进行道路施工，在道路施工过程中所进行的测量工作，称为道路施工测量。道路施工测量的主要工作是中线恢复测量、施工控制桩测量、路基和路面放样及道路竣工测量。

1. 准备工作

1）资料收集

（1）工程可行性研究报告及有关文件；

（2）初步设计文件及审批意见；

（3）初测有关的记录、计算、控制点成果、点之记及设计资料；

（4）检查核实初步设计阶段所收集的资料。

2）现场核查

（1）初测控制点的保存情况；

（2）沿线地形、地貌及地物的变化情况；

（3）初设路线的走向、控制点及桥隧、立交等工程方案情况；

（4）局部改移和调整方案的意见。

2. 路线放线的主要方法

检查初步设计阶段设置的测量控制点，如有丢失不能满足放线要求时，应增设或补设。

应对原有测量控制点进行检查、其成果与初测成果的较差在限差以内时，采用原成果作为放线的依据；超出限差时，应予重测。

对新增或补设的测量控制点，应予联测。

根据批复的初步设计方案，结合现场地形、地物条件进一步优化、调整与完善线形、线位及构造物位置，确定定测路线，并重新进行纸上定线成果的计算与复核。

根据测量控制点和纸上定线计算成果，可采用极坐标法、GNSS-RTK 法、拨角法、支距法、直接定交点法放线。

3. 中桩放样

中线测量的任务是沿定测的线路中心线设置里程桩及加桩，根据测定的交角、设计的曲线半径 R 和缓和曲线长度计算曲线元素、放样元素的主点和曲线的细部点，并在实地测设曲线。

道路的平面线型，一般由直线和曲线组成，如图 3-2-1 所示。中线测量就是根据道路选线中确定的定线条件，将线路中心线位置测设到实地上并做好相应标志，便于指导道路施工。中线测量主要内容有测设中线上的交点和转点、测定线路转折角、钉里程桩和加桩、测设曲线主点和曲线里程桩等。道路中线测量也是测绘线路纵、横断面图和土石方计算的基础。

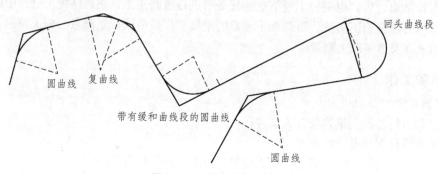

图 3-2-1　道路的平面线型

3.2.1　测设线路交点和转点

在线路测设时应先定出线路的转折点，这些转折点称为交点（包括起点和终点），用 JD 表示，它是中线测量的控制点。

在定线测量中，当相邻两交点互不通视或直线较长时，需要在其连线或延长线上测定一点或数点，以供交点、测角、量距或延长直线瞄准使用，这样的点称为转点，用 ZD 表示。

1. 测设线路交点

测设线路交点时，由于定位条件和实地情况不同，交点测设方法有以下几种：

1）根据地物测设交点

如图 3-2-2 所示，JD 的位置已在图上选定，可在图上量出 JD 到两房角和电杆的距离。在现场根据相应的地物，用距离交会法测设出 JD。

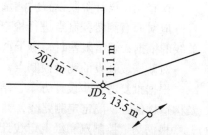

图 3-2-2　根据地物测设交点

2）直接测设法

当线路定位条件是提供的交点坐标，且这些交点可直接由控制点测设，可事先算出有关测设数据，按极坐标法、角度交会法或距离交会法测设交点。

3）穿线交点法

穿线交点法是利用图上就近的导线点或地物点把中线的直线段独立地测设到地面上，然后将相邻直线延长相交，定出地面交点桩的位置。具体测设步骤如下：

（1）放　点

放点的方法有极坐标法和支距法。

① 极坐标法　如图3-2-3所示，P_1、P_2、P_3、P_4 为中线上四点，它们的位置可用附近的导线点 D_4、D_5 为测站点，分别由极坐标（β_1, l_1）、（β_2, l_2）、（β_3, l_3）、（β_4, l_4）确定。极坐标值可在图上用量角器和比例尺量出，并绘出放线示意图。放点时，将经纬仪安置在 D_4 点，后视 D_5 点，将水平度盘读数设置为 $0°00'00''$，转动照准部，使度盘读数为 β_1，得 β_1 方向，沿此方向量取 l_1 得 P_1 点位置。同理定出 P_2 点。将经纬仪迁至 D_5 点，定出 P_3、P_4 点。

采用极坐标法放点，可不设置交点桩，其偏角、间距和桩号均以计算资料为准。

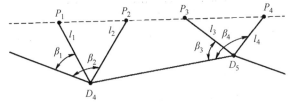

图 3-2-3　极坐标法放点

② 支距法　如图3-2-4所示，欲放出中线上 1，2，…，6 等点，可自导线点 D_i 作导线边的垂线，用比例尺量出相应的 l_1，l_2，…，l_6，在地面放点时，直角可用方向架测设，距离用皮尺丈量，即可放出相应各点。

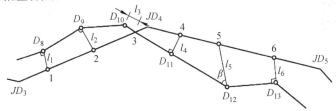

图 3-2-4　支距法放点

（2）穿　线

由于图解量取的放线数据不准确和测量误差的影响，实地放出的路线各点 P_1、P_2、P_3、P_4 往往不在一条直线上，如图3-2-5所示。因此要利用经纬仪定出一条直线，使之尽可能多地穿过或靠近这些测设点，这项工作称为穿线。可根据具体情况，选择适中的 A、B 两点打下木桩（称为转点），取消之前测设的临时点，从而确定直线的位置。

（3）交　点

地面上确定两条直线 AP、QC 后，即可进行交点。如图3-2-6所示，将经纬仪置于 P 点，后视 A 点，延长直线 AP 至交点 B 的概略位置前后，打两个桩 a、b（骑马桩），钉上小钉标定点的位置。将经纬仪移至 Q 点，后视 C 点，延长直线 CQ，在 CQ 与 ab 连线相交的交点 B 打下木桩，钉上小钉标定点的位置。用经纬仪延长直线应采用"双倒镜分中法"标定 a、b、B 等点。

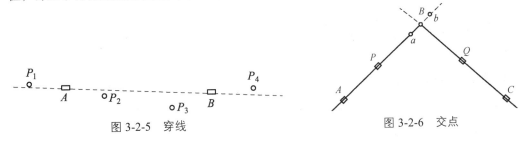

图 3-2-5　穿线　　　　　　　　　　图 3-2-6　交点

2. 测设线路转点

当中线直线段太长或直线段相邻两交点间互不通视时，需要在两点连线上设置转点，供放线、交点、测角、量距时瞄准使用。

1) 在两不通视交点之间设转点

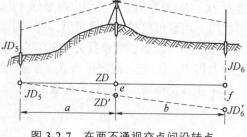

图 3-2-7 在两不通视交点间设转点

如图 3-2-7 所示，设 JD_5、JD_6 为相邻两交点，互不通视，ZD' 为粗略定出的转点位置。将经纬仪安置在 ZD' 点上，用正倒镜分中法延长直线 JD_5—ZD' 于 JD_6'。当 JD_6' 与 JD_6 重合或偏差（f）在路线允许移动的范围内时，则转点的位置正确，即为 ZD'，这时应将 JD_6 移至 JD_6'，并在桩顶钉上小钉表示交点的位置。

当偏差（f）超过允许范围或 DJ_6 不许移动时，则应重新选择转点的位置。设 e 为 ZD' 应横向移动的距离，将经纬仪置于 ZD'，用视距测量方法测出 a、b 距离，则

$$e = \frac{a}{a+b} f \qquad (3-2-1)$$

将试用转点 ZD' 沿偏差 f 的相反方向横移 e 的距离至 ZD。将仪器移至 ZD，延长直线 JD_5 ZD，看是否通过 JD_6，或偏差 f 是否小于允许值；若不符合要求，应再试设转点，直至符合要求。

2) 在两不通视交点延长线上设转点

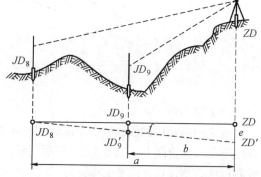

图 3-2-8 在两不通视交点延长线上设转点

如图 3-2-8 所示，设 JD_8、JD_9 互不通视，ZD' 为其延长线上转点的概略位置。将仪器安置在 ZD'，盘左瞄准 JD_8，在 JD_9 附近标出一点；再盘右瞄准 JD_8 在 JD_9 附近也标出一点，取两点的中间位置点 JD_9'。若 JD_9' 与 JD_9 重合或偏差（f）在允许范围内，即可用 JD_9' 代替 JD_9 作为交点，ZD' 即作为转点；否则，应调整 ZD' 的位置。设 e 为 ZD' 应横向移动的距离，用视距测量方法测出 a、b 距离，则

$$e = \frac{a}{a-b} f \qquad (3-2-2)$$

将试转点 ZD' 沿与 f 的相反方向横移 e 的距离，即得新转点 ZD。置仪器移于 ZD，重复上述方法，直至偏差（f）小于允许值。最后将转点和交点 JD_9 用木桩标定在实地。

3.2.2 线路转角的测定

1. 线路转角与右角的关系

中桩交点测定以后，就可以测定两直线的转角。转角是线路由一个方向偏转到另一个方向

时，偏转后的方向与原方向的水平夹角，用 α 表示。转角分左转角和右转角，分别用 $\alpha_左$ 和 $\alpha_右$ 表示。线路测量中，转角通常用观测线路的右角 β 计算求得，如图 3-2-9 所示。右角用经纬仪以测回法观测一测回，两个半测回所测角值的不符值视道路等级而定，二级及二级以下公路限差不超过 ±1′。

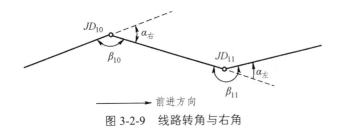

图 3-2-9　线路转角与右角

转角与右角的关系如式（3-2-3）所示。

$$\left.\begin{array}{l} 当\beta<180°时，\alpha_右=180°-\beta \\ 当\beta>180°时，\alpha_左=\beta-180° \end{array}\right\} \qquad （3-2-3）$$

2. 测定右角分角线

如图 3-2-10 所示，为测设平曲线中点桩，须在测右角的同时测定右角分角线方向。测定右角后，不需变动水平度盘位置，设后视方向水平度盘读数为 a，前视方向水平度盘读数为 b，则分角线方向的水平度盘读数 k 为：

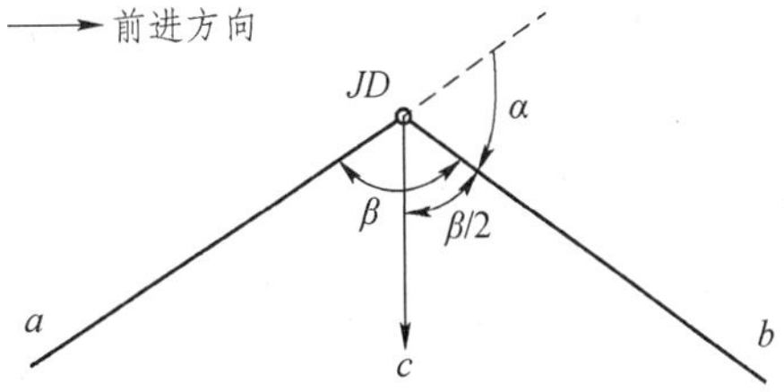

图 3-2-10　定分角线方向

$$k=\frac{a+b}{2} 或 k=b+\frac{\beta_右}{2}$$

转动照准部，使水平度盘读数为分角线方向的读数值，这时望远镜所在方向即为分角线的方向。

3. 观测磁方位角

长距离线路必须观测磁方位角，以便校核测角的精度。除观测起始边的磁方位角外，每天在测量开始及结束的导线边上也要进行磁方位角观测，以便于计算方位角及校核，其误差不得超过规定的限差范围。超过限差范围时，要查明原因并及时纠正。

3.2.3　里程桩的设置

为确定中线上某些特殊点的相对位置，在线路的交点、转点和转角测定后，即可进行实地量距、设置里程桩。里程桩为设在路线中线上注有里程的桩位标志，亦称中桩。通过里程桩的设置，不仅具体地表示中线位置，而且利用桩号的形式表达了里程桩距线路起点的里程关系。如某里程桩距线路起点的里程为 7 814.19 m，则它的桩号为 K7 + 814.19。在中线测量中，一般多用（1.5 ~ 2）cm × 5 cm × 30 cm 木桩或竹桩作里程桩，如图 3-2-11 所示。

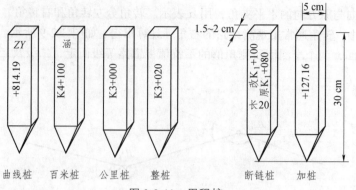

图 3-2-11　里程桩

里程桩分整桩和加桩。整桩一般每隔 20 m 或 50 m 设一个，每百米处的里程桩为百米桩，整公里（千米）处的里程桩为公里桩。加桩有以下几种：

（1）地貌加桩：线路纵、横向地形显著变化处。

（2）地物加桩：中线与既有公路、铁路、便道、水渠等交叉处。

（3）人工结构物加桩：拟建桥梁、涵洞、挡土墙及其他人工结构物处。

（4）工程地质加桩：地质不良地段、土质变化及土石分界处。

（5）曲线加桩：曲线的主点桩，也称曲线桩。

（6）关系加桩：路线上的转点和交点桩。

（7）断链桩：中线丈量距离，在正常情况下，整条线路上的里程桩的桩号应当是连续的，但是，当出现局部改线，或事后发现距离测量中有错误，或分段测量等原因，均会产生里程不连续的现象，这在路线工程中称为"断链"。表示里程继续前后关系的桩称为断链桩。

断链分为长链和短链。所谓长链即桩号出现重叠，如原 K1 + 080 = 现 K1 + 100 长 20 m；所谓短链是桩号出现间断，如 K7 + 660 = 现 K7 + 680 短 20 m。

线路测量的最后一项工作是中线丈量，由中桩组完成。丈量中线常用钢尺，路面等级较低时也可用皮尺。相对误差不得大于 1/2 000。

"中线丈量手簿"如表 3-2-1 所示。

表 3-2-1　中线丈量手簿

接尺点	尺读数	桩号	备注
0	000	K0 = 000	线路起点
K0 + 000	050	+ 050	
+ 050	050	+ 100	
+ 100	018.50	+ 118.50	
+ 100	050	+ 150	
+ 150	050	+ 200	
+ 200	050	+ 250	
+ 250	050	+ 300	
+ 300	122.32	K0 + 422.32	JD_1　$\alpha_1 = 10°49''$（α_y）

表中有接尺点、尺读数、桩号等栏目。接尺点为后链人员所站位置；尺读数为一尺段的实际丈量长度；桩号为前链人员所站的位置。后链人员所在位置的里程桩号加上尺读数等于前链人员所在位置的里程桩号。

<table>
<tr><td>任务 3.3</td><td>平曲线测设</td></tr>
</table>

道路的平面线位简称平曲线，平曲线一般由直线、圆曲线和缓和曲线组合而成。高等级道路（如高速公路）主线转弯时一般采用"直线—圆曲线—直线""直线—缓和曲线—圆曲线—缓和曲线—直线"的组合形式，高速公路匝道或低等级公路转弯时，除了采用"直线—圆曲线—直线"（见图3-3-1）、"直线—缓和曲线—圆曲线—缓和曲线—直线"（见图3-3-2）的组合形式外，也可能采用更多样的组合形式，如"直线—圆曲线—缓和曲线—直线""直线—缓和曲线—缓和曲线—直线"。

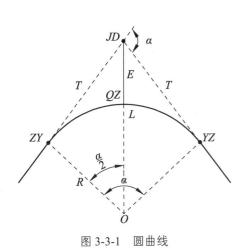

图 3-3-1　圆曲线　　　　　图 3-3-2　综合曲线

3.3.1　圆曲线的测设

1. 圆曲线的基本概念

圆曲线是一定半径（R）的圆弧构成的曲线（见图3-3-1）。圆曲线的形状由3个主点控制，它们分别是中直圆点（ZY）、曲中点（QZ）和圆直点（YZ）。测设圆曲线的基本数据称为圆曲线要素，即圆曲线的切线长（T）、曲线长（L）和外矢距（E）。

若已知线路在交点（JD）的转角为α，圆曲线的半径为R，则圆曲线元素按下列公式计算：

切线长：
$$T = R \cdot \tan\frac{\alpha}{2} \tag{3-3-1}$$

曲线长：
$$L = R \cdot \alpha\frac{\pi}{180°} \tag{3-3-2}$$

外矢距：
$$E = R \cdot \left(\sec\frac{\alpha}{2} - 1\right) \tag{3-3-3}$$

切曲差：$q = 2T - L$ （3-3-4）

其中切线长（T）是由直圆点（ZY）至直线交点（JD）的距离，曲线长（L）是直圆点（ZY）沿曲线至圆直点（YZ）的曲线距离，外矢距（E）是直线交点（JD）至曲中点（QZ）的距离，切曲差（q）是两倍的切线长与曲线长的差值，常用来检核里程推算的正确性。

2. 圆曲线元素的计算

【例 3-3-1】设某圆曲线的半径 $R = 500$ m，偏角 $\alpha = 56°27'37''$，计算圆曲线的曲线元素。

电子表格：圆曲线元素的计算

解： 曲线元素的计算使用函数计算器，也可借用 Excel 表格进行计算，计算表格扫描右侧二维码。

3. 圆曲线主点里程的计算

在圆曲线主点放样之前，要先计算曲线主点的里程。曲线主点的里程是根据前面计算出的曲线要素，由一已知点里程点来推算，一般沿里程增加方向进行推算。

若已知直圆点（ZY）的里程，则曲中点（QZ）和圆直点（YZ）的里程计算如下：

$$QZ = ZY + L/2$$
$$YZ = QZ + L/2$$ （3-3-5）

【例 3-3-2】已知某圆曲线的切线长 $T = 268.436$ m，曲线长 $L = 492.709$ m，切曲差 $q = 44.164$ m，直圆点（ZY）的里程为 DK42 + 632.67，计算其他主点的里程。

解： 曲中点（QZ）和圆直点（YZ）的里程计算如下：

ZY	DK 42 + 632.67
$+ L/2$	246.35
QZ	DK 42 + 879.02
$+ L/2$	246.35
YZ	DK 43 + 125.37

若已知交点（JD）的里程，则直圆点（ZY）、曲中点（QZ）和圆直点（YZ）的里程计算如下：

$$ZY = JD - T$$
$$YZ = ZY + L$$
$$QZ = YZ - L/2$$ （3-3-6）

曲中点（QZ）的里程可用下式进行检核：$JD = QZ + q/2$

若已知交点（JD）的里程为 DK42 + 901.11，则直圆点（ZY）、曲中点（QZ）和圆直点（YZ）的里程计算如下：

JD	DK 42 + 901.11
$- T$	268.44
ZY	DK 42 + 632.67
$+ L$	492.71
YZ	DK 43 + 125.38
$- L/2$	246.35
QZ	DK 42 + 879.03

检核曲中点（QZ）的里程（因存在凑整误差，检核计算结果允许相差 1 cm）：

QZ	DK 42 + 879.02
$+ q/2$	22.08
JD	DK 42 + 901.10

上述计算可以扫描右侧二维码下载计算电子表格。

电子表格：圆曲线
主点里程的计算

4．圆曲线主点的测设

（1）将全站仪安置在交点（JD）上，用望远镜照准后视相邻交点或转点，沿此方向线量取切线长（T），得圆曲线起点直圆点（ZY），插上一测钎。丈量直圆点（ZY）至相邻直线桩距离，如两桩号距离之差在容许范围内，即可在测钎处打下木桩，桩顶与地面齐平，钉上小钉表示点位，并在旁边另打一指示桩，写明直圆点名（ZY）和里程。

（2）用望远镜照准前进方向的交点或转点，按上述方法，定出圆直点（YZ）的点位桩和指示桩，并进行检核。

（3）将望远镜视线转至内角平分线上，量取外矢距（E），取盘左、盘右中数定出曲中点（QZ）的点位桩和指示桩。

为保证主点的测设精度，切线长度的测量应进行往返测，测量精度应不低于 1/2 000。

5．圆曲线的详细测设

1）偏角法

用偏角法测设圆曲线的细部点，根据测设弦长的方法不同又分长弦偏角法和短弦偏角法。

（1）长弦偏角法

长弦偏角法测设圆曲线的原理是：根据偏角（弦切角）和 ZY（或 YZ）点到各个细部点的弦长放样出曲线上的各点，适合使用全站仪进行测设。

如图 3-3-3（a）所示，在直圆点（ZY）安置全站仪，后视交点（JD）将水平度盘置零，拨偏角 δ_1，沿望远镜视线方向置镜，放出弦长 c_1 得到点 1；拨偏角 δ_2，沿望远镜视线方向置镜，放出弦长 c_2 得到点 2；用同样方法测设出曲线上的其他点。

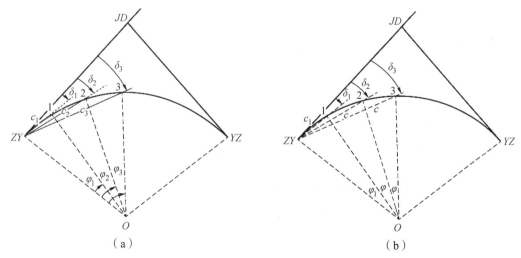

图 3-3-3　偏角法测设圆曲线

① 偏角计算

由几何学得知，弦切角（曲线偏角）等于其弦长所对圆心角的一半。

图 3-3-3 中，设圆曲线的半径为 R，直圆点至 1 点的曲线长为 l，它所对的圆心角为 φ，对应的偏角为 δ，则：

$$\varphi = \frac{l}{R} \cdot \frac{180°}{\pi}$$

$$\delta = \frac{\varphi}{2} = \frac{l}{2R} \cdot \frac{180°}{\pi} \tag{3-3-7}$$

② 弦长计算

设弦长为 C，由图 3-3-3 可以看出：$C_i = 2R\sin\delta_i$。

对于线路中线桩的间距，《工程测量标准》（GB 50026—2020）规定如下：

线路中线桩的间距，直线部分不应大于 50 m，平曲线部分宜为 20 m。当铁路曲线半径大于 800 m，且地势平坦时，其中线桩间距可为 40 m。当公路曲线半径为 30～60 m，缓和曲线长度为 30～50 m 时，其中线桩间距不应大于 10 m；曲线半径和缓和曲线长度小于 30 m 的或在回头曲线段，中线桩间距不应大于 5 m。

【例 3-3-3】 已知某圆曲线的直圆点（ZY）的里程为 DK42 + 632.67 m，曲中点（QZ）的里程为 DK42 + 879.02 m，圆直点（YZ）的里程为 DK43 + 125.38 m，要求圆曲线的中桩里程为 20 m 的倍数，若使用偏角法进行圆曲线的详细测设，计算该曲线上各测设点的偏角和弦长。

解：在本例中，ZY 点里程为 DK42 + 632.67，设则第 1 点里程应为 DK42 + 640，曲线上各测设点的偏角和弦长用 Execl 表进行计算，扫描右侧二维码下载计算电子表格。

电子表格：曲线中桩
偏角和弦长的计算

（2）短弦偏角法

短弦偏角法测设圆曲线的原理是：从 ZY 点开始，沿选定的细部点逐点根据偏角（弦切角）和弦长进行测设，使用经纬仪加钢尺即可完成测设。

如图 3-3-3（b）所示，在直圆点（ZY）安置经纬仪，后视交点（JD）将水平度盘置零，顺时针方向转动照准部，拨偏角 δ_1，沿望远镜视线方向量出弦长 c_1 得到 1 点；拨偏角 δ_2，从 1 点用钢尺量出弦长 c 与望远镜视线方向相交得到 2 点；拨偏角 δ_3，从 2 点用钢尺量出弦长 c，与望远镜视线方向相交得到 3 点；用同样方法测设出曲线上的其他点。

短弦偏角法偏角的计算和长弦偏角法相同，第 1 个点的弦长 $c_1 = 2R\sin\delta_1$，其余各点的弦长 $c = 2R\sin\frac{\varphi}{2}$。

2）切线支距法（直角坐标法）

切线支距法是以曲线起点（ZY）或终点（YZ）为原点，切线为 x 轴，过原点的半径方向为 y 轴，根据坐标（x，y）来测设曲线上各桩点 P_i，如图 3-3-4 所示。测设时分别从曲线的起点和终点向中点各测设曲线的一半。一般采用整桩距法设桩，即按规定的弧长 l_0（20 m、10 m、5 m）设中线桩，桩距为整数。

设 l_i 为待测点至原点间的弧长，φ_i 为 l_i 所对的圆

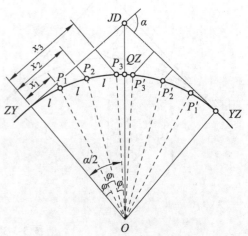

图 3-3-4　切线支距法测设圆曲线

心角，R 为半径。待定点 P_i 的坐标按下式计算：

$$x_i = R \cdot \sin \varphi_i$$
$$y_i = R(1 - \cos \varphi_i)$$

（3-3-8）

式中，$\varphi_i = \dfrac{l_i}{R} \cdot \dfrac{180°}{\pi}$，$i = 1$，$2$，$3\cdots$。

施测步骤如下：

① 从 ZY（或 YZ）点开始用钢尺沿切线方向量取 P_i 点的横坐标 x_i，得垂足 N_i，用测钎作标记。

② 在各垂足点 N_i 上用方向架作垂线，量出纵坐标 y_i，定出曲线点 P_i。

用此法测得的 QZ 点位应与预先测定的 QZ 点相符，作为检核。

【例 3-3-4】已知某圆曲线的半径 $R = 500$ m，直圆点（ZY）的里程为 DK42 + 632.67 m，曲中点（QZ）的里程为 DK42 + 879.02 m，圆直点（YZ）的里程为 DK43 + 125.38 m，要求圆曲线的中桩里程为 20 m 的倍数，若使用切线支距法进行圆曲线的详细测设，计算该曲线上各测设点的坐标。

解：圆曲线上各测设点的坐标用 Excel 工作表进行计算，扫描右侧二维码下载计算电子表格。

电子表格：切线支
距法坐标的计算

3）弦线支距法

弦线支距法是以圆曲线的弦（可以是任意一条弦）为 x 轴，弦的垂线为 y 轴，以每段的起点为原点计算曲线上各点的坐标值，在实地测设曲线的方法。

如图 3-3-5 所示，设曲线任一点 i 到 ZY 点的曲线长为 l_i，φ_i 为 l_i 所对的圆心角，c_i 为 l_i 所对应的弦长。由图可知，AB 弦所对的弦切角 $\delta = \alpha/2$，c_i 所对的弦切角 $\delta_i = \varphi_i/2$，则 i 的坐标可由以下公式计算：

$$x_i = c_i \cos \beta_i$$
$$y_i = c_i \sin \beta_i$$

（3-3-9）

式中：

$$c_i = 2R \cdot \sin \frac{\varphi_i}{2} ; \quad \beta_i = \delta - \delta_i = \frac{\alpha}{2} - \frac{\varphi_i}{2}$$

$$\varphi_i = \frac{L_i}{R} \cdot \frac{180°}{\pi} \quad (i = 1, 2, 3, \cdots,)$$

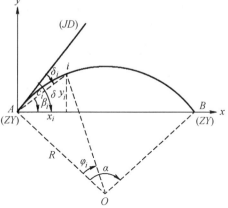

图 3-3-5　弦线支距法测设圆曲线

【例 3-3-5】设某圆曲线的半径 $R = 500$ m，偏角 $\alpha = 56°27'37''$，ZY 点里程为 DK42 + 632.67，若按弦线支距法进行圆曲线的详细测设，计算该曲线上各测设点的坐标。

解：该曲线上各测设点的坐标用 Excel 工作表计算，扫描二右侧维码下载计算电子表格。

电子表格：弦线支
距法坐标的计算

3.3.2　综合曲线的测设

当车辆高速行驶由直线线路进入曲线线路时会产生离心力，离心力的存在影响车辆的运行安全和旅客的舒适感。为此，要使曲线线路外轨比内轨出一定值（称为超高），使车辆产生一个内倾力，以抵消离心力的影响。为了解决超高引起的外轨抬升或下降，需要在直线与圆曲线间加入一段曲率半径逐渐变化的过渡曲线，这种曲线称为缓和曲线。由缓和曲线和圆曲线组成的曲线称为综合曲线。

1. 缓和曲线点的直角坐标

缓和曲线上任一点的曲率半径与该点至起点的曲线长度成反比，其数值由无穷大逐渐变化为圆曲线的半径（R）。在圆曲线的两端加设等长的缓和曲线后，曲线的主点则为：直缓点（ZH）、缓圆点（HY）、曲中点（QZ）、圆缓点（YH）和缓直点（HZ）。当圆曲线半径 R、缓和曲线长 l_0 及转向角 α 已知时，可计算出切线长（T）、外矢矩（E）、曲线长（L）和切曲差（q）等曲线要素。

缓和曲线是直线与圆曲线间的一种过渡曲线。它与直线连接处的半径为 ∞，与圆曲线相连处的半径与圆曲线半径（R）相等。

缓和曲线上任一点的曲率半径 ρ 与该点到曲线起点的长度成反比。

$$\rho \propto \frac{1}{l} \quad 或 \quad \rho \cdot l = C$$

式中，C 是一个常数，称为缓和曲线的半径变更率。

当 $l = l_0$ 时，$\rho = R$，所以

$$R \cdot l_0 = C$$

式中，l_0 为缓和曲线总长，l 为缓和曲线上任意一点 P 到 ZH（或 HZ）的曲线长。

$\rho l = C$ 是缓和曲线的必要条件，辐射螺旋线、三次抛物线等曲线均可作为缓和曲线。我国采用的缓和曲线是辐射螺旋线。

缓和曲线点的直角坐标如图 3-3-6 所示，若以缓和曲线的起点直缓点（ZH）或缓直点（HZ）为坐标原点，通过该点的缓和曲线切线为 x 轴，过 O 点与切线方向垂直的方向为 y 轴，按照 $\rho l = C$ 为必要条件导出的缓和曲线方程为：

$$x = l - \frac{l^5}{40C^2} + \frac{l^9}{3\,456C^4} + \cdots$$

$$y = \frac{l^3}{6C} - \frac{l^7}{336C^3} + \frac{l^{11}}{4\,240C^5} + \cdots$$

(3-3-10)

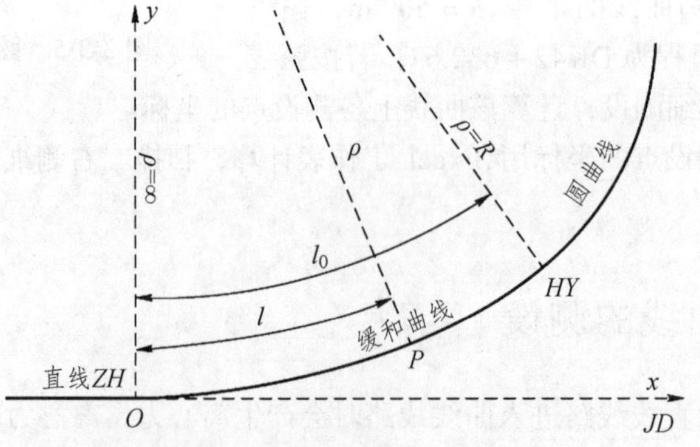

图 3-3-6　缓和曲线点的直角坐标

根据缓和曲线测设的精度要求，实际应用时可将高次项舍去，并顾及 $C = Rl_0$，则式（3-3-10）变为

$$x = l - \frac{l^5}{40R^2l_0^2}$$

$$y = \frac{l^3}{6Rl_0}$$

（3-3-11）

式中，x、y 为缓和曲线上任一点的直角坐标。当 $l = l_0$ 时，则 $x = x_0$，$y = y_0$，代入式（3-3-11）得：

$$x_0 = l_0 - \frac{l_0^3}{40R^2}$$

$$y_0 = \frac{l_0^2}{6R}$$

（3-3-12）

2. 缓和曲线常数的计算

β_0、δ_0、m、p、x_0、y_0 等称为缓和曲线常数，其物理含义及几何关系如图 3-3-7 所示。

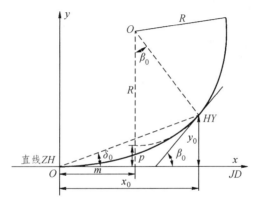

图 3-3-7　缓和曲线常数的物理含义及几何关系

β_0——缓和曲线的切线角，即 HY（或 YH）点的切线与 ZH（或 HZ）点切线的交角，亦即圆曲线一端延长部分所对应的圆心角，其计算公式为：

$$\beta_0 = \frac{l_0}{2R} \cdot \frac{180°}{\pi}$$

（3-3-13）

δ_0——缓和曲线的总偏角，由于 δ_0 的值很小，故有：

$$\delta_0 = \arctan \frac{y_0}{x_0} \approx \frac{y_0}{x_0} = \frac{\dfrac{l_0^2}{6R}}{l_0 - \dfrac{l_0^3}{40R^2}} = \frac{20Rl_0}{120R^2 - l_0^2}$$

同样，由于 l_0 与 R 相比显得很小，其平方就相差更大，因此

$$\delta_0 = \frac{20Rl_0}{120R^2 - l_0^2} \approx \frac{20Rl_0}{120R^2} = \frac{l_0}{6R} = \frac{1}{3} \cdot \frac{l_0}{2R} = \frac{1}{3}\beta_0$$

一般地：

$$\delta_0 \approx \frac{1}{3}\beta_0 = \frac{l_0}{6R}\cdot\frac{180°}{\pi} \quad\quad （3\text{-}3\text{-}14）$$

m —— 切垂距，由圆心 O 向过 ZH（或 HZ）点的切线作垂线，垂足到 ZH（或 HZ）点的距离，其计算公式为：

$$m = \frac{l_0}{2} - \frac{l_0^3}{240R^2} \quad\quad （3\text{-}3\text{-}15）$$

p —— 圆曲线的内移量，为垂线长与圆曲线半径 R 之差，其计算公式为：

$$p = \frac{l_0^2}{24R} - \frac{l_0^4}{2688R^3} \approx \frac{l_0^2}{24R} \quad\quad （3\text{-}3\text{-}16）$$

缓和曲线常数，可根据圆曲线的半径（R）和缓和曲线的长度（l_0）通过 Excel 计算获得，扫描右侧二维码下载计算电子表格。

电子表格：缓和曲线常数的计算

3. 有缓和曲线的圆曲线要素计算

如图 3-3-8 所示，对于有缓和曲线的圆曲线，在计算出缓和曲线的切线角（β_0）、圆曲线的内移量（p）和切垂距（m）后，便可按式（3-3-17）~式（3-3-21）计算有缓和曲线的圆曲线要素。

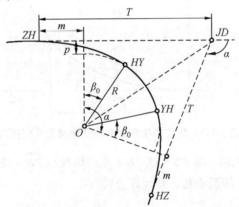

图 3-3-8　有缓和曲线的圆曲线要素

切线长：
$$T = (R+p)\tan\frac{\alpha}{2} + m \quad\quad （3\text{-}3\text{-}17）$$

曲线长：
$$L = R\cdot(\alpha - 2\beta_0)\cdot\frac{\pi}{180°} + 2l_0 \quad\quad （3\text{-}3\text{-}18）$$

将式（3-3-13）代入式（3-3-18）得：

$$L = R\cdot\left(\alpha - 2\cdot\frac{l_0}{2R}\cdot\frac{180}{\pi}\right)\cdot\frac{\pi}{180} + 2l_0 = R\alpha\cdot\frac{\pi}{180} + l_0 \quad\quad （3\text{-}3\text{-}19）$$

外矢距：
$$E = (R+p)\sec\frac{\alpha}{2} - R \quad\quad （3\text{-}3\text{-}20）$$

切曲差：
$$q = 2T - L \quad\quad （3\text{-}3\text{-}21）$$

【例 3-3-6】设某圆曲线的半径 $R = 500$ m，缓和曲线长 $l_0 = 150$ m，缓和曲线偏角 $\alpha = 56°27'37''$，计算该综合曲线的曲线元素。

解：曲线元素的计算可以使用 Excel 表格，扫描右侧两个二维码下载计算电子表格。

电子表格：有缓和曲线的圆曲线要素的计算

4. 综合曲线主点里程的计算和主点的测设

具有缓和曲线的圆曲线，其主点包括直缓点（ZH）、缓圆点（HY）、曲中点（QZ）、圆缓点（YH）和缓直点（HZ）。

1）曲线主点里程的计算

曲线上各主点的里程根据前面计算出的曲线要素，由一已知点里程点来推算，若已知交点（JD）的里程，则曲线主点的里程可按以下公式推算：

电子表格：有缓和曲线的圆曲线主点里程的计算

$$
\begin{aligned}
ZH &= JD - T \\
HY &= ZH + l_0 \\
QZ &= HY + (L/2 - l_0) \\
YH &= QZ + (L/2 - l_0) \\
HZ &= YH + l_0
\end{aligned}
$$

（3-3-22）

检核条件：$HZ = JD + T - q$

2）曲线主点的测设

① 将全站仪安置在交点（JD）上，用望远镜照准后视相邻交点或转点，沿此方向线量取切线长 T，得曲线起点直缓点（ZH），打下木桩（桩顶与地面齐平）并钉上小钉表示点位，并在旁边另打一指示桩，写明点名（ZH）和里程。

② 用望远镜照准前进方向的交点或转点，按上述方法，定出缓直点（HZ）的点位桩和指示桩，并进行检核。

③ 将望远镜视线转至内角平分线上量取外矢距 E，取盘左、盘右中数定出曲中点（QZ）的点位桩和指示桩。

为保证主点的测设精度，切线长度的测量应进行往返测，测量精度应不低于 1/2 000。

3）HY、YH 点的测设

① 将全站仪安置在直缓点（ZH）上，用望远镜照准交点（JD），沿此方向线量取 x_0，在该处打下木桩并钉上小钉表示点位，然后将全站仪安置在该木桩上小钉所示的点位上，后视交点（JD），沿垂直方向量取 y_0，打下木桩（桩顶与地面齐平）并钉上小钉表示缓圆点的位置，在旁边另打一指示桩，写明点缓圆名（HY）和里程。

② 将全站仪安置在缓直点（HZ）上，用望远镜照准交点（JD），沿此方向线量取 x_0，在该处打下木桩并钉上小钉表示点位，然后将全站仪安置在该木桩上小钉所示的点位上，后视交点（JD），沿垂直方向量取 y_0，打下木桩（桩顶与地面齐平）并钉上小钉表示圆缓点的位置，在旁边另打一指示桩，写明点圆缓名（YH）和里程。

5. 综合曲线的详细测设

前面说过，为了解决超高引起的外轨台阶式升降，需在直线与圆曲线间加入一段缓和曲线，综合曲线就是由缓和曲线和圆曲线组成的曲线。当综合曲线主点的测设完成后，接着要进行的就是综合曲线详细测设，综合曲线详细测设方法很多，在这里我们介绍切线支距法、偏角法和极坐标法三种方法。

1）切线支距法（直角坐标法）

如图 3-3-9 所示，切线支距法是以 ZH 或 HZ 为坐标原点，以切线方向为 x 轴，垂直切线方向为 y 轴，根据独立坐标系中的坐标（x_i，y_i）来测设曲线上的细部点 P_i。

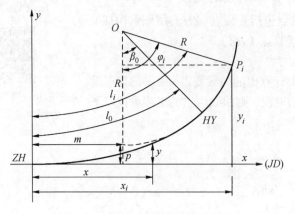

电子表格：综合曲线切线
支距法测设坐标的计算

图 3-3-9 切线支距法测设缓和曲线

（1）测设数据的计算

① 缓和曲线部分测设点的坐标用公式（3-3-11）进行计算。

$$x = l - \frac{l^5}{40R^2 l_0^2}$$

$$y = \frac{l^3}{6R l_0}$$

② 从图 3-3-9 中可以看出，圆曲线部分测设点的坐标计算公式为：

$$x_i = R \cdot \sin \varphi_i + m$$
$$y_i = R(1 - \cos \varphi_i) + p \tag{3-3-23}$$

式中，$\varphi_i = \beta_0 + \dfrac{l_i - l_0}{R} \cdot \dfrac{180°}{\pi}$

（2）测设步骤

① 如图 3-3-9 所示，要进行直缓点（ZH）到曲中点（QZ）点之间曲线段的细部点的测设工作，可将全站仪安置在直缓点（ZH）的位置上，照准交点（JD）以确定直缓点（ZH）的切线方向，沿切线方向量取 P_i 点的横坐标 x_i，得到 P_i 点在横坐标轴上的垂足，打下木桩并钉上小钉表示 P_i 点的垂足位置。

② 在各个垂足点上用经纬仪标定出与切线垂直的方向，然后在该方向上依次量取对应的纵坐标 y_i，就可以确定对应的细部点 P_i，打下木桩并钉上小钉表示 P_i 点的位置。

③ 用同样方法完成从缓直点（HZ）到曲中点（QZ）点之间曲线段的细部点的测设工作。

④ 放样完成后要进行校核，以确保细部点的测设工作正确无误。

2）偏角法

用偏角法测设缓和曲线分两步进行，即缓和曲线和圆曲线分别进行
测设。

（1）缓和曲线测设数据的计算

电子表格：综合曲线偏角法测设数据计算表

如图 3-3-10 所示，把缓和曲线分成若干等份，计算出缓和曲线上各
测设点的弦长 c_i 及偏角 δ_i，然后将全站仪安置于 ZH（或 HZ）点，即可
进行曲线测设。其中

$$c_i = \sqrt{x_i^2 + y_i^2}$$

$$\delta_i = \arctan \frac{y_i}{x_i}$$

（3-3-24）

式中，(x_i, y_i) 为曲线上任一点 i 的坐标，可按公式（3-3-11）进行计算。

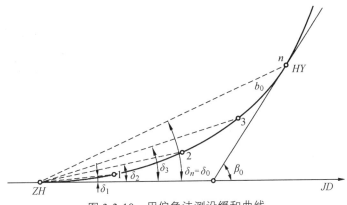

图 3-3-10　用偏角法测设缓和曲线

（2）圆曲线测设数据的计算

圆曲线部分测设时，通常以 HY 点（或 YH 点）为坐标原点，以其切线方向为横轴建立直角
坐标系进行测设，具体计算可以参考圆曲线详细测设的切线支距法（直角坐标法）。

（3）测设步骤

① 缓和曲线的测设

如图 3-3-10 所示，将全站仪安置在 ZH 点上，后视 JD 点，将水平度盘读数置 0，逆时针旋
转照准部至水平度盘读数为 $360 - \delta_1$、$360 - \delta_2$、$360 - \delta_{HY}$ 的位置，在这些方向线上测定出距离
为 c_1、c_2、c_{HY} 的位置，这就是细部点 1、2、HY；将全站仪安置在 HZ 点上，后视 JD 点，将水
平度盘读数置 0，逆时针旋转照准部至水平度盘读数为 $360 - \delta_{YH}$、$360 - \delta_{12}$、$360 - \delta_{13}$ 的位置，
在这些方向线上测定出距离为 c_{YH}、c_{12}、c_{13} 的位置，这就是细部点 YH、12 和 13。

② 圆曲线的测设

当全站仪安置在 HY（或 YH）点上后照准 ZH（或 HZ）点时，该方向与 HY（或 YH）切线
方向的夹角记作 b_0，b_0 就称为从 HY（或 YH）点观测 ZH（或 HZ）点的反偏角。

由图 3-3-10 可知：

$$\beta_0 = \delta_0 + b_0$$

故

$$b_0 = \beta_0 - \delta_0 = 3\delta_0 - \delta_0 = 2\delta_0$$

（3-3-25）

将全站仪安置在 HY 点上，后视 ZH 点，将水平度盘读数置 $180 + b_0$，逆时针旋转照准部至水平度盘读数为 $360 - \delta_3$、$360 - \delta_4$、$\cdots$、$360 - \delta_{11}$ 的位置，在这些方向线上测定出距离为 c_3、c_4、$\cdots$、c_{11} 的位置，这就是细部点 3、4、$\cdots$、11。

3）极坐标法

用极坐标测设缓和曲线也要分两步进行，即缓和曲线和圆曲线分别进行测设。如图 3-3-11 所示，设综合曲线 JD 的线路坐标为（x_{JD}，y_{JD}），ZH 点到 JD 点的坐标方位角为 α_{ZH}，HZ 点到 JD 点的坐标方位角为 α_{HZ}。

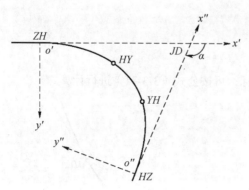

图 3-3-11 综合曲线的独立坐标系

电子表格：综合曲线极坐标
法测设坐标计算表

（1）综合曲线细部点线路坐标的计算

考虑到综合曲线细部点直角坐标系统有两个（分别以 ZH 和 HZ 为坐标原点），综合曲线细部点线路坐标的计算也分两部分进行。

第一部分：直缓点（ZH）至曲中点（QZ）线路坐标的计算

① 缓和曲线细部点线路坐标的计算

由公式（3-3-11）可知缓和曲线细部的直角坐标（独立坐标）计算公式为：

$$x_i' = l_i - \frac{l_i^5}{40R^2 l_0^2}$$

$$y_i' = \frac{l_i^3}{6R l_0}$$

式中　l_i——缓和曲线上某一细部点到直缓点（ZH）的曲线长；

　　　l_0——缓和曲线的长度；

　　　R——圆曲线半径。

②圆曲线细部点线路坐标的计算

由公式（3-3-23）可知圆曲线细部的直角坐标（独立坐标）计算公式为：

$$x_i' = R \cdot \sin \varphi_i + m$$
$$y_i' = R(1 - \cos \varphi_i) + p$$

$$\varphi_i = \beta_0 + \frac{l_i - l_0}{R} \cdot \frac{180°}{\pi}$$

式中　β_0、p、m——缓和曲线的常数（缓和曲线的切线角、圆曲线的内移量、切垂距）；

　　　l_i——圆曲线上某一细部点到直缓点（ZH）或缓直点（HZ）的曲线长；

l_0——缓和曲线的长度；

R——圆曲线半径。

③ 应用坐标转换平移公式将缓和曲线的独立坐标转换为线路坐标

若线路的偏角 α 为右折角，如图 3-3-11 所示，则直缓点（ZH）至曲中点（QZ）的独立坐标系 $x'o'y'$ 为左手坐标系，坐标转换平移公式为：

$$x_i = x_{ZH} + x_i' \cos \alpha_0 - y_i' \sin \alpha_0 \tag{3-3-26}$$
$$y_i = y_{ZH} + x_i' \sin \alpha_0 + y_i' \cos \alpha_0$$

式中，α_0 为缓和曲线的方位角（ZH 点与 JD 连线的坐标方位角）。由于圆曲线与缓和曲线使用相同独立坐标系，故坐标转换公式是相同。

第二部分： 曲中点（QZ）至缓直点（HZ）线路坐标的计算

曲中点（QZ）至缓直点（HZ）细部点独立坐标的计算与第一部分完全相同，按公式（3-3-11）计算缓和曲线细部点的独立坐标，按公式（3-3-23）计算圆曲线细部的独立坐标，再应用坐标转换平移公式将缓和曲线的独立坐标转换为线路坐标。由于曲中点（QZ）至缓直点（HZ）使用的独立坐标系 $x''o''y''$ 为右手坐标系，故坐标转换平移公式为：

$$x_i = x_{HZ} + x_i'' \cos \alpha_1 + y_i'' \sin \alpha_1 \tag{3-3-27}$$
$$y_i = y_{HZ} + x_i'' \sin \alpha_1 - y_i'' \cos \alpha_1$$

（2）测设数据计算

在通视良好的地方（能够观测到缓和曲线上所有细部点的位置）选一点，如图 3-3-12 中的 B 点。根据控制点 A、B 的坐标和各细部点 1、2、…、n 的坐标反算出 BA、$B1$、$B2$、…、Bn 方向的坐标方位角和边长，根据 BA、$B1$、$B2$、…、Bn 方向的坐标方位角计算出 $\angle AB1$、$\angle AB2$、…、$\angle ABn$。在 B 点架设全站仪后，后视 A 点，根据 $\angle AB1$、$\angle AB2$、…、$\angle ABn$ 和 S_{B1}、S_{B2}、…、S_{Bn} 即可进行放线。

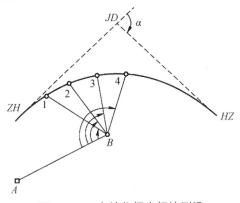

图 3-3-12 全站仪极坐标法测设

电子表格：综合曲线极坐标法测设数据计算表

（3）测设实施

在控制点 B 设站安置仪器，照准后视点 A，将水平度盘读数置 0（一个测站只需置 0 一次），将水平度盘顺时针旋转至水平度盘读数为 $\angle AB1$ 值的位置，在该方向线上测定出距离为 S_{B1} 值的位置，这就是细部点 1。按同样方法可以测设出 2-7 号细部点的位置。各点测设结束后可测量其坐标进行校核，符合限差要求则打下木桩定点，若超限可照准后视点 A 进行方向检查，查明原因后重新进行测设。

道路纵断面是由许多不同坡度的坡段连接而成的。两个相邻的坡段相交时，由于坡度不同就出现了变坡点。为了避免变坡点处的坡度出现急剧变化，保证车辆运行安全平稳，道路纵坡变更处应设置圆曲线进行连接，这种在竖直面内连接相邻两坡段的圆曲线叫竖曲线。当变坡点在曲线的上方时，称为凸形竖曲线；反之，称为凹形竖曲线，如图 3-4-1 所示。

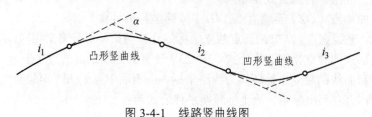

图 3-4-1　线路竖曲线图

3.4.1　竖曲线要素的计算

1. 变坡角 α 的计算

如图 3-4-2 所示，若相邻的两纵坡的坡度分别为 i_1、i_2，由于变坡角 α 很小，故认为竖曲的变坡角为：

$$\alpha = i_1 - i_2 \tag{3-4-1}$$

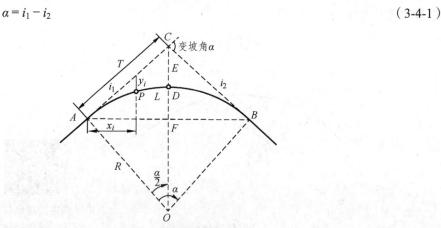

图 3-4-2　竖曲线要素计算

2. 竖曲线的半径

《公路路线设计规范》（JTG D20—2017）规定，公路纵坡变更处设置的竖曲线宜采用圆曲线，而圆曲线的半径 R 与道路等级有关，各等级道路竖曲线半径和最小半径长度见表 3-4-1。

选用竖曲线半径的原则：应以获得最佳的视觉效果为标准，在不过分增加工程量的情况下，宜选用较大的竖曲线半径；只有当地形限制或其他特殊困难时，才能选用极小半径。

表 3-4-1　竖曲线最小半径与竖曲线长度

设计速度（km/h）		120	100	80	60	40	30	20
凸形竖曲线最小半径（m）	一般值	17 000	10 000	4 500	2 000	700	400	200
	极限值	11 000	6 500	3 000	1 400	450	250	100
凹形竖曲线最小半径（m）	一般值	6 000	4 500	3 000	1 500	700	400	200
	极限值	4 000	3 000	2 000	1 000	450	250	100
竖曲线长度（m）	一般值	250	210	170	120	90	60	50
	最小值	100	85	70	50	35	25	20

注："一般值"为正常情况下的采用值；"极限值"和"最小值"为条件受限制时可采用的值。

3. 切线长 T 的计算

由图 3-4-2 可知，切线长 T 为：

$$T = R \cdot \tan \frac{\alpha}{2} \tag{3-4-2}$$

由于 α 很小，可认为：

$$T = R \cdot \tan \frac{\alpha}{2} \approx R \cdot \frac{\alpha}{2} = \frac{1}{2} R(i_1 - i_2) \tag{3-4-3}$$

4. 曲线长 L 的计算

由图 3-4-2 可知，曲线长 L 为：

$$L = R \cdot \alpha \tag{3-4-4}$$

由于 α 很小，可认为：

$$L = R \cdot \alpha = 2T \tag{3-4-5}$$

5. 外矢矩 E 的计算

由图 3-4-2 可知，外矢距 E 为：

$$E = R \cdot \left(\sec \frac{\alpha}{2} - 1 \right) \tag{3-4-6}$$

由于 α 很小，可认为：

$$DF \approx CD = E，AF = T$$

由于 ΔACO 与 ΔACF 相似，故

$$\frac{R}{T} = \frac{AF}{CF} = \frac{T}{2E} \tag{3-4-7}$$

$$E = \frac{T^2}{2R}$$

同理，可导出竖曲线中间各点按直角坐标法测设的纵距（即标高改正值）计算式：

$$y_i = \frac{x_i^2}{2R} \tag{3-4-8}$$

3.4.2 竖曲线的测设

竖曲线的测设就是根据纵断面图上标注的里程及高程，以附近已放样出的整桩为依据，向前或向后测设各点的水平距离值，并设置竖曲线桩，然后测设各个竖曲线桩的高程。其测设步骤如下：

（1）计算竖曲线要素 T、L 和 E。

（2）推算竖曲线上各点的里程：

$$曲线起点里程 = 变坡点里程 - 竖曲线的切线长$$
$$曲线终点里程 = 曲线起点里程 + 竖曲线长$$

（3）根据竖曲线上细部点距曲线起点（或终点）的弧长，求相应的 y 值，然后按下式求得各点高程：

$$H_i = H_{坡} \pm y_i$$

式中　H_i——竖曲线细部点 i 的高程；

　　　$H_{坡}$——细部点 i 的坡段高程。

当竖曲线为凹形时，式中取"$+$"；竖曲线为凸形时，式中取"$-$"。

（4）从变坡点（图 3-4-2 中 C 点）沿路线方向向前或向后丈量切线长 T，分别得竖曲线的起点和终点。

（5）由竖曲线起点（或终点）起，沿切线方向每隔 5 m 在地面上标定一木桩（竖曲线上一般每隔 5 m 测设一个点）。

（6）测设各个细部点的高程，在细部点的木桩上标明地面高程与竖曲线设计高程之差（即挖或填的高度）。

【例 3-4-1】测设凸形竖曲线，已知 $i_1 = +4\%$，$i_2 = +2\%$，变坡点的桩号为 K1 + 670，高程成为 48.60 m，设计半径 $R = 5\,000$ m。求各测设元素、起点和终点的桩号与高程、曲线上每 10 m 间隔里程桩的高程改正数与设计高程。

解：（1）计算竖曲线要素

$$T = \frac{1}{2}R(i_1 - i_2) = \frac{1}{2} \times 5\,000 \times (4-2) \times \frac{1}{100} = 50.00 \text{ m}$$

$$L = 2T = 2 \times 50.00 = 100.00 \text{ m}$$

$$E = \frac{T^2}{2R} = \frac{50^2}{2 \times 5\,000} = 0.25 \text{ m}$$

（2）计算竖曲线起、终点桩号及高程

$$起点桩号 = K1 + 670 - 50.00 = K1 + 620.00$$
$$终点桩号 = K1 + 620 + 100.00 = K1 + 720.00$$
$$起点高程 = 48.60 - 50.00 \times 4\% = 46.60 \text{ m}$$
$$终点高程 = 48.60 + 50 \times 2\% = 49.60 \text{ m}$$

（3）计算竖曲线各桩高程

按 $R = 5\,000$ m 和相应的桩距，即可求得竖曲线上各桩的高程改正数，计算结果见表 3-4-2。

表 3-4-2 竖曲线计算结果

里　程	距　离	坡道高程	高程改正	曲线高程	备　注
K1 + 620	0	48.60	0	48.60	起点
+ 630	10	49.00	0.01	49.01	
+ 640	20	49.40	0.04	49.44	
+ 650	30	49.80	0.09	49.89	
+ 660	40	50.20	0.16	50.36	
K1 + 670	50	50.60	0.25	50.85	变坡点
+ 680	60	51.80	− 0.16	51.64	
+ 690	70	52.00	− 0.09	51.91	
+ 700	80	53.20	− 0.04	53.16	
+ 710	90	52.40	− 0.01	52.39	
K1 + 720	100	52.60	0	52.60	终点

任务 3.5　纵横断面测量

　　线路纵断面测量又称路线水准测量，它的任务是在线路中线测定后，测定中线各里程桩的地面高程，绘制线路纵断面图，供线路纵坡设计之用。横断面测量是测定沿中桩两侧垂直于线路中线一定范围内的地面高程，绘制各桩号的横断面图，供路基设计，土石方数量计算和施工放样边桩用。

3.5.1　纵断面测量

　　为了提高测量精度和有效地进行成果检核，根据"由整体到局部"的测量原则，纵断面测量一般分为两步进行，先进行基平测量，再进行中平测量。

1. 基平测量

　　沿线路方向设置水准点，建立路线的高程控制，称为基平测量。基平测量的精度要求较高，一般要求达到国家四等水准测量的精度要求。

视频：三四等水准
测量（闭合）

视频：水准仪
i 角检测

　　1）设置水准点

　　水准点路线高程测量控制点，沿路线测量水准点，建立高程控制系统，供勘测、施工、竣工验收和养护管理使用。水准点的设置，根据需要和用途一般分为永久性水准点和临时性水准点两种。在路线的起点、终点、大桥两岸、隧道两端以及一些需要长期观测高程的重点工程附近均应设置永久性水准点。供施工放样施工检查和竣工验收使用的可敷设临时性水准点。水准点可设在永久性建筑物上，或用金属标志嵌在基岩上，也可以埋设标石。

水准点的密度应根据地形和工程需要而定。一般在山岭重丘每隔 0.5 ~ 1 km 设置一个；平原微丘区每隔 1 ~ 2 km 设置一个。大桥、隧道口、垭口及其他大型构造物附近，还应增设水准点。水准点的布设应在路中线可能经过的地方两侧 50 ~ 100 m，而且应选在稳固、醒目、易于引测以及施工时不易遭受破坏的地方。

2）基平测量方法

基平测量时，首先应将起始水准点与附近国家水准点进行联测，以获得绝对高程，尽可能构成附合水准路线。当路线附近没有国家水准点或引测困难时，也可参考地形图选定一个与实地高程接近的作为起始水准点的假定高程。

基平测量通常采用以下水准测量方法：

（1）用一台水准仪在两个水准点间做往返测量。

（2）两台水准仪做单程观测。

基平测量的精度，对一台仪器往返测或两台仪器单程测的容许误差值为

$$f_{h容} = \pm 30 \sqrt{L} \ \text{mm} \qquad 或 \qquad f_{h容} = \pm 8 \sqrt{n} \ \text{mm} \qquad (3-5-1)$$

对于大桥两岸、隧道两端和重点工程附近水准点，其容许误差值为

$$f_{h容} = \pm 20 \sqrt{L} \ \text{mm} \qquad 或 \qquad f_{h容} = \pm 6 \sqrt{n} \ \text{mm} \qquad (3-5-2)$$

式中　L——水准路线长度（以 km 计），适用平原微丘区。

　　　n——测站数，适用山岭重丘区。

当高差不符值在容许范围内时，取其平均值作为两水准点间的高差，符号与往测同号，超限则需重测。将计算结果及已有资料编制成水准点一览表供施工使用，见表 3-5-1。

表 3-5-1　水准点一览表

水准符号	水准点标高（m）	水准点详细位置					备注
		靠近路线桩	方向	距离（m）	设在何物上	何县何乡何村	
BM_1	150.368	K0 + 000	左	22.84	埋设水准点	南平县平邑镇	
BM_2	152.176	K0 + 760	右	30.52	楼房墙角	南平县平邑镇	绝对高程
BM_3	155.472	K1 + 600	右	28.75	基岩	南平县平邑镇	
…	…	…	…	…	…	…	

2. 中平测量

1）中平测量的一般方法

依据水准点的高程，沿路线将所有中桩进行水准测量，并测得其地面高程，称作中平测量。以基平测量提供的水准点高程为基础，按附和水准路线逐个施测中桩的地面高程。一般是以两相邻水准点为一测段，从一个

微课：中平测量

水准点开始，闭合到下一个水准点。在每一个测站上，应尽量多观测中桩，还需设置转点，以保证高程的传递。相邻两转点间所观测的中桩称为中间点，由于转点起传递高程的作用，观测时应先测转点，后测中间点，转点的读数取至毫米（mm），中间点的读数按四舍五入取至厘米（cm）。中平测量一个测站前后视距最后可达 150 m，转点的立尺应置于尺垫、稳固的桩顶或坚石上。中平测量只作单程观测。一测段观测结束后，应先计算测段高差 $\sum h$ 中。它与基平所测测

段两端水准点高差之差，称为测段高差闭合差，其值不得大于 $\pm 50 \sqrt{L}$ mm，否则应重测。中桩地面高差误差不得超过 ± 10 cm。

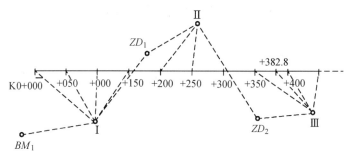

图 3-5-1　中平测量

如图 3-5-1 所示，中平测量的步骤如下：

① 安置仪器于 I 点，后视 BM_1，前视 ZD_1，将读数记入表 3-5-2 的 BM_1 的后视栏和 ZD_1 的前视栏中。

② 观测 BM_1 与 ZD_1 之间的中间点 K0 + 000、+ 50、+ 100、+ 150，将各点的读数分别记入表 3-5-2 的中视栏中。

③ 安置仪器于 II 点，后视 ZD_1，前视 ZD_2，将读数记入表 3-5-2 的 ZD_1 的后视栏和 ZD_2 的前视栏中。

表 3-5-2　中桩水准测量记录计算表

测点	水准尺读数（m）			视线高程（m）	高程（m）	备注
	后视	中视	前视			
BM_1	2.018			152.386	150.368	
K0 + 000		1.31			151.08	
+ 050		1.08			151.31	
+ 100		1.12			151.27	
+ 150		0.98			151.41	
ZD_1	2.613		1.815	153.184	150.571	
+ 200		0.76			152.42	中平测量得
+ 250		0.68			152.50	BM_2 点高程为
+ 300		0.83			152.35	152.188
ZD_2	1.764		2.016	152.932	151.168	误差为 1 mm
+ 350		0.75			152.18	
+ 382.8		0.96			151.97	
…	…	…	…	…	…	
BM_2			0.756		152.176	

④ 观测 ZD_1 和 ZD_2 之间的 K0 + 200、+ 250、+ 300，将读数分别记入各点的中视栏中。

⑤ 按上述方法和步骤继续向前施测，直至闭合到下一个水准点 BM_2 上。

⑥ 按前述要求计算各测段闭合差，如不符合精度要求，应返工重测。

⑦ 中平测量计算公式如下：

$$\left.\begin{array}{l}\text{仪器视线高}=\text{已知点高程}+\text{后视}+\text{后}\\ \text{转点高程}=\text{仪器视线高}-\text{前视前视}\\ \text{中桩桩高程}=\text{仪器视线}-\text{中视中视}\end{array}\right\} \qquad (3\text{-}5\text{-}3)$$

2）特殊地形的中平测量

（1）中线跨沟谷测量

当路线经过沟谷时，一般可采用沟内沟外分开的方法进行测量，如图 3-5-2 所示。当仪器置于 A 站时，应先观测后视 ZD_{10}，再同时观测沟谷两边的前视 ZD_a 和 ZD_{11}，最后观测 ZD_{10} 至 ZD_a 之间的中桩高程，如 K1 + 560、+ 580、+ 600。ZD_a 用于沟内测量时的高程传递，ZD_{11} 用于沟外测量时的高程传递，两者是各自独立的，且莫混为一谈。为了减少因仪器的水准管轴与视准轴不平行所引起的误差，仪器在 A、B 两站时，应尽可能使 $L_1 = L_2$、$L_3 = L_4$。

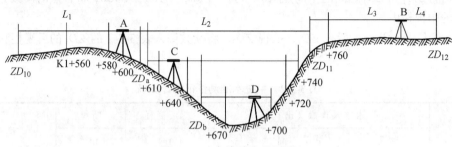

图 3-5-2　中线跨沟谷测量

沟内观测时，在左坡设立测站，兼测右坡桩号，减少观测次数。如图 3-5-2 所示，仪器置于 C 站，后视 ZD_a，观测左坡中桩 K1 + 610、+ 640 和 ZD_b，再兼测右坡中桩 K1 + 720、+ 740。仪器置于 D 站时，后视 ZD_b 再观测 K1 + 670、+ 700 等中桩。按比例方法将沟内中桩高程测完。

利用跨沟法进行施测时，沟内沟外记录必须分开，并附加说明，以便于资料的计算和查阅，避免造成错误和混乱。

（2）特殊方法的中平测量

如图 3-5-3 所示，个别特殊地形的中平测量可采用比高法、抬杆法、钓鱼法、接尺法、水下水深测量等方法进行。

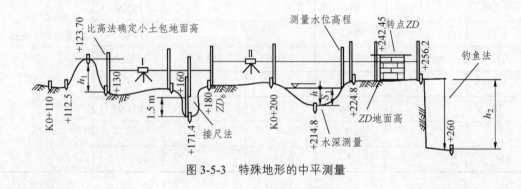

图 3-5-3　特殊地形的中平测量

3. 纵断面图的绘制

纵断面图是沿中线方向绘制的反映地面起伏和纵坡设计的线状图，它表示出各路段纵坡的大小和中线位置的填挖尺寸是道路设计和施工中的重要文件资料。路线纵断面图包括图样和资料两大部分。

1）图　样

如图 3-5-4 所示，路线纵断面是用直角坐标表示，是以里程为横坐标，高程为纵坐标，根据中平测量的中桩地面高程绘制的。常用的里程比例尺有 1:5 000、1:2 000、1:1 000 几种，为了明显反映地面的起伏变化，高程比例尺取里程比例尺的 10 倍，相应取 1:500、1:200、1:100。一般应在第一张图纸的右上方标注出比例尺，并采用分式表示图纸编号，分母表示图纸的总张数，分子表示本张图纸的编号。图样部分有：地面线和纵坡设计线、竖曲线、桥涵结构和水准点资料等内容。

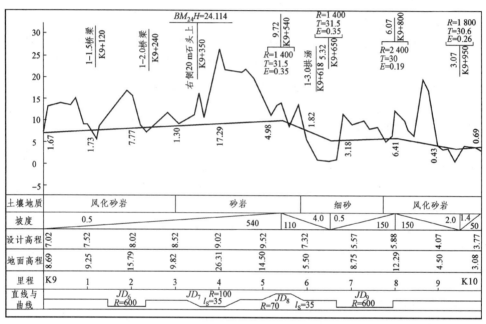

图 3-5-4　线路纵断面图

2）资　料

资料包括地质、坡度/坡长、设计高程、地面高程、里程桩号和平曲线的资料等。

3）纵断面图的绘制

（1）表格的绘制

① 平曲线：按里程表明路线的直线和曲线部分。直线采用水平线表示，曲线部分用折线表示，上凸表示路线右转，下凸表示路线左转。并注明交点编号、转角、平曲线半径，带有缓和曲线者应注明其长度。

② 里程桩号：一般选择有代表性的里程桩号（如公里桩、百米桩、桥头和涵洞等）。

③ 地面高程：按中平测量成果填写相应里程桩的地面高程。

④ 设计高程：根据设计纵坡和相应的平距计算出的里程桩设计高程。

⑤ 坡度/坡长：是指设计线的纵向长度和坡度。从左至右向上斜的直线表示上坡，下斜表

示下坡，水平表示平坡。斜线或水平线上面的数字表示坡度的百分数，下面的数字表示坡长。

⑥ 地质说明：标沿线的地质情况，为设计和施工提供依据。

（2）地面线绘制

① 首先选定纵坐标的起始高程，使绘出的地面线位于图上适当位置。一般是以 5 m 或 10 m 整倍数的高程定在 5 cm 方格的粗线上，便于绘图和阅图。然后根据中桩的里程和高程，在图上按纵、横比例尺依次定出各中桩的地面位置，再用直线将相邻点一个个连接起来，就得到地面线。在高差变化较大的地区，如果纵向受到图幅的限制时，可在适当地段变更图上高程起算位置，此时地面线将构成台阶形式。

② 根据纵坡设计计算设计高程。路线纵坡确定后，即可根据设计纵坡 i 和起算点至推算点间的水平距离 D 计算设计高程。设起算点高程为 H_0，则推算点的高程为：

$$H_P = H_0 + i \cdot D \qquad\qquad\qquad (3\text{-}5\text{-}4)$$

式中，上坡时 i 为正，下坡时 i 为负。

③ 计算各桩的填挖高度。同一桩号的设计高程与地面高程之差，即为该桩号的填土高度（ ＋ ）或挖土高度（ － ）。在图上标明填、挖高度。也有在图中专列一栏注明填挖高度。

④ 在图上注记有关资料，如水准点、桥涵结构资料、竖曲线、断链等。

3.5.2　横断面测量

横断面测量是测定中桩两侧垂直于中线方向地面变坡点之间的距离和高差，并绘制横断面图，供路基、边坡、特殊构筑物的设计、土石方计算和施工放样用。横断面测量的宽度应根据路基宽度、填挖高度、边坡大小、地形情况以及有关工程的特殊要求而定，一般要求中线两侧各测 20 ~ 50 m。横断面测绘的密度，除各中桩应施测外，在大中桥头、隧道洞口、挡土墙等重点工程地段，可根据需要加密。对于地面点距离和高差的测定，一般只需精确到 0.1 m。

1. 横断面方向的测定

直线段上的横断面方向是与中线相垂直的方向。曲线段上的横断面方向是与曲线的切线相垂直的方向。通常可用十字架或经纬仪来测定横断面的方向。图 3-5-5 所示为测定横断面方向常用的十字架。

图 3-5-5　十字架

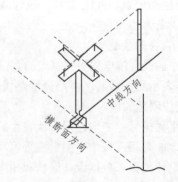

图 3-5-6　十字架法确定直线段横断面方向

1）直线段上横断面方向的测定

直线段横断面方向与路线中线垂直，一般采用方向架测定。如图3-5-6所示，将方向架置于某中桩上，方向架上有两个相互垂直的固定片，用其中一个瞄准点的前方和后方一中桩点，则方向架的另一方向即为该测点的横断面方向。

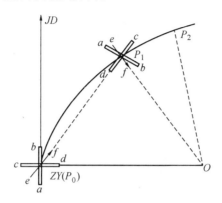

图 3-5-7　十字架法确定曲线横断面方向

2）曲线段上横断面方向的测定

曲线段上横断面方向即是该点的半径方向。测定时采用求心方向架，如图3-5-7所示。求心方向架是在十字架上安装一个可以转动的定向杆 ef，并加有固定螺旋，其使用方法如图3-5-7所示，将方向架置于曲线起点 P_0 上，当 ab 方向对准交点或直线上的中桩时，则另一方向 cd 即为 P_0 点的横断面方向。为了测定 P_1 点的横断面方向，这时转动定向杆 ef 对准圆曲线上的 P_1 点，拧紧固定螺旋，使 ef 固定，将方向架移至 P_1 点，用 cd 对准 P_0 点，则在 P_1 点的横断面方向定出之后，为了测定下一点 P_2 点的横断面方向，在 P_1 点上以 cd 对准 P_1 点的横断面方向，转动定向杆 ef 对准 P_2 点，拧紧固定螺栓，这时方向架上定出 P_1P_2 的弦切角，然后将方向架移至 P_2 点，用 cd 对准 P_1 点，定向杆 ef 的方向即为 P_2 点的横断面方向。用同样的方法可测出其他各点的横断面方向。

2. 横断面的测量方法

横断面测量方法有多种，下面介绍几种常用方法：

1）抬杆法

抬杆法用两根花杆（或一根花杆一把皮尺）测定两变坡点间的水平距离和高差。如图3-5-8所示，A、B、C…为横断面方向上的变坡点，将花杆立于 A 点，从中桩处地面用花杆（或皮尺）平量出至 A 点的距离，并测出截于花杆位置的高度，即 A 相对于中桩地面的高差。同法可测得 A 至 B、B 至 C…的距离和高差，直至所需要的宽度为止。中桩一侧测定后再测另一侧。每测量一次，向记录者或绘图者报一次测量的数据，同时，记录者或绘图者应回报一次测量数据，以免出现差错。

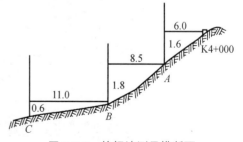

图 3-5-8　抬杆法测量横断面

记录表格如表3-5-3，表中按路线前进方向分左侧、右侧，从下向上依次记录。分数的分子表示测段两端的高差，分母表示其水平距离。高差为"正"表示上坡，为"负"表示下坡。

表 3-5-3　横断面测量记录手簿

	高差/距离		左侧	中桩高程	右侧			高差/距离	
…	…	…	…	…	…		…	…	…
同坡	$\dfrac{-0.6}{11.0}$	$\dfrac{-1.8}{8.5}$	$\dfrac{-1.6}{6.0}$	$\dfrac{K4+000}{98.39}$	$\dfrac{+1.5}{4.6}$	$\dfrac{+0.9}{4.4}$	$\dfrac{+1.6}{7.0}$	$\dfrac{0.6}{10.0}$	同坡
同坡	$\dfrac{-1.2}{7.8}$	$\dfrac{-1.2}{4.2}$	$\dfrac{-0.8}{6.8}$	$\dfrac{K4+980}{96.80}$	$\dfrac{+0.7}{7.2}$	$\dfrac{+1.2}{5.4}$	$\dfrac{+0.8}{7.3}$	$\dfrac{+0.9}{6.5}$	同坡
…	…	…	…	…	…		…	…	…

2）水准仪法

在平坦地区可使用水准仪测量横断面。施测时选一适当位置安置水准仪，后视中桩水准尺读数，求得视线高程后，前视横断面方向上各变坡点上水准尺得各前视读数，视线高程分别减去各前视读数即得各变坡点高程。用皮尺分别量取各变坡点至中桩得水平距离。根据变坡点的高程和至中桩的距离即可点绘出横断面图。

3）精细数字地面模型法

利用全站仪或RTK测量的高程点对存在系统误差的激光点云进行批量改正和对植被密集区域激光点云进行高程改正，并补充测量地形特征线和断裂线，再将经过高程改正的激光点云、地面测量的高程点、地形特征线和断裂线构建路线精细数字地面模型和制作数字栅格图，将路线精细数字地面模型、制作数字栅格图、地面调绘和调查数据、细部测量成果等多源数据进行有机融合，形成道路设计地理信息系统，在 AutoCAD 中实现三维可视化设计环境（图 3-5-9），为公路精细化设计提供优秀的测量基础数据平台。在道路设计地理信息系统里，可基于精细数字地面模型获取设计需要的纵、横断面数据，这是当前较先进的断面测量方法。

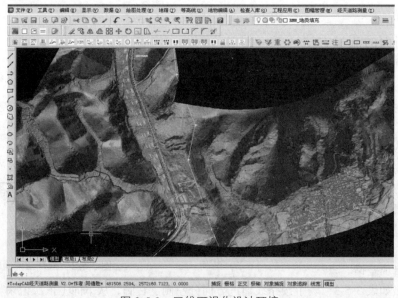

图 3-5-9　三维可视化设计环境

3. 横断面图的绘制

横断面图的绘制一般采用现场边测边绘的方法，以便现场核对所绘的横断面图。也可以采用现场记录，回到室内绘图。为计算面积的需要，横断面的水平距离比例尺应与高差比例尺相同。横断面图绘在厘米纸上，绘图时，先标出中桩位置，然后分左、右两侧，按相应点的水平距离和高差展出地面点的位置，用直线连接相邻点即得横断面地面线。如图 3-5-10 所示，横断面图上应适当地标出地物和对简单地质的描述。

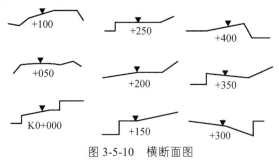

图 3-5-10　横断面图

注意事项：

① 凡在横断面上的地物都应在图上和记录中标注清楚，如房屋、水田、沟渠等。

② 沿河横断面应在图上标注洪水位，常水位和水深。

③ 选择的测点应能反映地质变化分界点，如土砂分界、土质变化位置等都应作为测点在图上加以注明。

④ 当相邻的两个中桩地形变化相差不大，地质情况也相似时，可先测一个横断面，省略不测的，应注明和某桩号是同断面。

任务 3.6　土石方量计算

3.6.1　横断面面积计算

路基填挖断面面积是指横断面图中原地面线与路基设计线所包围的面积，高于地面线部分面积为填方面积，低于原地面线部分面积为挖方面积，填、挖方面积分开计算，常用的计算方法有积距法（亦称平行线法，见图 3-6-1）和坐标法（亦称解析法，见图 3-6-2）等。

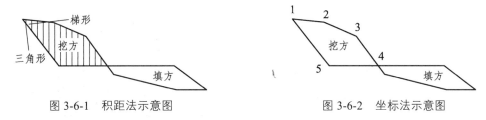

图 3-6-1　积距法示意图　　　　　图 3-6-2　坐标法示意图

计算机成图软件（如广州南方测绘科技股份有限公司研制的 CASS 系统等）几乎都具有计算面积、体积的功能，利用其可以直接求出断面的面积或路线的挖填土方量，其优点是速度快、精度高。

3.6.2　土石方数量计算

如图 3-6-3 所示，假设相邻两断面的挖方（或填方）面积分别为 A_1、A_2，两个断面（中桩）的间距为 D，土石方量计算公式如下：

$$V = 1/2 \times （A_1 + A_2） \times D \tag{3-6-1}$$

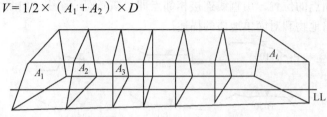

图 3-6-3　平均断面法计算土方量图

具体计算土石方量时，可按以下步骤进行：

（1）确定断面的挖填范围

确定挖填范围的方法是在各实测横断面图上套绘出设计的道路标高或填高。在实测横断面图上，以与其相同的比例尺标出道路中心点的设计位置，再根据道路宽度、边坡坡度等尺寸画出设计的道路横断面，道路的设计断面线与原地面线所围成的范围即为断面的挖填范围。为了简便、快速地进行套绘，在实际操作时，可将设计的标准横断面按与实测断面图相同的比例尺制作成一块模板或绘制在透明纸上，然后在实测横断面图的挖深或填高位置上安置模板，套绘出标准横断面，这一工作俗称"戴帽子"。

（2）计算断面的挖填面积

利用计算机成图软件的计算面积、体积功能，直接求出断面的面积或渠道的挖填土石方量，其优点是速度快、精度高。

（3）计算土石方量

土石方计算采用"道路土石方量计算表"（见表 3-6-1），需要逐项填写和计算。表中各中桩的挖填数据从纵断面图上查取，各断面的挖填面积从横断面图上量算，然后根据式（3-6-1）求得相邻中桩之间的土石方量。

表 3-6-1　道路土石方量计算表

计算：　　　　　　　　　检查：　　　　　　　　年　　月　　日

桩号	中桩		断面面积/m²		平均面积/m²		两桩间距/m	土石方量/m³		备注
	挖深/m	填高/m	挖	填	挖	填		挖方	填方	
合　计										

如果相邻两断面既有挖方又有填方，应分别计算挖方量和填方量。

如果相邻两横断面的中桩，一个为挖深，另一个为填高，则中间必有一个不挖不填的"零点"，即纵断面图上地面线与路基设计线的交点，可以从图上量取，也可依比例关系求得。由于"零点"是路基中心线上不挖不填的点，而该点处横断面的挖方面积和填方面积不一定都为零，因此，必须到实地补测该点处的横断面图，以"零点"为界将中桩间的土石方量分成两段计算，以提高土石方量计算的准确度。

最后，对计算出的所有相邻两断面间的土石方量进行求和，即得出整段道路的土石方总挖方量和填方量。

任务 3.7 道路施工测量

3.7.1 恢复中线测量

道路勘测完成到开始施工这一段时间内，有部分中线桩可能被碰动或丢失，因此施工前应进行恢复中线测量，即将设计文件所确定的道路中线具体落实到地面上，对于一些丢失的中桩，在施工前根据设计文件进行恢复工作，并对原来的中线进行复核，以保证路线中线位置准确可靠。

恢复中线所采用的测量方法与路线中线的测量方法基本相同。按照定测资料配合仪器先在现场寻找，若直线段上转点丢失或移位，可在交点桩上用经纬仪按原偏角法进行补桩或校正；若交点桩丢失或移位，可根据相邻直线校正的两个以上转点放线，重新交出交点位置，并将碰动和丢失的交点桩和中线桩校正和恢复好。在恢复中线时，应将道路附属物，如涵洞、检查井和挡土墙等的位置一并定出。对于部分改线地段，应重新定线，并测绘相应的纵断面图。

3.7.2 施工控制桩的测设

由于中线桩在路基施工中都要被挖掉或堆埋，为了在施工中控制中线位置，应在不受施工干扰、易于桩位保存又便于施工引用桩位的地方测设施工控制桩。测设施工控制桩的方法主要有平行线法和延长线法两种，两种方法可相互配合使用。

1. 平行线法

如图 3-7-1 所示，平行线法是在路基以外测设两排平行于中线的施工控制桩。为了施工方便，控制桩的间距一般取 10～20 m。此法多用于直线段较长、地势较平坦的路段。

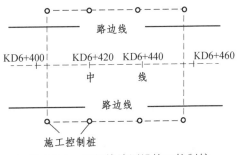

图 3-7-1 平行线法测设施工控制桩

2. 延长线法

如图 3-7-2 所示，延长线法是在道路转折处的中线延长线上以及曲线中点至交点的延长线上测设施工控制桩。每条延长线上应设置两个以上的控制桩，量出其间距及与交点的距离，做好记录，据此恢复中线交点。延长法适用于直线段较短、地势起伏较大的山区路段，主要是为了控制交点（JD）的位置，需要量出控制桩到交点的距离。

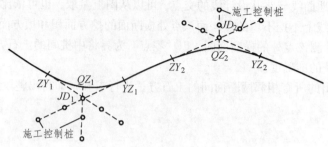

图 3-7-2　延长线法测设施工控制桩

3.7.3　路基边桩的测设

路基施工前，在地面上先把路基轮廓表示出来，即在地面上将每一个断面的路基边坡与原地面的交点用木桩标（称为边桩）定出来，以便路基的开挖与填筑。

每个断面上在中桩的左、右两边各测一个边桩，边桩距中桩的水平距离取决于设计路基宽度、边坡坡度、填土高度或挖土深度以及横面的地形情况。常用的方法如下：

1. 图解法（利用横断面放样边桩）

图 3-7-3 所示为设计好的横断面图。在图上量出坡脚点或坡顶点与中桩的水平距离，然后到实地，以中桩为起点，用皮尺沿横断面方向往两边把水平距离在实地上丈量出来，便可在地面上钉出边桩的位置。

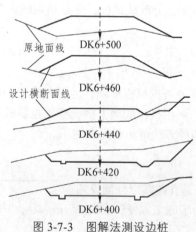

图 3-7-3　图解法测设边桩

2. 解析法

解析法是根据路基填挖高度、路基宽度、边坡坡度和横断面地形情况，先计算出路基中桩至边桩的水平距离，然后在实地以中桩为起点，沿横断面方向往两边把水平距离在实地上丈量出来，便可在地面上确定边桩的位置。距离的计算方法在地面平坦地段和地面倾斜地段各不相同，下面分别介绍。

1）平坦地面

如图 3-7-4 所示，在平坦地面上，拟放样路堤两边坡桩 E、F，B 为路基宽度，h 为填土高度，S 为路堑边沟的顶宽，$1:m$ 为边坡坡度，则中桩到边坡桩的平距计算公式为：

路堤
$$L_{左} = L_{右} = \frac{B}{2} + m \cdot h \tag{3-7-1}$$

路堑
$$L_{左} = L_{右} = \frac{B}{2} + s + m \cdot h \tag{3-7-2}$$

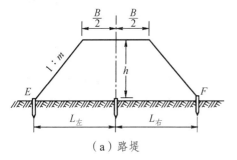 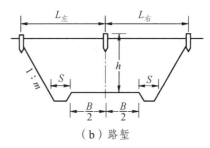

（a）路堤　　　　　　　　　　　（b）路堑

图 3-7-4　地面平坦时边坡桩的测设

2）倾斜地面

在倾斜地面，边坡至中桩的平距随着地面坡度的变化而变化。如图 3-7-5（a）所示，路堤边脚至中桩的距离 $L_{左}$、$L_{右}$ 分别为：

$$\begin{cases} L_{左} = \dfrac{B}{2} + m \cdot (h + h_{左}) \\ L_{右} = \dfrac{B}{2} + m \cdot (h - h_{右}) \end{cases} \tag{3-7-3}$$

如图 3-7-5（b）所示，路堑坡顶桩至中桩的距离 $L_{左}$、$L_{右}$ 分别为：

$$\begin{cases} L_{左} = \dfrac{B}{2} + m \cdot (h - h_{左}) \\ L_{右} = \dfrac{B}{2} + m \cdot (h + h_{右}) \end{cases} \tag{3-7-4}$$

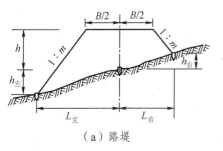 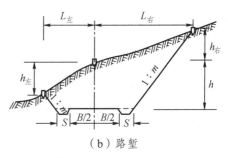

（a）路堤　　　　　　　　　　　（b）路堑

图 3-7-5　倾斜地面路基边桩的测设

式（3-7-3）、（3-7-4）中 B、m、h、S 都是已知的，由于边坡未定，$h_{左}$、$h_{右}$ 未知。在实际工作中先定出断面方向后采用逐点趋近法测设边桩。

逐点趋近测设边桩位置的一般步骤是：首先，根据地面实际情况，参照路基横断面估计边坡位置；然后，测出估计位置与中桩地面的高差，按其高差可以算出与其对应的边坡位置。如果计算值与估计值相符，即为边坡位置；否则，再按实际资料进行估计，重复上述工作，逐点趋近，直至计算值与估算值相符或十分接近位置。

3.7.4　路基边坡的测设

有了边桩还不足以指导施工，为使填挖的边坡坡度得到控制，还需要进行路基边坡放样工作。具体方法如下：

（1）按照边坡坡度做好边坡样板；

（2）施工时可比照样板进行放样。

如图 3-7-6（a）所示，借助事先做好的坡脚尺，一边夯填土，一边用坡脚尺丈量边坡。如图 3-7-6（b）所示，开挖路堑时，在坡顶外侧即开口桩处立固定边坡架。精度要求不高时，也可用麻绳竹竿放边坡。

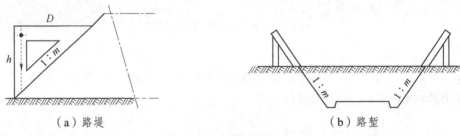

（a）路堤　　　　　　　　　　　（b）路堑

图 3-7-6　路基边坡放样

3.7.5　路面的放样

路基施工之后进行路面施工时，先要在恢复路线的中线上打上里程桩，沿中线进行水准测量，必要时还需测部分路基横断面，然后在中线上每隔 10 m 设立高程桩两个，使其桩顶为所建成的路表面高程，如图 3-7-7 所示，高程桩与路槽边桩为路中心处的两个桩。在垂直于中线方向处向两侧量出一半的路槽，打上两个桩，使其桩顶高程符合路槽的横向坡度。

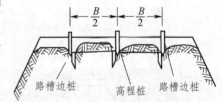

图 3-7-7　路面放样

3.7.6　道路的竣工测量

道路在竣工验收时的测量工作称作竣工测量。在施工过程中，由于修改设计变更了原来设计中线的位置或者是增加了新的建（构）筑物，如涵洞、人行通道等，使建（构）筑物的竣工位置往往与原设计位置不完全一致。为了给道路运营投产后改建、扩建和管理养护提供可靠的资料和图纸，应测道路竣工总图。

竣工测量的内容与线路测设基本相同，包括中线测量、纵横断面测量和竣工总图的编绘。

1. 中线竣工测量

中线竣工测量一般分两步进行。第一步，收集该线路设计的原始资料、文件及修改设计资料和文件；第二步，根据现有资料情况分两种情况进行测量，当线路中线设计资料齐全时，可按原始设计资料进行中桩测设，检查各中桩是否与竣工后线路中线位置相吻合。当设计资料缺乏或不全时，则采用曲线拟合法，即先把已修好的道路进行分中，将中线位置实测下来并以此拟合平曲线的设计参数。

2. 纵横断面测量

纵横断面测量是在中桩竣工测量完成后，以中桩为基础，将道路纵横断面情况实测下来，看是否符合设计要求。其测量方法同前。

注意：上述中桩和纵、横断面测量工作，均应在已知施工控制点的基础上进行，如已有的施工控制点已被破坏，应先恢复道路控制系统。

在实测工作中对已有资料（包括施工图等）要进行详细实地检查、核对，其检查结果应满足国家有关规程。当竣工测量的误差符合要求时，应对曲线的交点桩、长直线的转点桩等道路控制桩或坐标法施工时的导线点埋设永久桩，并将高程控制点移至永久性建筑物上或牢固的桩上，然后重新编制坐标、高程一览表和平曲线要素表。

3. 竣工总图的编制

对于已确实证明按设计图施工、没有变动的工程，可以按原设计图上的位置及数据绘制竣工总图，各种数据的注记均利用原图资料。对于施工中有变动的工程，按实测资料绘制竣工总图。

不论利用原图绘制还是实测竣工总图，其图式符号、各种注记、线条等格式都应与设计图完全一样，对于原设计图没有的图式，可以按照《1:500 1:1 000 1:2 000 地形图图式》设计图例。

编制竣工总图时，若竣工测量所得出的实测数据与相应的设计数据之差在施工测量的允许误差内，则应按设计数据编绘竣工总图，否则按竣工测量数据编绘。

任务 3.8 桥梁施工测量

3.8.1 桥梁施工控制网

1. 桥梁施工平面控制网的建立

1）桥梁施工控制网的要求

桥梁施工平面控制网的作用主要用于放样桥墩桥台的位置和跨越结构的各个部分，因此，必须结合桥梁的桥长、桥型、跨度，以及工程的结构、形状和施工精度要求布设合理的施工控制网。在建立控制网时，既要考虑控制网本身的精度（即图形强度），又要考虑以后施工的需要，所以在布网之前应对桥梁的设计方案、施工方法、施工机具及场地布置、桥址地形及周边的环境条件、精度要求等方面进行研究，然后在桥址地形图上拟定布网方案，再现场选定点位。点位应选在施工范围以外且不能位于易淹没或土质较松的地区。控制网应力求满足下列要求：

（1）图形应具有足够的强度，使测得的桥轴线长度的精度能满足施工要求，并能利用这些控制点以足够的精度放样桥墩桥台。当主网的控制点数量不能满足施工需要时，能方便地增设插点。在满足精度和施工要求的前提下，图形应力求简单。

（2）为使控制网与桥轴线连接起来，在河流两岸的桥轴线上应各设一个控制点，控制点距桥台的设计位置也不应太远，以保证桥台的放样精度。放样桥墩时，仪器可安置在桥轴线上的控制点上进行交会，以减少横向误差。

（3）控制网的边长一般在 0.5 ~ 1.5 倍河宽的范围内变动。当选择三角网作为控制网时，由于边长较短，可直接丈量控制网的一条边作为基线。基线长度不宜小于桥轴线长度的 0.7 倍，一般应在两岸各设一条，以提高网的精度及增加检核条件。

（4）控制点均应选在地势较高、土质坚实稳定、便于长期保存的地方。而且控制点的通视条件要好。要避免旁折光和地面折光的影响，要尽量避免造标。

桥梁平面控制网布网时除了考虑有利的网形以及一般工程控制网的基本要求，还需要注意以下几点：

① 根据桥轴线的不同精度要求，确定控制网的测边、测角精度，并进而确定选用合适精度的测量仪器、测回数等。

② 对于桥梁三角网而言，为了保证桥轴线有足够的精度，应该使基线的精度比轴线精度高出 2 ~ 3 倍。对于边角网和测边网而言，由于测定的边长不受精度影响而产生误差积累，测边的精度不像基线要求那么高，只要与桥轴线的精度相当即可。

③ 布网时应对桥轴线精度、墩台测设、图形强度、点位保存、施工方便等因素进行综合分析考虑。

2）桥梁施工平面控制网的基本形式

标梁三角网的基本图形为大地四边形和三角形，并以控制跨越河流的正桥部分为主。图 3-8-1 所示为桥梁三角网的常见图形，其中图形（a）适用于长度较短的桥梁，（b）、（c）两种图形的控制点数多、图形坚强、精度高，适用于大型、特大型桥梁。特大桥通常有较长的引桥，一般是将桥梁施工平面控制网再向两侧延伸，增加几个点构成多个大地四边形网，或者从桥轴线点引测敷设一条光电测距精密导线，导线宜采用闭合环。

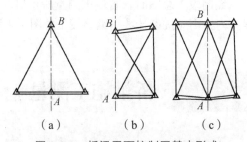

图 3-8-1　桥梁平面控制网基本形式

随着测量仪器的更新，测量方法的改进，特别是高精度全站仪以及 GNSS 测量设备的普及，给桥梁平面控制网的布设带来了很大的灵活性。对于大型和特大型的桥梁施工平面控制网，目前已广泛采用边角网或 GNSS 网形式。桥梁边角网中，不一定观测所有的角度（或方向）和边长，可以在测角网的基础上按需要加测若干条边长，或者在测边网的基础上加测若干个角度，使其充分发挥测角有利于控制方向误差（即铺向误差）、测边有利于控制尺度误差（即纵向误差）的优点。利用 GNSS 静态相对定位按大建立标梁施工平面控制网时，应与国家控制网进行有效联测，并充分考虑投影面、投影带带来的边长投影误差以及坐标系转换带来的误差。对于一些中小型桥梁，也可以采用 GNSS 静态测量技术建立首级平面控制网，再利用全站仪进行加密、根据施工放样的需要，加密的控制点可以选择在地面上，也可以设置在已经建好的桥墩桥台上。

3）平面控制网的坐标系统的选择

（1）国家坐标系

桥梁建设中都要考虑与周边道路的衔接，因此，平面控制网应首先考虑选用国家统一坐标系，但在大型和特大型桥梁建设中，选用国家统一坐标系时应具备的条件是：桥轴线位于国家 3°带高斯正形投影平面直角坐标系的中央子午线附近，并且桥址平均高程面应接近于国家参考椭球面或平均海水面。

（2）抵偿坐标系

当桥址区的平均高程过大或其桥轴线平面位置离开统一的 3°带中央子午线东西方向的距离（即横坐标）过大时，其长度投影变形值将会超过控制网变形精度的允许值。此时，对于大型或特大型桥梁施工来说，仍采用国家统一坐标系就不适宜了。通常的做法是人为地改变归化高程，使距离的高程归化值与高斯投影的长度改化值相抵偿，但不改变以统一的 3°带中央子午线进行高斯投影计算。所以，在大型或特大型桥梁施工中，当不具备使用国家统一坐标系时，通常采用抵偿坐标系。

（3）桥轴坐标系

在特大型桥梁的主桥施工中，尤其是桥面钢构件的施工，定位精度要求很高，一般小于 5 mm，此时选用国家统一坐标系和抵偿坐标系都不适宜，通常选用桥轴线坐标系，以桥轴线为 x 轴，其高程归化投影面为桥面高程面。

4）平面控制网的复测

桥梁施工工期一般都较长，限于桥址地区的条件，大多数控制点（包括首级网点和加密点）多位于江河堤岸附近，其地基基础并不十分稳定，随着时间的变化，点位有可能发生变化。此外，桥墩钻孔桩施工、降水等也会引起控制点下沉和位移。因此，在施工期间，无论是首级网点还是加密点，必须进行定期复测，以确定控制点的稳定状态。控制网可以采用定周期复测的办法，如每半年复测一次，也可根据工程施工进度、工期等情况确定。

复测精度不应低于原测精度。由于加密点是施工的常用控制点，在复测时通常将加密点纳入首级控制网中观测，整体平差，以提高加密点的精度。

2．桥梁施工高程控制网的建立

桥梁高程控制网的作用有两个：

（1）统一本桥高程基准面；

（2）满足施工中高程放样和监测桥梁墩台垂直变形的需要。建立高程控制网的常用方法是水准测量和三角高程测量，桥梁施工的高程控制点即水准点，每岸至少埋设三个，并与国家水准点联测。水准点应采用永久性的固定标石，也可利用平面控制点的标石。同岸的三个水准点，两个应埋设在施工范围以外，以免受到破坏，另一个应埋设在施工区内，以便直接将高程传递到所需要的地方。同时还应在每一个桥台、桥墩附近设立一个临时施工水准点，施工水准点可布设成附和水准路线。各高程控制点之间应采用水准测量的方法进行联测，水准基点之间应采用一等或二等水准测量，施工水准点与水准基点之间可采用三、四等水准测量联测。施工高程控制点在精度要求低于三等时，也可用三角高程方法建立。对施工水准点要加强检查复核。

桥梁的水准点与线路水准点应采用同一高程系统。与线路水准点联测的精度不需要很高，当包括引桥在内的桥长小于 500 m 时，可用四等水准测量进行联测，大于 500 m 时可用三等水准测量进行联测。

在桥梁施工阶段，为了作为放样的高程依据，应在河流两岸建立若干个水准基点，水准基点布设的数量视河宽及桥的大小而异。一般小桥可只布设一个；在 200 m 以内的大、中桥，宜在两岸各设一个；当桥宽超过 200 m 时，由于两岸联测不便，为了在高程变化时易于检查，则每岸至少设置两个。

当跨河距离大于 200 m 时，宜采用跨河水准法联测两岸的水准点。跨河点间的距离小于 800 m 时，可采用三等水准，大于 800 m 时则采用二等水准进行测量。

跨河水准测量应尽量选在桥位附近的河宽较窄处，最好选用两台同精度的水准仪同时进行对象观测。两岸测站点和立尺点可布设成如图 3-8-2 所示的对称图形。图中 I_1、I_2 为测站点，A、B 为立尺点，要求 AI_1 与 BI_2 及 I_2A 与 I_1B 尽量相等，并使 AI_1 与 BI_2 均大于等于 10 m，且彼此相等。当用两台水准仪同时观测时，I_1 站上先测量本岸近尺读数 a_1，然后测对岸远尺 B 读数 2～4 次，取平均数得 b_1，其高差为 $h_1 = a_1 - b_1$。在 I_2 站上按照同样的方法测得高差 h_2，最后取 h_1 和 h_2 的平均值。

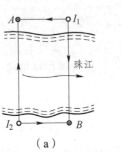

图 3-8-2　跨河水准测量示意图

跨河水准测量的观测时间应选在无风、气温变化小的阴天进行观测；晴天观测时，应在日出后的早晨或下午日落前进行观测，观测时仪器应用白色测伞遮蔽阳光，水准尺要用支架固定竖直稳固。

当河面较宽，水准尺读数有困难时，可在水准尺上装一个如图 3-8-3 所示的觇牌。持尺者根据观测者的指挥上下移动觇牌，直至望远镜十字丝的横丝对准觇牌上红白相交处为止，然后由持尺者记下觇牌折的读数。在跨越水区较宽，难以用跨水准传递高程时，可使用 GNSS 技术，结合重力大地测量进行高程传递。

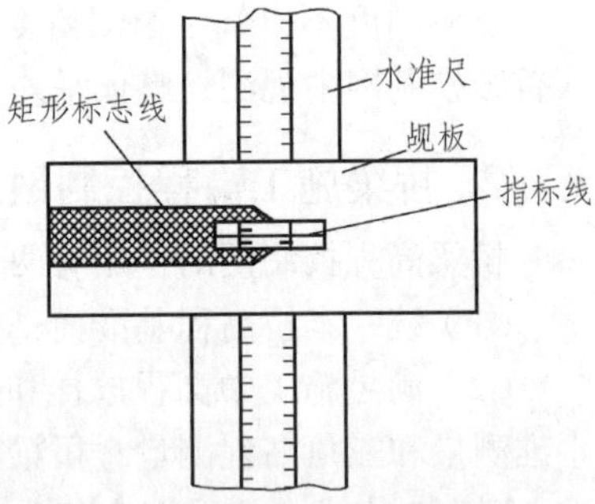

3.8.2 桥梁墩台的施工测量

图 3-8-3　特制照准觇牌

准确测出桥梁墩台的中心位置和它的纵、横轴线，是桥梁施工阶段最主要的工作之一，这个工作称为墩台定位和轴线测设。

对于直线桥梁，只要根据墩台中心的桩号和岸上桥轴线控制桩的桩号求出其距离就可定出墩中心的位置。对于曲线桥梁，由于墩台中心不在线路中线上，首先需要计算墩台中心坐标，然后再进行墩台中心位置数据和轴线的测设。测设方法则视河宽、水深及墩位的情况而定，如水中桥墩基础定位时，由于定位目标处于不稳定状态，无法使水中测量设备稳定，一般采用角度交会法；如果墩位在干枯或者浅水河床上，可采用直接定位法；当在已经稳固的墩台上进行基础定位时，可以采用光电测距法、方向交会法、距离交会法、极坐标法等。

1. 直线桥的墩台定位测量

直线桥的墩台中心位置都位于桥轴线的方向上。墩台中心的设计里程及桥轴线起点的里程是已知的，如图3-8-4所示，相邻两点的里程相减即可求得它们之间的距离。根据地形条件，可采用直接测距法、交会法或GNSS测量方法测设出墩台中心的位置。

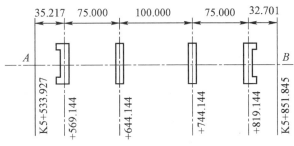

图3-8-4　直线桥梁的墩台布置图

1）直接测距法

直接测距法适用于无水或浅水河道。根据计算出的距离，从桥轴线的一个端点开始，用检定过的钢尺逐段测设出墩台中心，并附合于桥轴线的另一个端点上。若在限差范围之内，则依据各段距离的长短按比例调整已测设出的距离。在调整好的位置上钉一个小钉，即为测设的点位。

若用全站仪测设，则在桥轴线起点或终点架设仪器，并照准另一个端点。在桥轴线方向上设置反光镜，并前后移动，直至测出的距离与设计距离相符，则该点即为要测设的墩台中心位置。为了减少移动反光镜的次数，在测出的距离与设计距离相差不多时，可用小钢尺测出其差值，定出墩台中心的位置。

2）交会法

当桥墩在水中无法直接丈量距离或者反置反光镜时，可采用交会法。如图3-8-5所示，C、A、D为控制网的三角点，且A为桥轴线的端点，E为墩中心设计位置。C、A、D三个控制点的坐标已知，若墩心E的坐标与之不在同一坐标系，可将其换算至统一的坐标系中。利用坐标反算公式即可推导出交会角α、β。

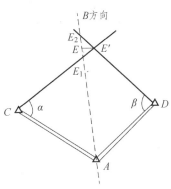

图3-8-5　角度交会法

在C、D点上架设经纬仪，分别自CA、DA测设出交会角α及β，则两方向的交点即为墩心E点的位置。为了检核精度及避免错误，通常还利用桥轴线AB的方向，从三个方向交会出E点。由于测量误差的影响，三个方向有可能不交于一点，而形成如图3-8-5所示的三角形，这个三角形称为示误三角形。示误三角形的最大边长在建筑墩台下部时应不大于25 mm，在上部时不应大于15 mm。如果在限差范围内，则将交会点E'投影移至桥轴线上，作为墩中心E的点位。

随着工程的进展，需要经常进行交会定位。为了工作方便，提高效率，通常都是在交会方向的延长线上设置标志，如图3-8-6所示。在以后用交会法时，不再测设角度，而是直接瞄准该标志即可。

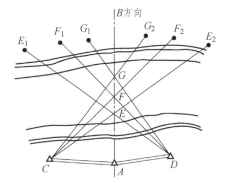

图3-8-6　在交会方向的延长线上设置标志

当桥墩筑出水面以后，即可在墩上架设反光镜，利用全站仪直接测距定出墩台中心的位置。

2. 曲线桥的墩台定位测量

在直线桥上，桥梁和线路的中线都是直的，两者完全重合。但在曲线桥上则不然，曲线桥的中线是曲线，而每跨桥梁却是直的，所以桥梁中线与线路中线基本构成了符合的折线，这种折线称为桥梁工作线，如图 3-8-7 所示。墩台中心即位于折线的交点上，曲线桥的墩台中心测设，就是测设桥梁工作线的交点。设计桥梁时，为使车辆运行时梁的两侧受力均匀，桥梁工作线应尽量接近线路中线，所以梁的布置应使工作线的转折点向线路中线外侧移动一段距离 E，这段距离称为"桥墩偏距"。由于相邻两跨梁的偏角很小，认为 E 就是线路中线与桥墩纵轴线的交点 A 至桥墩中心 A' 的距离，如图 3-8-8 所示。所谓墩台的纵轴线，是指垂直于线路方向的轴线，而横轴线是指平行于线路方向的轴线。偏距 E 一般是以梁长为弦线的中矢值的一半，这种布梁方法称为平分中矢布置。如果偏距 E 等于中矢值，称为切线布置。两种布置如图 3-8-9 所示。一般是以梁长为弦线的中矢值相邻梁跨工作线构成的偏角 α 称为桥梁偏角，每段折线的长度 L 称为桥墩中心距。

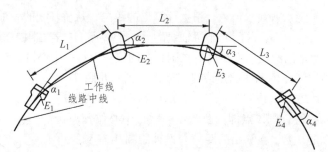

图 3-8-7　曲线桥的线路中心与梁的中心不能完全吻合示意图

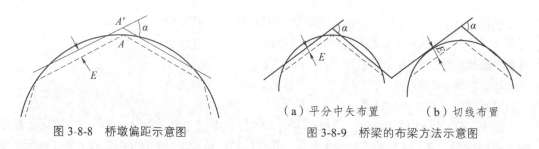

（a）平分中矢布置　　　（b）切线布置

图 3-8-8　桥墩偏距示意图　　　　图 3-8-9　桥梁的布梁方法示意图

在曲线桥上测设墩位与直线桥相同，也要在桥轴线的两端测设出控制点，以作为墩台测设和检核的依据。测设的精度同样要求满足估算出的精度要求。控制点在线路中线上的位置，桥轴线可能一端在直线上，而另一端在曲线上也可能两端都位于曲线上。与直线不同的是曲线上的桥轴线控制桩不能预先设置在线路中线上，再沿曲线测出两控制桩间的长度，而是根据曲线长度，以要求的精度用直角坐标法测设出来。用直角坐标法测设时，是以曲线的切线作为 x 轴。为保证测设桥轴线的精度，则必须以更高的精度测量切线的长度，同时也要精密地测出转向角 α。

E、α、L 在设计图中都已经给出，如图 3-8-10 所示。每个桥墩处注记了偏距 E 和墩台中心的桩号，桩号下面注记了该桥墩偏角 α，两墩间注记了墩中心距长 L，如 7 号桥墩注记了桩号 K9 + 894.39，$E = 8$ cm，$\alpha = 2°08'39''$，7 号到 8 号墩中心距 $L = 32.76$ m。

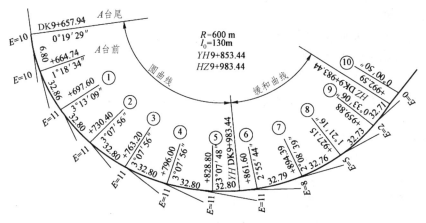

图 3-8-10 设计图中给出的 E、α、L

E、α、L 在设计图中虽然都已经给出，但在测设前仍应重新进行校核计算。

在测出桥轴线的控制点以后，即可据以进行墩台中心的测设。根据条件，也是采用直接测距法或交会法。

1）偏距 E 和偏角 α 的计算

（1）偏距 E 的计算

① 当梁在圆曲线上时：

切线布置：
$$E = \frac{L^2}{8R} \qquad (3-8-1)$$

平分中矢布置：
$$E = \frac{L^2}{16R} \qquad (3-8-2)$$

② 当梁在缓和曲线上时：

切线布置：
$$E = \frac{L^2}{9R} \cdot \frac{l_i}{l_0} \qquad (3-8-3)$$

平分中矢布置：
$$E = \frac{L^2}{16R} \cdot \frac{l_i}{l_0} \qquad (3-8-4)$$

式中　L——墩中心距，m；

　　　R——圆曲线半径，m；

　　　L_i——ZH 或 HZ 至计算点的距离，m；

　　　l_0——缓和曲线全长，m。

其中墩中心距 L 由下式计算：

$$L = l + 2a + B\alpha/2 \qquad (3-8-5)$$

式中　l——梁长，m；

　　　a——规定的直线桥梁缝之半，m；

　　　α——桥梁偏角，以弧度表示；

　　　B——梁的宽度，m。

（2）偏角 α 的计算

梁工作线偏角 α 主要由两部分组成，一是工作线所对应的路线中线的弦线偏角，二是由于墩台 E 值不等而引起的外移偏角。另外，当梁一部分在直线上、一部分在缓和曲线上，或者一部分在圆曲线上、一部分在缓和曲线上时，还需考虑其附加偏角。

计算时，可将弦线偏角、外移偏角和其他附加偏角分别计算，然后取其和。

2）直接测距法

在墩台中心处可以架设仪器时，宜采用直接测距法。由于桥墩台中心距 L 及桥梁偏角 α 是已知的，可以从控制点开始，逐个测设出角度及距离，即直接定出各墩台中心的位置，最后再附合到另外一个控制点上，以检核测设精度。这种方法称为导线法。

利用光电测距仪测设时，为了避免误差的积累，可采用长弦偏角法。

由于控制点及各墩、台中心点在曲线坐标系内的坐标是可以求得的，故可据以算出控制点至墩、台中心的距离及其与切线方向的夹角 δ_i。自切线方向开始测设出 δ_i，再在此方向线上测设出 D_i，如图 3-8-11 所示，即得墩、台中心的位置。此种方法因各点是独立测设的，不受前一点测设误差的影响。但在某一点上发生错误或有粗差也难于发现，所以一定要对各个墩中心距进行检核测量。

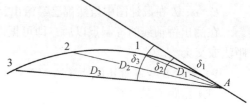

图 3-8-11　直接测距法放样

3）交会法

当墩位于水中，无法架设仪器及反光镜时，宜采用交会法。由于这种方法是利用控制网点交会墩位，所以墩位坐标系与控制网的坐标系必须一致，才能进行交会数据的计算。如果两者不一致时，则须先进行坐标转换。控制点及墩位的坐标是已知的，计算坐标方位角的方法和交会法放样的步骤同交会法。

4）GNSS—RTK 测量技术法

利用 GNSS—RTK 测量技术建立基准站，用 GNSS—RTK 流动站直接测定桥墩的中心点位，以指导施工，并可实时地检测中心点位的正确性，该方法既省时，又便捷。

3.8.3　桥梁墩台轴线测设

为了进行墩、台施工的细部放样，需要测设其纵、横轴线。所谓墩台的纵轴线，是指垂直于线路方向的轴线，而横轴线是指平行于线路方向的轴线。

直线桥墩、台的横轴线与桥轴线相重合，且各墩、台一致，因而就利用桥轴线两端的控制桩来标志横轴线的方向，一般不另行测设。

桥墩台的纵轴线与横轴线垂直，在测设纵轴线时，在墩、台中心点上安置经纬仪，以桥轴线方向为准测设 90°角，即为纵轴线方向，如图 3-6-12 所示。

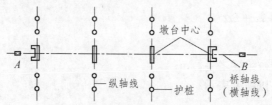

图 3-8-12　直线桥的墩台轴线位置

曲线桥的墩、台轴线位于桥梁偏角的分角线上，在墩、台中心架设仪器，照准相邻的墩、台中心，测设 $\alpha/2$ 角，即为横轴线的方向。自横轴线方向测设90°角，即为纵轴线方向，如图3-8-13所示。

在施工过程中，墩台中心的定位桩要被挖掉，但随着工程的进展，又要经常需要恢复墩台中心的位置，因而要在施工范围以外钉设护桩，据以恢复墩台中心的位置。

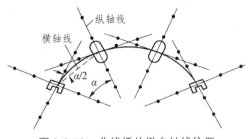

图 3-8-13　曲线桥的墩台轴线位置

所谓护桩即在墩台的纵、横轴线上，于两侧各钉设至少两个木桩，因为有两个桩点才可恢复轴线的方向。为防破坏，可以多设几个。在曲线桥上的护桩纵横交错在使用时极易弄错所以在桩上一定要注明墩台编号。

3.8.4　桥梁施工测量与竣工测量

随着施工的进展，随时都要进行放样工作，但桥梁的结构及施工方法千差万别，所以测量的方法及内容也各不相同。总的来说，主要包括基础放样、墩台放样、架梁时的测量工作及竣工测量工作。

1.基础放样

桥墩基础由于自然条件不同，施工方法也不相同，放样方法也各异。

如果是无水或浅水河道，地基情况较好，则采用明挖基础的方法，其放样方法同建筑基础放样。

当表土层厚，明挖基础有困难时，常采用桩基础，如图3-8-14（a）所示。放样时，以墩台轴线为依据，用直角坐标法测设桩位，如图3-8-14（b）所示。

在深水中建造桥墩，多采用管柱基础。所谓管柱基础是用大直径的薄壁钢筋混凝土的管形柱子插入地基，管中灌入混凝土，如图3-8-15所示。

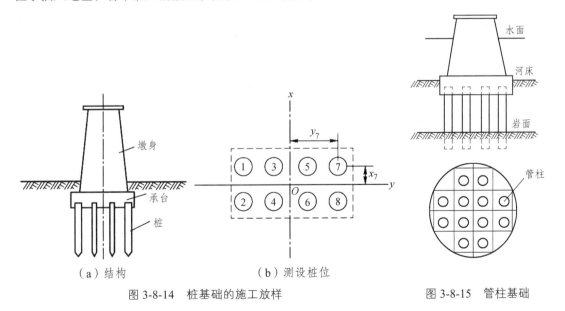

图 3-8-14　桩基础的施工放样　　　　图 3-8-15　管柱基础

在管柱基础施工前，用万能钢杆拼接成鸟笼形的围图，管柱的位置按设计要求在围图中确定。在围图的杆件上做标志，用 GNSS-RTK 测量技术或角度交会法在水上定位，并使围图的纵轴线、横轴线与墩台的轴线重合。

放样时，在围图形成的平台上，用支距法测设各管柱在围图中的位置。随着管柱打入地基，测定其坐标和倾斜度，以便用时改正。

2. 桥墩细部放样

桥墩细部放样的主要依据是桥墩纵轴线、横轴线上的定位桩，逐层投测桥墩中心和轴线，并据此进行立模，浇筑混凝土。

3. 架梁时的测量工作

架梁是建桥的最后一道工序。无论是钢梁还是混凝土梁，都是在工厂按照设计预先制作好的，运到工地现场进行拼接安装即可。梁的两端由位于墩顶的支座支撑，支座放在底板上，而底板则用螺栓固定在墩台的支承垫石上。架梁的测量工作，主要是测设支座底板的位置。测设时，先依据墩台的纵轴线、横轴线，测设出梁支座的纵轴线、横轴线，用墨线弹出，辅助支座安装就位。

支座底板的纵横中心线与墩台纵轴线、横轴线的位置关系是在设计图上给出的，因而在墩台顶部的纵横轴线测设出来以后，即可根据它们的相互关系，用钢尺将支座底板的纵横中心线放样出来。

根据设计的要求，先将一个桁架的钢梁拼装和铆接好，然后根据已放出的墩台轴线关系进行安装，之后再在墩台上安置全站仪，瞄准梁两端已标出的固定点，依次进行检查，不合格者予以改正。

竖直性检查一般用悬吊垂球的方法或用经纬仪进行。

墩台施工中的高程放样，通常都在墩台附近设立一个施工水准点，根据这个水准点以水准测量方法测设各部分的设计高程。但在基础底部及墩台的上部，由于高差过大难以用水准尺直接传递高程时，可用悬挂钢尺的方法传递高程。

4. 竣工测量

桥梁的竣工测量主要根据规范、图纸要求，对已完成的桥梁进行全面的检测，主要检测的测量项目有轴线、高程、宽度等。

思政阅读

现代世界奇迹——港珠澳大桥

港珠澳大桥（Hong Kong-Zhuhai-Macao Bridge）是中国境内一座连接中国香港、广东珠海和中国澳门的桥隧工程，位于中国广东省珠江口伶仃洋海域内，为珠江三角洲地区环线高速公路南环段。因其超大的建筑规模、空前的施工难度以及顶尖的建造技术而闻名世界，是世界上总体跨度最长的跨海大桥。

港珠澳大桥东起香港国际机场附近的香港口岸人工岛，向西横跨南海伶仃洋水域接珠海和澳门人工岛，止于珠海洪湾立交。大桥全长 55 km，其中包含 22.9 km 的桥梁工程和 6.7 km

的海底隧道，隧道由东、西两个人工岛连接；桥墩 224 座，桥塔 7 座；桥梁宽度 33.1 m，沉管隧道长度 5 664 m、宽度 28.5 m、净高 5.1 m；桥面最大纵坡 3%，桥面横坡 2.5% 内、隧道路面横坡 1.5% 内；桥面按双向六车道高速公路标准建设，设计速度 100 km/h，全线桥涵设计汽车荷载等级为公路 Ⅰ 级，桥面总铺装面积 70 万 m^2；通航桥隧满足近期 10 万 t、远期 30 万 t 油轮通行。

港珠澳大桥于 2009 年 12 月 15 日动工建设，2017 年 7 月 7 日实现主体工程全线贯通。2018 年 2 月 6 日完成主体工程验收，同年 10 月 24 日上午 9:00 开通运营。

图 1　港珠澳大桥全景图

一、建筑特点与设计理念

港珠澳大桥主桥为三座大跨度钢结构斜拉桥，每座主桥均有独特的设计理念。其中青州航道桥塔顶结形撑吸收"中国结"文化元素，将最初的直角、直线造型"曲线化"，使桥塔显得纤巧灵动、精致优雅。江海直达船航道桥主塔塔冠造型取自"白海豚"元素，与海豚保护区的海洋文化相结合。九洲航道桥主塔造型取自"风帆"，寓意"扬帆起航"，与江海直达船航道塔身形成序列化造型效果，桥塔整体造型优美、亲和力强，具有强烈的地标韵味。东西人工岛汲取"蚝贝"元素，寓意珠海横琴岛盛产蚝贝。香港口岸的整体设计富于创新，且美观、符合能源效益。旅检大楼采用波浪形的顶篷设计，为了支撑顶篷，旅检大楼的支柱呈树状，下方为圆锥形，上方为枝权状展开。最靠近珠海市的收费站设计成弧形，前面是一个钢柱，后面有几根钢索拉住，就像一个巨大的锚。大桥水上和水下部分的高差近 100 m，既有横向曲线又有纵向高低，整体如一条丝带一样纤细、轻盈，把多个节点串起来，寓意"珠联璧合"。

二、技术难题

港珠澳大桥工程规模大、工期短，技术新、经验少，工序多、专业广，要求高、难点多，为全球已建最长跨海大桥，在道路设计、使用年限以及防撞防震、抗洪抗风等方面均有超高标准。

港珠澳大桥地处外海，气象水文条件复杂，HSE 管理难度大。伶仃洋地处珠江口，平日涌浪暗流及每年的南海台风都极大影响高难度和高精度要求的桥隧施工；海底软基深厚，即工程所处海床面的淤泥质土、粉质黏土深厚，下卧基岩面起伏变化大，基岩深埋基本处于 50～110 m 范围；海水氯盐可腐蚀常规的钢筋混凝土桥结构。

伶仃洋是弱洋流海域，大量的淤泥不仅容易在新建桥墩、人工岛屿或在采用盾构技术开挖隧道过程中堆积并阻塞航道、形成冲积平原，而且会干扰人工填岛以及预制沉管的安置与对接；同时，淤泥为生态环境重要成分，过度开挖可致灾难性破坏；故桥隧工程既要满足低于 10% 阻水率的苛刻要求，又不能过度转移淤泥。

港珠澳大桥穿越自然生态保护区，对中华白海豚等世界濒危海洋哺乳动物存在威胁；同时，大桥两端进入香港、珠海都市，亦可能对城市产生空气或噪声污染。

伶仃洋立体空间区域内包括重要的水运航道和空运航线，伶仃洋航道每天有4000多艘船只穿梭，但毗邻周边机场，通航大桥的规模和施建受到很大限制，部分区域无法修建大桥，只能采用海底隧道方案。此外，粤港澳三地在各自法律法规、技术标准、工程管理、市场环境、责任体系、机制效率等均存在较大差异。

三、核心重点工程——沉管对接

港珠澳大桥沉管隧道及其技术是整个工程的核心，既减少大桥和人工岛的长度，降低建筑阻水率，从而保持航道畅通，又避免与附近航线产生冲突。

沉管技术，即在海床上浅挖出沟槽，然后将预制好的隧道沉放置沟槽，再进行水下对接。沉管隧道安置采用集数字化集成控制、数控拉合、精准声呐测控、遥感压载等为一体的无人对接沉管系统；沉管对接采用多艘大型巨轮、多种技术手段和人工水下作业方式。在水下沉管对接过程期间，设计师们提出"复合地基"方案，即保留碎石垫层设置，并将岛壁下已使用的挤密砂桩方案移植到隧道，形成"复合地基"，避免原基槽基础构造方案可能出现的隧道大面积沉降风险。建设者们在海底铺设了2～3 m的块石并夯平，将原本沉管要穿越不同特性的多种地层可能出现的沉降值控制在10 cm内，避免整条隧道发生不均匀沉降而漏水。

港珠澳大桥沉管隧道采用中国自主研制的半刚性结构沉管隧道，具有低水化热低收缩的沉管施工混凝土配合比，提高了混凝土的抗裂性能，从而使沉管混凝土不出现裂缝，并满足隧道120年内不漏水要求。沉管隧道柔性接头主要由端钢壳、GINA止水带、Ω止水带、连接预应力钢索、剪切键等组成。

沉管隧道安放和对接的精准要求极高，沉降控制范围在10 cm之内，基槽开挖误差范围在0～0.5 m。沉管隧道最终接头是一个巨大的楔形钢筋混凝土结构，重6000 t，为中国首个钢壳与混凝土浇筑、由外墙、中墙、内墙和隔板等组成的"三明治"梯形结构沉管，入水后会受洋流、浮力等影响而变化姿态；为了保证吊装完成后顺利止水，高低差需控制在15 mm内。最终接头安放目标是29 m深的海底、水下隧道E29和E30沉管间最后12 m的位置，由世界上最大的起重船"振华30"进行吊装；吊装所用的4根吊带，每根长120 m，直径40 cm，由14万多根高强纤维丝组成，长度误差控制在5 cm内，全部经过额定荷载检测试验。

图2　港珠澳大桥沉管隧道水下对接

图3　港珠澳大桥沉管安置

四、创造纪录

截至2018年10月，港珠澳大桥是世界上里程最长、寿命最长、钢结构最大、施工难度最大、沉管隧道最长、技术含量最高、科学专利和投资金额最多的跨海大桥；大桥工程的技术及设备规模创造了多项世界纪录。

五、价值意义

作为连接粤港澳三地的跨境大通道，港珠澳大桥将在大湾区建设中发挥重要作用。它被视为粤港澳大湾区互联互通的"脊梁"，可有效打通湾区内部交通网络的"任督二脉"，从而促进人流、物流、资金流、技术流等创新要素的高效流动和配置，推动粤港澳大湾区建设成为更具活力的经济区、宜居宜业宜游的优质生活圈和内地与港澳深度合作的示范区，打造国际高水平湾区和世界级城市群。

港珠澳大桥的建成通车，极大缩短香港、珠海和澳门三地间的时空距离；作为中国从桥梁大国走向桥梁强国的里程碑之作，该桥被业界誉为桥梁界的"珠穆朗玛峰"，被英媒《卫报》称为"现代世界七大奇迹"之一；不仅代表中国桥梁先进水平，更是中国国家综合国力的体现。建设港珠澳大桥是中国中央政府支持香港、澳门和珠三角地区城市快速发展的一项重大举措，是"一国两制"下粤港澳密切合作的重大成果。

（材料来源：https：//baike.sogou.com/v7 462.htm.）

一、选择题

1. 中平测量中，转点的高程等于（　　　）。

　　A. 视线高程 - 前视读数　　　　　　　B. 视线高程 + 后视读数

　　C. 视线高程 + 后视点高程　　　　　　D. 视线高程 - 前视点高程

2. 中线测量中，转点 ZD 的作用是（　　　）。

　　A. 传递高程　　　　　　　　　　　　B. 传递方向

　　C. 传递桩号　　　　　　　　　　　　D. A、B、C 都不是

3. 道路纵断面图的高程比例尺通常比里程比例尺（　　　）。

　　A. 小 1 倍　　　　　B. 小 10 倍　　　　　C. 大 1 倍　　　　　D. 大 10～20 倍

4. 路线中平测量是测定路线（　　　）的高程。

　　A. 水准点　　　　　B. 转点　　　　　C. 交点　　　　　D. 中桩

5. 已知一段曲线线路上缓直（HZ）点的里程为 DK100 + 000.00，缓和曲线部分的长度为 80 m，圆曲线部分的长度为 600 m，则曲中（QZ）点的里程为（　　　）。

　　A. DK100 + 080.00　　　　　　　　B. DK100 + 380.00

　　C. DK99 + 620.00　　　　　　　　　D. DK99 + 480.00

6. 中线测量的基本任务有（　　　）。

　　A. 把设计的导线点、水准点设置在实地

　　B. 测量公路附合导线的起点、终点、转折点

　　C. 把设计的公路中线起点、终点、交点放样到实地中

　　D. 将道路设计中心线测设到实地上，并沿线设置里程桩

7. 道路初测的主要测量工作包括：（　　　）。

　　A. 道路中线测量、基平测量和中平测量

　　B. 带状图测绘、纵断面测量和横断面测量

　　C. 平面控制测量、高程控制测量和带状图测绘

　　D. 平面控制测量、高程控制测量和纵断面测量

8. 公路施工前控制点复测的工作内容不包括（　　　）。

　　A. 导线点复测　　　　　　　　　　　B. 路线控制桩复测

　　C. 中桩的复测　　　　　　　　　　　D. 导线点移位

9. 缓和曲线的要素中待求的要素有（　　　）。

　　A. 切线长、曲线长、外矢距和切曲差

　　B. 缓和曲线长、切线长、曲线长、外矢距和切曲差

　　C. 切线角、切线长、曲线长、外矢距和切曲差

　　D. 半径 R、缓和曲线长、外矢距和切曲差

10. 道路定测的主要工作任务不包括：（　　　）。

　　A. 道路中线测量　　　　　　　　　　B. 沿线布设控制网

　　C. 局部大比例尺地形图测绘　　　　　D. 纵断面测量和横断面测量

11. 某缓和曲线 *HZ* 点里程为 K11 + 253.7，曲线长 311.5 m，桩距离 20 m，则曲线的第一个整桩里程为：（   ）。

        A. K10 + 942.2   B. K10 + 962.2   C. K10 + 960   D. K10 + 940

12. 某竖曲线相邻两纵坡的坡度分别为 3% 和 −2%，则变坡角 α 等于（   ）。

        A. 1%   B. 2%   C. 3%   D. 5%

二、简答题

1. 中线测量的任务是什么？

2. 简述穿线交点法测设交点的步骤。

3. 中线测量的转点和水准测量的转点有何不同？

4. 何谓线路的右角、转折角？它们之间有何关系？

5. 在中线的哪些地方应设置里程桩？

6. 何谓整桩？何谓加桩？各有什么特点？

7. 线路纵断面测量如何进行？

8. 线路横断面测量的步骤是怎样的？

9. 断面测量的记录有何特点？横断面的绘制方法是怎样的？

10. 圆曲线测设元素有哪些？缓和曲线的主点有哪些？什么叫竖曲线？

三、计算题

1. 已知转折角 $\alpha = 26°10'$，圆曲线半径 $R = 60$ m，计算圆曲线的测设元素？

2. 已知某线路 *JD* 的里程为 K2 + 113.28，转角 $\alpha = 26°10'$，半径 $R = 60$ m，计算圆曲线主点的里程。

3. 已知某线路 *JD* 里程为 K1 + 346.73，转角 $\alpha = 29°34'$，半径 $R = 250$ m，计算求圆曲线主点的里程。

4. 已知一圆曲线的设计半径 $R = 800$ m，线路转折角 $\alpha = 10°25'$，交点 *JD* 的里程为 DK11 + 295.78。计算该圆曲线的要素和主点的里程。

5. 已知交点桩号为 K5 + 416.18，测得转角 $\alpha_左 = 17°30'18''$，圆曲线半径 $R = 500$ m，按整 10 m 设桩计算各桩的坐标。

6. 在坡度变化点 K1 + 760 处，设置 R = 4 000 m 的竖曲线，已知：$i_1 = −2.00\%$，$i_2 = +1.00\%$，K1 + 760 处高程为 54.80 m，计算各测设元素、起点、终点的里程及起终点坡道的高程。

    选择题答案：1. A 2. B 3. B 4. D 5. B 6. D 7. C 8. D 9. B 10. B 11. B 12. D

项目 4　　隧道施工测量

项目导学

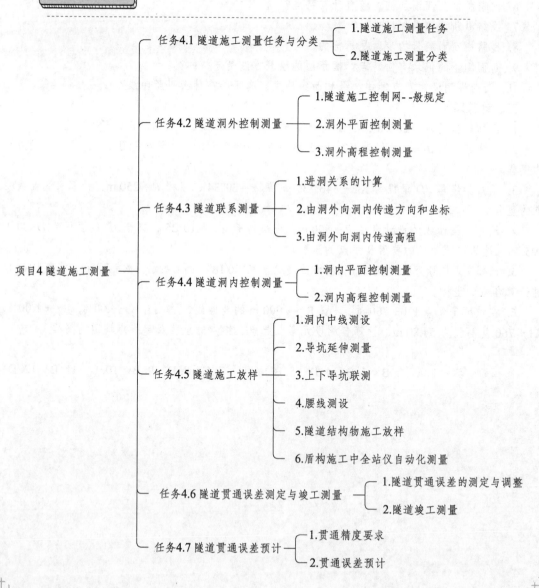

任务4.1 隧道施工测量任务与分类 ┬ 1.隧道施工测量任务
　　　　　　　　　　　　　　　 └ 2.隧道施工测量分类

任务4.2 隧道洞外控制测量 ┬ 1.隧道施工控制网--般规定
　　　　　　　　　　　　 ├ 2.洞外平面控制测量
　　　　　　　　　　　　 └ 3.洞外高程控制测量

任务4.3 隧道联系测量 ┬ 1.进洞关系的计算
　　　　　　　　　　 ├ 2.由洞外向洞内传递方向和坐标
　　　　　　　　　　 └ 3.由洞外向洞内传递高程

项目4 隧道施工测量

任务4.4 隧道洞内控制测量 ┬ 1.洞内平面控制测量
　　　　　　　　　　　　 └ 2.洞内高程控制测量

任务4.5 隧道施工放样 ┬ 1.洞内中线测设
　　　　　　　　　　 ├ 2.导坑延伸测量
　　　　　　　　　　 ├ 3.上下导坑联测
　　　　　　　　　　 ├ 4.腰线测设
　　　　　　　　　　 ├ 5.隧道结构物施工放样
　　　　　　　　　　 └ 6.盾构施工中全站仪自动化测量

任务4.6 隧道贯通误差测定与竣工测量 ┬ 1.隧道贯通误差的测定与调整
　　　　　　　　　　　　　　　　　 └ 2.隧道竣工测量

任务4.7 隧道贯通误差预计 ┬ 1.贯通精度要求
　　　　　　　　　　　　 └ 2.贯通误差预计

知识模块	能力目标	
	专业能力	方法能力
隧道施工测量任务 与分类	（1）能理解隧道施工测量的任务； （2）能理解隧道施工测量按工作顺序的分类	
隧道洞外控制测量	（1）能掌握隧道施工控制网的一般规定； （2）能掌握中线法、精密导线法、三角网测量、GNSS 测量等方法进行洞外平面控制测量； （3）能掌握水准测量进行洞外高程控制测量	
隧道联系测量	（1）能掌握进洞关系的计算； （2）能完成导线联系测量； （3）能完成单井、双井等竖井联系测量； （4）能完成洞外向洞内高程的传递； （5）能掌握陀螺全站仪的定向原理	（1）独立学习、思考能力； （2）独立决策、创新能力； （3）获取新知识和技能的能力； （4）人际交往、公共关系处理能力； （5）工作组织、团队合作能力
隧道洞内控制测量	（1）能完成中线形式进行洞内平面控制测量； （2）能完成导线形式进行洞内平面控制测量； （3）能完成水准测量进行洞内高程控制测量	
隧道施工放样	（1）能完成洞内中线测设； （2）能完成导坑延伸测量； （3）能完成上下导坑联测； （4）能完成隧道腰线测设； （5）能完成隧道洞门施工测量； （6）能完成隧道断面测量； （7）能完成隧道结构物施工测量； （8）能掌握盾构施工中全站仪自动化测量原理	
隧道贯通误差测定 与竣工测量	（1）能完成中线法贯通误差的测定； （2）能完成坐标法贯通误差的测定； （3）能完成水准测量进行高程贯通误差的测定； （4）能完成隧道竣工测量	
隧道贯通误差预计	（1）能掌握隧道贯通精度要求； （2）能掌握洞外（GNSS 测量）横向贯通误差估算； （3）能掌握导线测量贯通误差估算； （4）能掌握三角测量贯通误差估算	

某环城高速隧道施工测量方案（节选）

一、项目概况

拟建某地环城高速公路起讫里程为：K0＋850～K28＋300，主线 K 线共设置隧道 2 座，共长 1 706.75 m，其中野猫顶隧道长 1 072.5 m，旺口隧道长 729 m。具体里程如下：

1. 野猫顶隧道：左洞起止里程桩号为 Z3K10＋006-Z3K11＋035，设计长度 969 m，进、出口隧道路面设计高程分别为 102.573 m、115.777 m，最大埋深约 116.96 m；右洞起止里程桩号 Y3K10＋075-Y3K11＋049.5，设计长度 975 m，进、出口隧道路面设计高程分别为 102.803 m、115.815 m，最大埋深约 114.52 m；设计净空（宽×高）均为 10.75×5 m，为分离式＋小净距中隧道。

2. 旺口隧道：左洞起止里程桩号为 Z1K23＋051-Z1K23＋780，设计长度 729 m，进、出口隧道路面设计高程分别为 79.458 m、76.572 m，最大埋深约 105.734 m；右洞起止里程桩号 Y1K23＋058-Y1K23＋799，设计长度 741 m，进、出口隧道路面设计高程分别为 79.602 m、76.712 m，最大埋深约 107.014 m；设计净空（宽×高）均为 10.75×5 m，为分离式＋小净距中隧道。

二、测量技术依据

（1）施工图纸，设计说明书；

（2）现场踏勘调查获取的当地资源、交通状况及施工环境等资料；

（3）《公路工程技术标准》JTG B01—2014；

（4）《公路路线设计规范》JTG D20—2017；

（5）《公路隧道设计规范》JTG D70—2022；

（6）《公路勘测规范》JTG C10—2007。

三、测量任务

（1）在工程开工前，对测量控制网进行复测，发现问题立即向监理单位专业负责人呈报。建立相应等级的施工控制加密网，控制点设置至各施工工作面所需部位。

（2）测量监控实施过程严格按照《公路勘测规范》相关技术要求执行。

（3）根据施工处的生产计划安排，积极配合各工程部门保质、保量、保安全的完成各项相关测量任务。

（4）做好与外部及内部相关部门之间的技术交流、沟通工作，对外部文件及图纸进行分类保管，并对保密文件特殊管理。

（5）负责各施工工作面的施工放样，定期检查，并将结果通知所在施工部位的技术员，做好详细的交底记录。

（6）提供符合设计要求的设计轴线，以满足规范要求，并负责检查与复核工作。

（7）每 6 个月监测复核控制点的位移情况，如超出规范要求，应及时纠正，并向有关单位汇报。

（8）不定期的对各工作面进行数据分析和统计，根据分析结果，不断改进控制质量的方法。

（9）负责向相关部门、单位及时准确地提供现场验收断面资料、校核检测资料、报方量断面资料、平面图及工程量计算表，配合收集整理竣工验收归档资料。

思考：1. 隧道施工测量需要采用哪些测绘仪器设备？

2. 如何进行地面及洞内控制测量？地面与洞内的坐标系统、高程系统如何关联？

3. 隧道的施工掘进一般为两端开始，在中间贯通，测量工作如何保障贯通精度？

请写下你的分析：

任务 4.1 隧道施工测量任务与分类

4.1.1 隧道施工测量任务

隧道施工测量的主要任务是：测量洞口平面位置和高程，指示掘进方向；标定线路中线控制桩及洞身顶部地面上的中线桩；在地下标定出地下工程建筑物的设计中心线和高程，以保证隧道按要求的精度正确贯通；放样隧道断面的尺寸，放样洞室各细部的平面位置与高程，放样衬砌的位置等。

隧道施工的掘进方向在贯通前无法对接，完全依据各开挖洞口的控制点所扩展的导线来测设隧道的中心线、指导施工。所以，在工作测量中要十分认真细致，按规范的要求严格检验与校正仪器，注意做好校核工作，减少误差积累，避免发生错误。

在隧道施工中，为了加快工程进度，一般由隧道两端洞口相向开挖，长隧道通常还要在两洞口间增加平洞、斜井或竖井，以增加掘进工作面（见图 4-1-1）。隧道自两端洞口相向开挖，在洞内预定位置衔接，称为贯通。若相向开挖隧道偏离设计位置，其中线不能完全吻合，使隧道不能准确贯通，这种偏差称为贯通误差，如图 4-1-2 所示。贯通误差包括纵向贯通误差（简称为纵向误差）Δt、横向贯通误差（简称为横向误差）Δu、高程贯通误差（简称为高程误差）Δh，其中纵向误差仅影响隧道掘进距离，施工测量时较易满足设计要求，因此一般只规定贯通面上横向误差及高程误差。

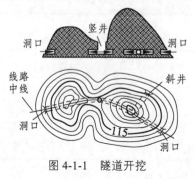

图 4-1-1 隧道开挖

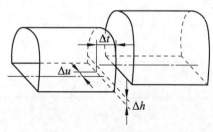

图 4-1-2 隧道贯通误差

4.1.2 隧道施工测量分类

隧道施工测量按工作顺序可以分为：

（1）洞外控制测量，在洞外建立平面和高程控制网，测定各洞口控制点的位置。

（2）洞内外联系测量，将洞外的坐标、方向和高程传递到隧道内，建立洞内、洞外统一坐标系统。

（3）洞内控制测量，包括隧道内的平面和高程控制测量。

（4）隧道施工放样，根据隧道设计要求进行施工放样。

（5）隧道竣工测量，测定隧道竣工后的中线位置和断面净空及各建筑物、构筑物的位置尺寸。

4.2.1 隧道施工控制网一般规定

隧道的设计位置一般在定测时已初步标定在地表面上。由于定测时测定的转向角、曲线要素的精度及直线控制桩方向的精度较低，满足不了隧道贯通精度的要求，所以施工之前要进行洞外控制测量。洞外控制测量的作用是在隧道各开挖口之间建立一道精密的控制网，以便根据它进行隧道的洞内控制测量或中线测量，保证隧道的准确贯通。

洞外控制测量包括平面控制测量和高程控制测量，平面控制测量技术要求见表4-2-1，高程控制测量的技术要求见表4-2-2。

表 4-2-1　隧道平面控制测量技术要求

测量部位	测量方法	测量等级	隧道长度 /km	洞外对向边或洞内导线边长 /m
洞外	GNSS 测量 导线测量 三角网测量	一等（GNSS）	≥8～20	≥400
		二等	≥4～8	≥350
		三等	≥2～4	≥300
		四等	<2	≥250
洞内	导线测量	二等	≥8～20	≥400
		隧道二等	≥5～8	≥350
		三等	≥2～5	≥300
		四等	≥1.5～2	≥200
		一级	<1.5	≥200

表 4-2-2　高程控制测量的技术要求

测量部位	测量等级	每公里高差中数的偶然中误差 /mm	开挖两洞口间水准路线长度 /km	水准仪等级	水准尺类型
洞外	二等	≤1.0	>36	S_{05}、S_1	线条式因瓦水准尺
	三等	>1.0～3.0	>13～36	S_1	线条式因瓦水准尺
				S_3	区格式水准尺
	四等	>3.0～5.0	>5～13	S_3	区格式水准尺
洞内	二等	≤1.0	>32	S_1	线条式因瓦水准尺
	三等	>1.0～3.0	>11～32	S_3	区格式水准尺
	四等	>3.0-5.0	>5～11	S_3	区格式水准尺

4.2.2　洞外平面控制测量

隧道洞外平面控制测量应结合隧道长度、平面形状、辅助坑道位置以及线路通过地区的地形和环境条件，选用 GNSS 测量、导线测量、三角网测量及其组合测量方法，对于较短的隧道可直接采用中线法。

1. 中线法

中线法是指将隧道线路中线的平面位置按定测的方法先测设在地表上，经反复核对无误后，把地表控制点确定下来，施工时就以这些控制点为准，将中线引入洞内，如图 4-2-3 所示。

一般当直线隧道短于 1 000 m，曲线隧道短于 500 m 时，可以采用中线作为控制。如图 4-2-4 所示，A、C、D、B 为隧道定测时所定中线上的直线转点。由于定测精度较低，在施工之前要进行复测，其方法为：以 A 和 B 作为隧道方向控制点，将经纬仪安置在 C' 点上，后视 A 点，用正倒镜分中法定出 D' 点；在置镜 D' 点，用正倒镜分中法定出 B' 点。若 B' 与 B 不重合，可量出 $B'B$ 的距离，则

$$D'D = \frac{AD'}{AB'} B'B$$

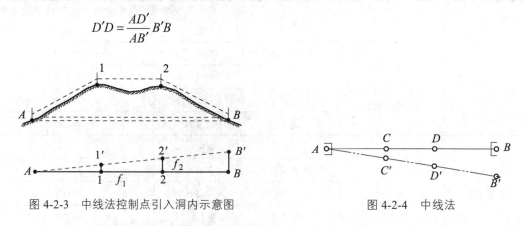

图 4-2-3　中线法控制点引入洞内示意图　　　　图 4-2-4　　中线法

自 D' 点沿垂直于线路中线方向量出 $D'D$ 定出 D 点，同法也可定出 C 点。然后再将经纬仪分别安置在 C、D 点上复核，证明该两点位于直线 AB 的连线上时，即可将它们固定下来，作为中线进洞的方向。

若用于曲线隧道，则应首先精确标出两切线方向，然后精确测出转向角，将切线长度准确地标定在地表上，以切线上的控制点为准，将中线引入洞内。

中线法简单、直观，但其精度不高。

2. 精密导线法

导线法比较灵活、方便，对地形的适应性比较强。精密导线法应组成多边形闭合环，它可以是独立导线，也可以与线路控制点相连。导线水平角的观测应以总测回数的奇数测回和偶数测回，分别观测导线前进方向的左角和右角，以检查测角错误，将它们换算为左角或右角后再取平均值，可以提高测角精度。为了增加检核条件和提高测角精度评定的可行性，导线环的个数不宜太少，不应少于 4 个；每个环的边数不宜太多，一般以 4～6 条边为宜，如图 4-2-5 所示。

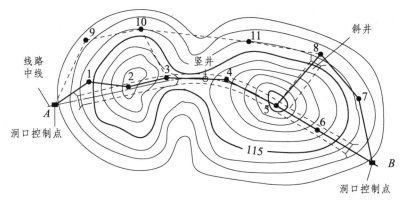

图 4-2-5　精密导线法

在进行导线边长测量时，应尽量接近测距仪的最佳测程，且边长不应短于 300 m；导线尽量以直伸形式布设，减少转折角的个数，以减弱边长误差和测角误差对隧道横向贯通误差的影响。我国大瑶山隧道长 14.3 km，洞外控制采用导线网，取得了很好的效果。

导线的测角中误差按式（4-2-1）计算，并应满足测量设计的精度要求。

$$m_\beta = \pm \sqrt{\dfrac{\left[f_\beta^2 / n \right]}{N}} \qquad (4\text{-}2\text{-}1)$$

式中　f——导线环的角度闭合差（″）；

　　　n——导线环内角的个数；

　　　N——导线环的个数。

导线环（网）的平差计算，一般采用条件平差或间接平差。边与角按式（4-2-2）定权

$$\begin{cases} P_\beta = 1 \\ P_D = m_\beta^2 / m_D^2 \end{cases} \qquad (4\text{-}2\text{-}2)$$

式中　m_β——导线测角中误差，可按式（4-2-1）计算，并宜用统计值；

　　　m_D——导线边长中误差，宜用统计值。

当导线精度要求不高时，也可采用近似平差。

3. 三角网测量

三角网测量的方向控制较中线法、导线法都高，如果仅从横向贯通精度的观点考虑，是比较理想的隧道平面控制方法。

三角网测量除采用测角三角锁外，还可采用边角网和三边网。但从精度、工作量、经济方面综合考虑，以测角三角锁为好，如图 4-2-6 所示。

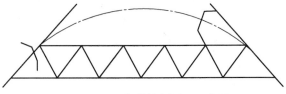

图 4-2-6　三角锁控制测量示意图

三角锁一般布置一条高精度的基线作为起始边，并在三角锁另一端增设一条基线，以便检核；其余仅有测角工作，按正弦定理推算边长，经过平差计算可求得三角点和隧道轴线上控制点的坐标，然后以控制点为依据，确定进洞方向。除了前面所述要求之外，还应注意以下几点：

（1）使三角锁或导线环的方向尽量垂直于贯通面，以降低边长误差对横向贯通精度的影响。

（2）尽量选择长边，减少三角形个数或导线边个数，以降低测角误差对横向贯通精度的影响。

（3）每一洞口附近布设不少于 3 个平面控制点（包括洞口投点及其联系的三角点或导线点），作为引线入洞的依据，并尽量将其纳入主网中，以加强点位稳定性和入洞方向的校核。

（4）三角锁的起始边如果只有一条，则应尽量布设于三角锁中部；如果有两条，则应使其位于三角锁两端，这样不仅利于洞口插网，而且可以降低三角网测量误差对横向贯通精度的影响。

（5）三角锁中若要增列基线条件时，两端起始边的测量精度 m_b/b 应满足式（4-2-3）的要求。

$$\frac{m_b}{b} \leqslant \frac{m_\beta}{\sqrt{2}\rho''} \tag{4-2-3}$$

4. GNSS 测量

隧道施工控制网可利用 GNSS 相对定位技术，采用静态或快速静态测量方式进行测量。由于定位时仅需要在开挖洞口附近测定几个控制点，工作量少，而且可以全天候观测，故目前已得到普遍应用。

图片：隧道洞外 GNSS 控制网布设示例图

如图 4-2-7 所示，隧道 GNSS 控制网的布网设计，应满足以下要求：

（1）控制网由隧道各开挖口的控制点点群组成，每个开挖口至少应布测 3 个控制点。整个控制网应由一个或若干个独立观测环组成，每个独立观测环的边数应尽可能少。

（2）网的边长最长不宜超过 30 km，最短不宜短于 300 m。

（3）每个控制点应有 3 个或 3 个以上的边与其连接，极个别的点才允许由两个边连接。

（4）GNSS 定位点之间一般不要求通视，但布设洞口控制点时，考虑到用常规测量方法检测、加密或恢复的需要，应当通视。

（5）点位上空应视野开阔，保证至少能接收到 4 颗卫星信号。

（6）测站附近不应有对电磁波强烈干扰和反射影响的金属和其他物体。

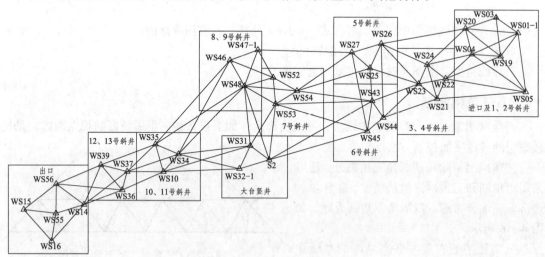

图 4-2-7　GNSS 控制网布设图

在上述各种方法中，中线法控制形式最简单，但对方向控制较差，故只能用于较短的隧道；三角测量方法其方向控制精度最高，故在光电测距仪未广泛使用之前，是隧道控制最主要的形式，但缺点是三角点的布设要受到地形、地物条件的限制，而且基线边要求精度高，测量工作复杂；平差计算工作量大；精密导线法由于布设简单、灵活、地形适应性强、外业工作量少，而且光电测距导线和光电测距三角高程可以同时进行，大大减少了野外工作量，因而精密导线法成为隧道控制的主要形式之一，只要在水平角测量时适当增加测回数，即可弥补其方向控制的不足；随着全球定位系统的发展和应用普及，GNSS测量是长大隧道首选的控制方案。

4.2.3　洞外高程控制测量

洞外高程控制测量的任务是按照设计精度施测两相向开挖洞口附近水准点之间的高差，以便将整个隧道的统一高程系统引入洞内，保证按规定精度在高程方面准确贯通，并使隧道工程在高程方面按要求的精度正确修建。

高程控制的二等采用水准测量。三、四、五等可采用水准测量，当山势陡峻采用水准测量困难时，也可采用光电测距仪三角高程的方法测定各洞口高程。每一个洞口应埋设不少于两个水准点，两水准点之间的高差以安置一次水准仪即可测出为宜。

任务 4.3　隧道联系测量

4.3.1　进洞关系的计算

洞外控制测量完成以后，应把各洞口的线路中线控制桩和洞外控制网联系起来。如果控制网和线路中线的坐标系不一致，应首先把洞外控制点和中线控制桩的坐标纳入同一坐标系统内，所以必须先进行坐标变换计算，得到控制点在变换后的新坐标。其坐标变换计算公式可以采用解析几何中的坐标转轴和移轴计算公式。一般在直线段以线路中线作为 x 轴；若在曲线上，则以一条切线方向作为 x 轴。用线路中线点和控制点的坐标，反算两点的距离和方位角，从而确定进洞测量的数据。把中线引入洞内。

全站仪、GNSS测量技术普遍使用后，洞内、外往往采用相同坐标系统，明确坐标系统之后，进洞关系的计算实质上就是计算洞内任一里程点的坐标，无论其处于直线上、圆曲线上、还是缓和曲线上，坐标的计算均可按项目3中有关公式进行。

4.3.2　由洞外向洞内传递方向和坐标

1. 导线联系测量

为了加快施工进度，隧道施工中除了进出洞口之外，还会用斜井、横洞或竖井来增加施工开挖面，为此就要经由它们布设导线，把洞外控制成果的方向和坐标传递给洞内导线，构成一个洞内、外统一的控制系统，这种导线称为联系导线，如图4-3-1所示。联系导线属于支导线性质，其测角误差和边长误差直接影响隧道的

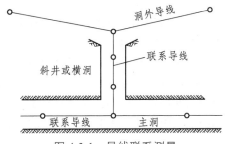

图 4-3-1　导线联系测量

横向贯通精度，故使用中必须多次精密测定、反复校核，确保无误。

2. 竖井联系测量

当由竖井进行联系测量时，可以采用垂准仪光学投点、悬吊钢丝、陀螺经纬仪定向的方法，来传递坐标和方位。

微课：竖井联系测量（单井方位角传递）

1）单井定向联系测量

对于山岭隧道或过江隧道，由于隧道竖井较深，一井定向大多采用联系三角形法进行定向测量。竖井定向联系测量如图 4-3-2 所示。定向联系测量应符合以下规定：

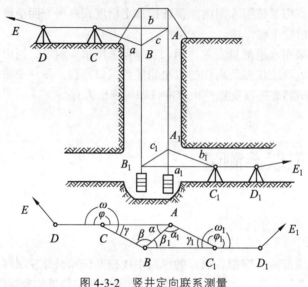

图 4-3-2　竖井定向联系测量

（1）每次定向应独立进行 3 次测量，取 3 次的平均值作为一次定向成果。

（2）井上、井下联系三角形两悬吊钢丝间的距离不应小于 5 m，井上、井下测站点至两钢丝方向的夹角宜小于 1°，井上、井下测站点到较近钢丝点的距离与两钢丝间的距离之比宜小于 1.5。

（3）联系三角形边长可用全站仪测量，也可用检定过的钢尺测量。钢尺测量估读至 0.1 mm。每次应独立测量三测回，每测回读数 3 次，各测回间差较井上应小于 0.5 mm，井下应小于 1.0 mm。井上、井下测量两钢丝间的距离较差应小于 2 mm。

（4）水平角应采用 2″级及以上经纬仪按方向观测法观测四测回，测角中误差应小于 4″。

（5）各测回测定的井下起始边方位角较差不应大于 20″，方位角平均值中误差不应超过 ±12″。

2）两井定向联系测量

在隧道施工时，为了通风和施工方便，往往在竖井附近增加一通风井和施工竖井。此时，联系测量可采用两井定向法，以克服一井定向时的某些不足，有利于提高方向传递的精度。其方法有如下两种形式：

（1）吊锤线与全站仪联合定向法

如图 4-3-3 所示，若洞外上采用导线测量测定两吊锤线的坐标，在洞内使洞内导线的两端点分别与两吊锤线联测，这样就组成一个闭合图形，在这个图形中，两吊锤线处缺少两个连接角，这样的洞内导线是无起始方向角的，故称它为无定向导线。

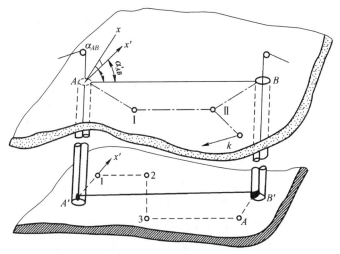

图 4-3-3　两井定向示意图

两井定向外业工作包括投点、洞外与洞内连接测量。

① 投点：投点所用设备与一井定向相同。两竖井的投点与联测工作可以同时进行或单独进行。

② 洞外连接测量：根据洞外已知控制点的分布情况，可采用导线测量或插点的方法建立近井点，由近井点开始布设导线与两竖井中的 A、B 吊锤线连接。

③ 洞内连接测量：在洞内沿两竖井之间的坑道布设导线。根据现场情况尽可能地布设长边导线，减少导线点数，以减少测角误差的影响。进行连接测量时，先将吊锤线悬挂好，然后在洞外与洞内导线点上分别与吊锤联测。洞外与洞内导线中的角度与边长可在另外的时间进行测量。

（2）铅垂仪与全站仪联合定向法

铅垂仪与全站仪联合定向法是在竖井中悬挂垂线。如果竖井深及吊锤不稳，其垂准误差对洞内定向边的方位角精度影响较大，且在竖井中悬挂垂线也不方便，有时会影响施工。现在，我们可以用激光铅垂仪代替悬挂垂线，不仅方便，而且可提高垂准精度。

如图 4-3-4 所示，利用车站电梯井与预留井孔进行定向，两井之间的连接通道就是该车站二层站台。

图中 A_1、A_2 为地面平面网控制点，B、C 为投测竖井上方内外式支架的内架中心，在 B、C 处焊有一个 20 cm^2 钢板，上方有一孔径略大于经纬仪基座螺旋直径的孔洞。地下 TD_1、TD_2、W_1、W_2 等点埋设具有强制对中装置的固定观测墩，在埋设时应使 B 点与 TD_1 点、C 点与 TD_2 点位于同一铅垂线上，以便于向上投测。

使用 2″级以上的激光铅垂仪，安置在 TD_1、TD_2 固定观测墩上，整平后按操作要求向上投测，在井口上方向内架 B、C 处安置基座，根据铅垂仪红光点的位置指挥井上微动基座，使基座中心刚好位于红光点处，固定基座，安上照准标牌（棱镜），朝向 A_1 方向。在地面控

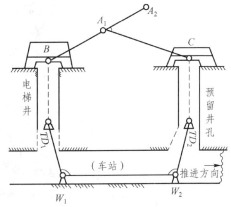

图 4-3-4　铅垂仪与全站仪联合定向法

制点安置全站仪，瞄准 B、C 方向测角与测距。然后全站仪分别安置在地下定向边的导线点 W_1、W_2 上，测角与测距，用 1″级全站仪观测角度 4 测回（左、右角），边长往返 4 测回。

3）陀螺全站仪定向测量

陀螺全站仪能在矿山井下、隧道等任何隐蔽地区直接测出真北方向，且不受时间、地点、环境条件的限制。随着高精度陀螺全站仪在地铁、矿山、地下施工等隐蔽工程和各种武器定向领域的广泛应用，并显示出其不可替代的作用和广泛的发展前景。在这里主要介绍 GAT 磁悬浮陀螺全站仪。

（1）主要性能指标

如图 4-3-5 所示，GAT 磁悬浮陀螺全站仪属下置式全自动型陀螺仪，上面的全站仪可以根据客户要求进行选择。GAT 磁悬浮陀螺全站仪利用磁悬浮作为仪器灵敏部的支承，从而取代了传统的悬挂带，并且采用自动回转技术及其力矩反馈技术，可以自动、快速的测定真北方向，实现准确贯通和精确定向，并且具有较强的稳定性和耐用性。其定向精度优于 5″，定向时间为 8 min，达到了国际先进水平。

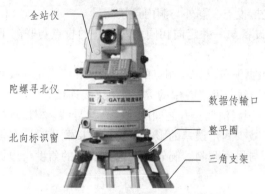

图 4-3-5 GAT 磁悬浮陀螺全站仪

（2）系统特点

① 采用磁悬浮支撑技术、光电力矩反馈技术和精密测角回转技术，提高了仪器的使用寿命和测量稳定性。

② 利用积分法测量，优于目前市场上的逆转点法设备，全自动实现快速高精度寻北。

③ 数据可实时下载到外接存储设备中，便于进行事后分析和处理。

④ 操作简便，寻北过程无需人工干预，无需零位观测。

⑤ 车载、强制对中或三脚架架设均可使用。

⑥ 进行了抗电磁干扰处理，以消除外界电磁场对陀螺仪精度造成的影响。

（3）工作原理

GAT 高精度磁悬浮陀螺全站仪的主要功能是通过陀螺敏感的球角动量，测定任意测线的陀螺方位角。如图 4-3-6 所示：OT 即为陀螺确定的正北方向；OM 为陀螺内部固定轴线方向（北向标识窗的法线方向）；OL 为全站仪水平度盘零位方向；OC 为全站仪望远镜照准目标的测线方向。当陀螺寻北测量结束后，即可确定出 $\angle TOM$；再利用全站仪照准目标方向，依据方向法测量要求，测量目标方向线与全站仪水

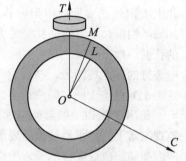

图 4-3-6 GAT 陀螺全站仪定向原理示意图

平度盘零位的夹角$\angle LOC$；从而使陀螺方位角$\angle A = \angle TOM + \angle LOC + \angle MOL$，其中$\angle MOL$在仪器出厂时已通过标定，可以将其限定为一个很小的值，可以通过度盘配置的方法使全站仪的水平度盘零位与陀螺内部的固定轴线方向重合。

（4）寻北测量操作过程

由于陀螺全站仪本身较为沉重，且陀螺定向测量属于高精度测量，因此建议使用强制对中台安置仪器。将三脚架或强制对中台安置在测站点上：

① 将陀螺全站仪安置在三脚架或强制对中台上，保证陀螺寻北仪北向窗口的法线大致指北（±10°以内）。

② 连接数据电缆。

③ 整平、对中。

④ 打开寻北仪控制器开关，选择测量程序进行寻北测量，并确认纬度值，如发现纬度值不正确，需要修改，则退出寻北界面，在"纬度设置"选项中修改纬度值，然后重新进行寻北测量。

⑤ 寻北过程中，控制器界面会显示仪器当前寻北过程状态。

⑥ 完成寻北测量后，控制器显示窗上自动显示"陀螺寻北角度值 N"，并提示"寻北过程结束"。

⑦ 接下来，打开全站仪部分，照准目标，从全站仪显示屏上读取水平角角度值Z，并记录；全站仪正倒镜观测两测回。

⑧ 根据陀螺仪与全站仪的测量值计算测线的陀螺方位角，计算式为：$A = N + Z$。

4.3.3　由洞外向洞内传递高程

经由斜井或横洞向洞内传递高程时，一般均采用往返水准测量，当高差较差合限时取平均值的方法。由于斜井坡度较陡，视线很短，测站很多，加之照明条件差，故误差积累较大，每隔10站左右应在斜井边脚设一临时水准点，以便往返测量时校核。近年来，用光电测距三角高程测量的方法来传递高程已得到越来越广泛的应用，大大提高了工作效率，但应注意洞中温度的影响，并且应采用对向观测的方法。

微课：竖井高程传递

1. 悬挂钢尺与水准仪联合测量法

经由竖井传递高程时，一般采用悬挂钢尺的方法，即在井上悬挂一根经过检定的钢尺（或钢丝），尺零点下端挂一标准拉力的重锤，如图4-3-7所示，在井上、井下各安置一台水准仪，同时读取钢尺读数a_1和b_1，然后再读取井上、井下水准尺读数a、b，由此可求得井下水准点B的高程计算公式为

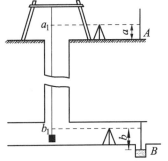

图 4-3-7　悬挂钢尺高程传递

$$H_B = H_A + a - \left[(a_1 - b_1) + \Delta t + \Delta k\right] - b \qquad (4\text{-}3\text{-}1)$$

式中　H_A——井上水准点A的高程；

a、b——井上、井下水准尺读数；

a_1、b_1——井上、井下钢尺读数，$L = a_1 - b_1$；

Δt——钢尺温度改正数，$\Delta t = \alpha L(t_{均} - t_0)$，$\alpha$ 为钢尺膨胀系数，取 $1.25 \times 10^{-5}/\text{°C}$，$t_{均}$ 为井上、井下平均温度；

t_0——钢尺检定时的温度；

Δk——钢尺尺长改正数，$\Delta k = (L/l)\Delta l$；

l、Δl——钢尺的名义长度和钢尺的尺长改正数。

2. 光电测距仪与水准仪联合测量法

如图 4-3-8 所示，如果在井上装配一托架，安装上光电测距仪，使照准头向下直接瞄准井底的反光镜测出井深 D_h，然后在井上、井下用两台水准仪，同时分别测定井上水准点 A 与测距仪照准头转动中心的高差（$a_{上} - b_{上}$）、井下水准点 B 与反射镜转动中心的高差（$b_{下} - a_{下}$），即可求得井下水准点 B 的高程 H_B 为

$$H_B = H_A + (a_{上} - b_{上}) + (b_{下} - a_{下}) \tag{4-3-2}$$

式中　H_A——井上水准点 A 的已知高程。

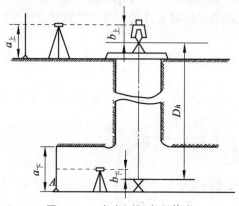

图 4-3-8　光电测距高程传递

用光电测距仪测井深的方法远比悬挂钢尺的方法快速、准确，尤其是对于 50 m 以上的深井测量，更显现出其优越性。

任务 4.4　隧道洞内控制测量

4.4.1　洞内平面控制测量

为了给出正确的隧道掘进方向，并保证其准确贯通，应进行洞内控制测量。由于隧道洞内场地狭窄，故洞内平面控制常采用中线或导线两种形式。

1. 中线形式

中线形式是指洞内不设导线，用中线控制点直接进行施工放样。一般以定测精度测设出新点，测设中线点的距离和角度数据由理论坐标值反算，这种方法一般用于较短的隧道。将上述

测设的新点以高精度测角、量距，算出实际的新点精确点位，再和理论坐标相比较，若有差异，应将新点移到正确的中线位置上。这种方法可以用于曲线隧道 500 m 以上、直线隧道 1 000 m 以上的较长隧道。

2. 导线形式

导线形式是指洞内控制依靠导线进行，施工放样用的正式中线点由导线测设，中线点的精度能满足局部地段施工要求即可。导线控制的方法较中线形式灵活，点位易于选择，测量工作也较简单，而且具有多种检核方法；当组成导线闭合环时，角度经过平差，还可提高点位的横向精度。

洞内导线与洞外导线比较，具有以下特点：洞内导线随着隧道的开挖逐渐向前延伸，故只能敷设支导线或狭长形导线环，而不可能将全部导线一次测完；导线的形状完全取决于坑道的形状；导线点的埋石顶面应比洞内地面低 20～30 cm，上面加设护盖、填平地面，以免其在施工中遭受破坏。

洞内导线一般常采用以下几种形式：

（1）单导线半数测回测左角，半数测回测右角。

（2）导线环如图 4-4-1 所示，每测一对新点，如 5 和 5′，可按两点坐标反算 5—5′ 的距离，然后与实地丈量的 5—5′ 距离比较，这样每前进一步均有检核。

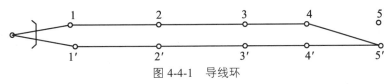

图 4-4-1　导线环

（3）主副导线环如图 4-4-2 所示，双线为主导线，单线为副导线。副导线只测角不量距离，主导线既测角又量距离。按虚线形成第二闭合环时，主导线在 3 点处能以平差角传算 3—4 边的方位角；以后均仿此法形成闭合环。

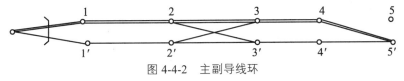

图 4-4-2　主副导线环

（4）交叉导线如图 4-4-3 所示，并行导线每前进一段交叉一次，每一个新点由两条路线传算坐标（如 5 点坐标由 4 和 4′ 两点传算），最后取平均值；亦可以实量 5—5′ 的距离，来检核 5 和 5′ 的坐标值。交叉导线不做角度平差。

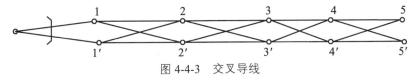

图 4-4-3　交叉导线

（5）旁点闭合环如图 4-4-4 所示，点 A、B 为旁点。旁点闭合环一般测内角，做角度平差；旁点两侧的边长，可测可不测。

实际工作中用得最多的是单导线、导线环及交叉导线。当有平行导坑时，还可利用横通道将正洞和导坑联系起来，形成导线闭合环。无论是采用中线形式，还是采用导线形式进行洞内控制，在测量时应注意以下几点：

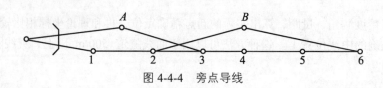

图 4-4-4 旁点导线

（1）每次在建立新点之前，必须检测前一个老点的稳定性，只有在确认老点没有发生变动时，才能用它来发展新点。

（2）尽量形成闭合环、两条路线的坐标比较、实量距离与反算距离的比较等检查条件，以免发生错误。

（3）导线应尽量布设为长边或等边，一般直线地段不宜短于 200 m，曲线地段不宜短于 70 m。

4.4.2　洞内高程控制测量

洞内高程测量应采用水准测量或光电测距三角高程测量的方法。

1．洞内水准测量的特点和布设

（1）洞内水准路线与洞内导线线路相同，在隧道贯通前，其水准路线均为支水准路线，因而需往返或多次观测进行检核。

（2）在隧道施工过程中，洞内支水准路线随开挖面的进展向前延伸，一般先测定精度较低的临时水准点（可设在施工导线上），然后每隔 200～500 m 测定精度较高的永久水准点。

（3）洞内水准点可利用洞内导线点位，也可以埋设在隧道顶板、底板或边墙上，点位要稳固、便于保存。为施工方便，应在导坑内拱部边墙至少每隔 100 m 埋设一对临时水准点。

2．洞内水准测量观测与注意事项

（1）洞内水准测量的作业方法与地面水准测量相同。由于洞内通视条件差，视距不宜大于 50 m，并用目估法保持前、后视距相等；水准仪可安置在三脚架上或安置在悬臂的支架上，水准尺可直接立在洞内底板水准点（导线点）上，有时也可用倒尺法顶立在洞顶水准点标志上，如图 4-4-5 所示。

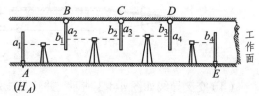

图 4-4-5　洞内水准测量

此时，每一测站高差计算仍为 $h = a - b$，但对于倒尺法，其读数应作为负值计算，如图 4-4-5 中各测站高差分别为

$$h_{AB} = a_1 - (-b_1)$$

$$h_{BC} = (-a_2) - (-b_2)$$

$$h_{CD} = (-a_3) - (-b_3)$$

$$h_{DE} = (-a_4) - b_4$$

则

$$h_{AE} = h_{AB} + h_{BC} + h_{CD} + h_{DE}$$

（2）在开挖工作面向前推进的过程中，对布设的支水准路线，要进行往返观测，其往返测不符值应在限差以内，取平均值作为最后成果，用于推算各洞内水准点高程。

（3）为检查洞内水准点的稳定性，还应定期根据洞外近井水准点进行重复水准测量，将所得高差成果进行分析比较。若水准标志无变动，则取所有高差平均值作为高差成果，若发现水准标志变动，则应取最后一次的测量成果。

（4）当隧道贯通后，应根据相向洞内布设的支水准路线，测定贯通面处高程（竖向）贯通误差，并将两条支水准路线联成附合于两洞口水准点的附合水准路线。要求对隧道末衬砌地段的高程进行调整。高程调整后，所有开挖、衬砌工程均应以调整后高程指导施工。

任务 4.5　隧道施工放样

隧道是边开挖、边衬砌的，为保证开挖方向正确、开挖断面尺寸符合设计要求，施工测量工作必须紧紧跟上，同时保证测量成果的正确性。

4.5.1　洞内中线测设

隧道洞内施工以中线为依据进行。当洞内敷设导线之后，导线点不一定恰好在线路中线上，更不可能恰好在隧道的结构中线上（即隧道轴线上）。隧道衬砌后两个边墙间隔的中心即隧道中心，在直线部分其与线路中线重合；曲线部分由于隧道衬砌断面的内外侧加宽不同，所以线路中心线就不是隧道的结构中线上。中线的测设有导线测设中线法和独立中线法两种。

1. 导线测设中线法

以导线形式作为洞内平面控制时，正式中线点由邻近的导线点以极坐标法测设在地面上之后，应在中线点上安置经纬仪，以任何两个已知坐标的点为目标测其角度。用实测角值与坐标反算的角值比较，以检查中线点测设的正确性。

隧道的掘进延伸和衬砌施工应测设临时中线。随着隧道掘进的深入，平面测量的控制工作和中线测量也需紧随其后。当掘进的延伸长度不足一个永久中线点的间距时，应先测设临时中线点，如图 4-5-1 中的 1、2、……点间距离一般在直线上不大于 30 m，曲线上不大于 20 m。为了方便掌子面的施工放样，当点间距小于此长度时，可采用串线法延伸标定简易中线，超过此长

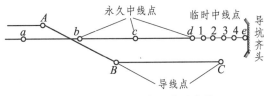

图 4-5-1　永久中线和临时中线

度时，应该用仪器测设临时中线。当延伸长度大于永久中线点的间距时，就可以建立一个新的永久中线点，如图中的 e 点。永久中线点应根据导线或用独立中线法测设，然后根据新设的永久中线点继续向前测设临时中线点。当采用全断面法开挖时，导线点和永久中线点都应紧跟临时中线点，这时临时中线点要求的精度也较高。供衬砌用的临时中线点，在直线上应采用正倒镜压点或延伸，曲线上可用偏角法、长弦支距法等方法测定，宜每 10 m 加密 1 点。

2. 独立中线法

若用独立的中线法测设，在直线上应采用正倒镜分中法延伸直线；在曲线上一般采用弦线

偏角法。采用独立中线法时，永久中线点间距离为直线上不小于 100 m，曲线上不小于 50 m。

4.5.2　导坑延伸测量

当导坑从最前面一个临时中线点继续向前掘进时，在直线上延伸不超过 30 m，曲线上不超过 20 m 的范围内，可采用"串线法"延伸中线。用串线法延伸中线时，应在临时中线点前或后用仪器再设置两个中线点，如图 4-5-2 中的 1′、2′，其间距不小于 5 m。串线时可在这 3 个点上挂上垂球线，先检验 3 点是否在一直线上，如正确无误，可用肉眼瞄直，在工作面上给出中线位置，指导掘进方向。当串线延伸长度超过临时中线点的间距时（直线为 30 m、曲线为 20 m），则应设立一个新的临时中线点。

如果用激光导向仪，将其挂在中线洞顶部来指示开挖方向，可以定出 100 m 以外的中线点，如图 4-5-3 所示。这种方法用于直线隧道和全断面开挖的定向，既快捷又准确。

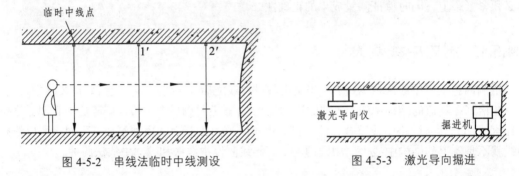

图 4-5-2　串线法临时中线测设　　　　图 4-5-3　激光导向掘进

在曲线导坑中，常用弦线偏距法和切线支距法。弦线偏距法最方便，如图 4-5-4 所示，点 A、B 为曲线上已定出的两个临时中线点，如要向前定出新的中线点 C，要求 $BC = AB = s$，则从 B 沿 CB 方向量出长度 s，同时从点 A 量出偏距 d，将两尺拉直使两长度分划相交，即可定出 D 点，然后在 D、B 方向上挂 3 根垂球线，用串线法指导 B、C 间的掘进，掘进长度超过临时中线点间距时，由点 B 沿 DB 延伸方向量出距离 s，即可测设出新的临时中线点 C。

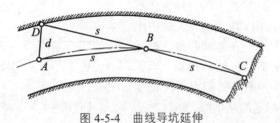

图 4-5-4　曲线导坑延伸

偏距 d 可按下列近似公式计算：

圆曲线部分　　　$d = \dfrac{s^2}{R}$　　　　　　　　　　　　　　　　　　　　（4-5-1）

缓和曲线部分　　　$d = \dfrac{s^2}{R} \dfrac{l_B}{l_0}$　　　　　　　　　　　　　　　（4-5-2）

式中　s——临时中线点间距；

R——圆曲线半径；

l_0——缓和曲线全长；

l_B——B 点到 ZH（或 HZ）的距离。

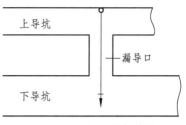

图 4-5-5　上下导坑联测

4.5.3　上下导坑联测

采用上、下导坑开挖时，每前进一段距离后，上部的临时中线点和下部的临时中线点应通过漏斗口联测一次，用以改正上部的中线点或向上部导坑引点。联测时，一般用长线垂球、光学垂准器、经纬仪的光学对点器等，将下导坑的中线点引到上导坑的顶板上，如图 4-5-5 所示。移设 3 个点之后，应复核其准确性；测量一段距离之后及筑拱前，应再引至下导坑核对，并尽早与洞口外引入的中线闭合。

4.5.4　腰线测设

在隧道施工中，为了随时控制洞底的高程，以及进行断面放样，通常在隧道侧面岩壁上沿中线前进方向每隔一定距离（5～10 m），标出比洞底设计地坪高出 1 m 的坡度线，称为腰线。由于隧道有一定的设计坡度，因此腰线也按此坡度变化。腰线标定后，对于隧道断面的放样和指导开挖都十分方便。洞内测设腰线的临时水准点应设在不受施工干扰、点位稳定的边墙处，每次引测时都要和相邻点检核，确保无误。

4.5.5　隧道结构物施工放样

1. 洞门施工测量

进洞数据通过坐标反算得到后，应在洞口投点安置经纬仪，测设出进洞方向，并将此掘进方向标定在地面上，即测设洞口投点的护桩。如图 4-5-6 所示，在投点 A 的进洞方向及其垂直方向上的地面上测设护桩，量出各护桩到 A 点的距离。在施工中若投

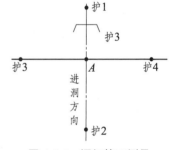

图 4-5-6　洞门施工测量

点 A 被破坏，可以及时用护桩进行恢复。在洞口的山坡面上标出中垂线位置，按设计坡度指导劈坡工作。劈坡完成后，在洞帘上测设出隧道断面轮廓线，就可以进行洞门的开挖施工了。

2. 隧道开挖断面测量

在隧道施工中，为使开挖断面能较好地符合设计断面，在每次掘进前，应在开挖断面上，根据中线和轨顶高程，标出设计断面尺寸线。

分部开挖的隧道在拱部和马口开挖后，全断面开挖的隧道在开挖成形后，应采用断面自动测绘仪或断面支距法测绘断面，检查断面是否符合要求；并用来确定超挖和欠挖工程数量。测量时按中线和外拱顶高程，从上至下每 0.5 m（拱部和曲墙）和 1.0 m（直墙）向左右量测支距。量支距时，应考虑到曲线隧道中心与线路中心的偏移值和施工预留宽度。

仰拱断面测量，应由设计轨顶高程线每隔 0.5 m（自中线向左右）向下量出开挖深度。

3. 结构物的施工放样

在施工放样之前，应对洞内的中线点和高程点加密。中线点加密的间隔视施工需要而定，一般为 5～10 m 一点，加密中线点可按定测的精度测定。加密中线点的高程均以五等水准精度测定。

在衬砌之前，还应进行衬砌放样，包括立拱架测量、边墙及避车洞和仰拱的衬砌放样，洞门砌筑施工放样等一系列的测量工作。

4.5.6　盾构施工中全站仪自动化测量

地铁盾构施工如图 4-5-7 所示，其中开拓方向的确定是地铁盾构自动化施工的关键。图 4-5-8 所示为盾构中心轴 O_1O_2（开拓方向）测量原理图，由盾构上 P_1、P_2、P_3 点的三维坐标可测知，D_1、D_2、…、D_6 已知，则按空间后方交会原理便可推算出盾尾和切盘中心点 O_1、O_2（中心轴）的三维坐标。再由 O_1、O_2 两点的三维坐标计算出盾构机切盘中心的水平偏航、垂直偏航。因此由 P_1、P_2、P_3 三点的三维坐标计算出盾构机的扭转角度，从而达到检测盾构机姿态的目的。

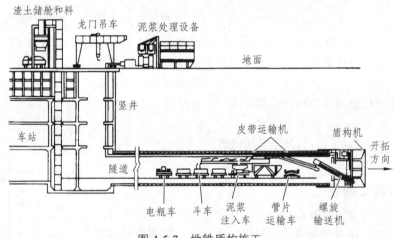

图 4-5-7　地铁盾构施工

图 4-5-9 所示为盾构施工中的全站仪自动化测量原理图。高精度自动全站仪安置在隧道控制点 N，自动连续测量 P_1、P_2、P_3 三点的三维坐标，进而为 O_1、O_2 的三维坐标解算提供盾构机姿态数据，保证盾构机按姿态数据调整朝正确方向开拓。

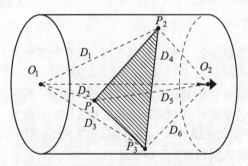

图 4-5-8　盾构中心轴 O_1O_2 测量原理图

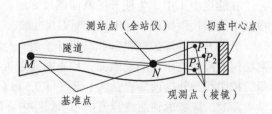

图 4-5-9　盾构全站仪自动化测量原理图

4.6.1　隧道贯通误差的测定与调整

隧道贯通后，应及时进行贯通测量，测定实际的横向、纵向、竖向贯通误差。若贯通误差在允许范围之内，就认为达到了预期目的。但是，如果存在贯通误差，将影响隧道断面扩大及衬砌工作的进行。因此，我们应该采用适当的方法将贯通误差加以调整，从而获得一个对行车没有不良影响的隧道中线，并作为扩大断面、修筑衬砌及铺设钢轨的依据。

1. 贯通误差的测定

1）延伸中线法

采用中线法测量的隧道，贯通后应从相向测量的两个方向的纵向贯通面延伸中线，并在贯通面上各钉一临时桩 A、B，如图 4-6-1 所示。

丈量 A、B 之间的距离，即得到隧道实际的横向贯通误差。A、B 两临时桩的里程之差，即为隧道的实际纵向贯通误差。

2）坐标法

采用洞内地下导线作为隧道控制时，可由进测的任一方向，在贯通面附近钉设临时桩 A，然后由相向开挖的两个方向，分别测定临时桩 A 的坐标，如图 4-6-2 所示。这样，可以得到两组不同的坐标值（x'_A、y'_A）、（x''_A、y''_A），则实际贯通误差为 $x'_A - y''_A$。

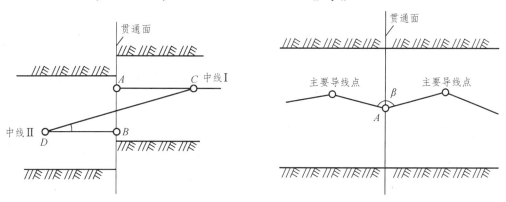

图 4-6-1　延伸中线法调整贯通误差　　　　图 4-6-2　坐标法测定贯通误差

在临时桩点 A 上安置经纬仪测出夹角 β，以便计算导线的角度闭合差，即方位角贯通误差。

3）水准测量法

由隧道两端口附近水准点向洞内各自进行水准测量，分别测出贯通面附近的同一水准点的高程，其高程差即为实际的高程贯通误差。

2. 贯通误差的调整

隧道中线贯通后，应将两方向相向测设的中线各自向前适当延伸一段距离，若贯通面接近曲线始点（或终点），则应延伸至曲线以外的直线上一段距离，以便调整中线。

调整贯通误差的工作，原则上应在隧道未衬砌地段进行，不再牵动已衬砌地段的中线，以防限界减少而影响行车。对于曲线隧道，还应注意不改变曲线半径及缓和曲线长度，否则需报请上级批准。在中线调整以后，所有未衬砌的工程均应以调整后的中线指导施工。

1）直线隧道贯通误差的调整

直线隧道中线调整可采用折线法，如图4-6-3所示。如果由于调整贯通误差而产生的转折角在5′以内，可作为直线线路考虑。当转折角在5′~25′时，可不加设曲线，但应以转角 α 的顶点 C、D 内移一个外矢距 E 值，得到中线位置。各种转折角的内移量如表4-6-1所示。当转折角大于25′时，则以半径为4 000 m的圆曲线加设反向曲线。

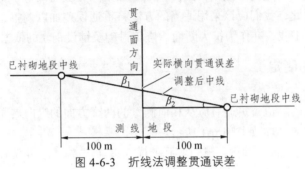

图 4-6-3　折线法调整贯通误差

对于用地下导线精密测得实际贯通误差的情况，当在规定的限差范围内时，可将实测的导线角度闭合差平均分配到该段贯通导线各导线角，按简易平差后的导线角计算该段导线各导线点的坐标，求出坐标闭合差。根据该段贯通导线各边的边长按比例分配坐标闭合差，得到各点调整后的坐标值，并作为洞内未衬砌地段隧道中线点放样的依据。

表 4-6-1　各种转折角 α 的内移外矢距值

转折角 α'	5	10	15	20	25
内移外矢距 E 值/mm	1	4	10	17	26

2）曲线隧道贯通误差的调整

当贯通面位于圆曲线上，调整地段又全在圆曲线上时，可由曲线两端向贯通面按长度比例调整中线，也可用调整偏角法进行调整。也就是说，在贯通面两侧每20 m弦长的中线点上，增加或减少10′~60′的切线偏角，如图4-6-4所示。

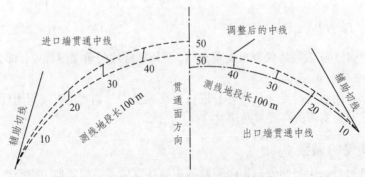

图 4-6-4　曲线隧道贯通误差的调整

当贯通面位于曲线始（终）点附近时，如图 4-6-5 所示，可由隧道一端经过 E 点测至圆曲线的终点，而另一端经由 A、B、C 诸点测至 D' 点，D 点与 D' 点不相重合。再自 D' 点作圆曲线的切线至 E' 点，DE 与 $D'E'$ 既不平行也不重合。为了调整贯通误差，可先采用"调整圆曲线长度法"使 DE 与 $D'E'$ 平行，即在保持曲线半径不变，缓和曲线长度不变和曲线 A、B、C 段不受牵动的情况下，将圆曲线缩短（或增长）一段 CC'，使 DE 与 $D'E'$ 平行。CC' 的近似值可按下式计算：

$$CC' = \frac{EE' - DD'}{DE} R \qquad (4\text{-}6\text{-}1)$$

式中　R——圆曲线的半径。

CC' 曲线长度对应圆心角 δ 为：

$$\delta = CC' \frac{360°}{2\pi R} \qquad (4\text{-}6\text{-}2)$$

式中　CC'——圆曲线长度变动值。

调整圆曲线长度后，已使 DE 与 $D'E'$ 平行，但仍不重合，如图 4-6-6 所示，此时可采用"调整曲线始终点法"调整，即将曲线的始点 A 沿着切线向顶点方向移动到 A' 点，使 $AA' = FF'$，这样 DE 就与 $D'E'$ 重合了。然后再由 A' 点进行曲线测设，将调整的曲线标定在实地上。

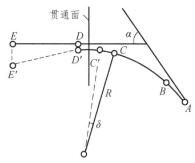

图 4-6-5　调整圆曲线长度

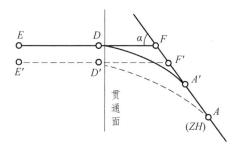

图 4-6-6　调整曲线始终点

曲线始点 A 移动的距离可按下式计算：

$$AA' = FF' = \frac{DD'}{\sin \alpha} \qquad (4\text{-}6\text{-}3)$$

式中　α——曲线的总偏角。

3）高程贯通误差的调整

高程贯通误差测定后，如在规定限差范围以内，则对于洞内未衬砌地段的各个洞内水准点高程，可根据水准路线的长度对高程贯通误差按比例分配，得到调整后的各个水准点高程，以此作为施工放样的高程依据。

4.6.2　隧道竣工测量

隧道竣工以后，应在直线地段每 50 m，曲线地段每 20 m，或者需要加测断面处，以中线桩为准，测量隧道的实际净空。测量内容包括：拱顶高程、起拱线宽度、轨顶面以上 1.1 m、3.0 m、5.8 m 处的宽度。隧道净空测量如图 4-6-7 所示。

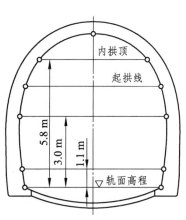

图 4-6-7　隧道净空测量

当隧道中线统一检测闭合后，在直线上每 200 ~ 500 m、曲线上的主点，均应埋设永久中线桩；洞内每 1 km 应埋设一个水准点。无论中线点或水准点，均应在隧道边墙上画出标志，以便以后养护维修时使用。

任务 4.7 隧道贯通误差预计

4.7.1 贯通精度要求

如何保证隧道在贯通时，两相向开挖施工中线的相对错位不超过规定的限值，是隧道施工测量的关键问题。但是，在纵向方面所产生的贯通误差，一般对隧道施工和隧道质量不产生影响，因此规定这项限差无实际意义；高程要求的精度，使用一般水准测量方法即可满足；而横向贯通误差（在平面上垂直于线路中线方向）的大小，则直接影响隧道的施工质量，严重者甚至会导致隧道报废。所以一般说贯通误差，主要是指隧道的横向贯通误差。《铁路工程测量规范》规定，洞外、洞内控制测量的贯通精度要求见表 4-7-1。

表 4-7-1　洞外、洞内控制测量的贯通精度要求

项　目	横向贯通允许误差							高程贯通
相向开挖隧道长度 L/km	$L<4$	$4 \leqslant L<7$	$7 \leqslant L<10$	$10 \leqslant L<13$	$13 \leqslant L<16$	$16 \leqslant L<19$	$19 \leqslant L<20$	允许误差
洞外贯通中误差/mm	30	40	45	55	65	75	80	18
洞内贯通中误差/mm	40	50	65	80	105	135	160	17
洞内外综合贯通中误差/mm	50	65	80	100	125	160	180	25
贯通限差/mm	100	130	160	200	250	320	360	50

注：本表不适用于利用竖井贯通的隧道。

4.7.2 贯通误差预计

影响横向贯通误差的因素有：洞外和洞内平面控制测量误差、洞外与洞内之间联系测量误差。下面介绍贯通误差的计算。

1. 洞外（GNSS 测量）横向贯通误差估算

GNSS 测量对贯通误差的影响值由起算点的坐标误差与起算边的方位误差引起的贯通误差构成。其估算可根据 GNSS 测量的洞口联系边测量精度及其定位点坐标精度，依式（4-7-1）求得。进出口洞口控制点与贯通面的关系如图 4-7-1 所示。

洞外（GNSS）测量横向贯通误差由式（4-7-1）估算：

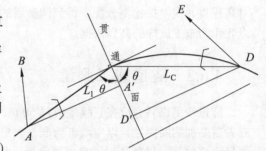

图 4-7-1　进出口控制点及贯通面的关系

$$M^2 = m_J^2 + m_C^2 + \left(\frac{m_{\alpha J} L_J \sin\theta}{\rho}\right)^2 + \left(\frac{m_{\alpha C} L_C \sin\varphi}{\rho}\right)^2 \tag{4-7-1}$$

式中　m_J、m_C——进、出口 GNSS 控制点坐标误差在贯通面上的投影长度；

L_J、L_C——进、出口 GNSS 控制点至贯通点的长度；

$m_{\alpha J}$、$m_{\alpha C}$——进、出口 GNSS 联系边的方位角中误差；

θ、φ——进、出口控制点至贯通点连线与贯通点线路法线的夹角。

2. 导线测量贯通误差估算

导线测量贯通误差由式（4-7-2）估算：

$$m = \pm\sqrt{m_{y\beta}^2 + m_{yl}^2} \tag{4-7-2}$$

式中　$m_{y\beta}$——由于测角误差影响，产生在贯通面上的横向中误差（mm）；

m_{yl}——由于测边误差影响，产生在贯通面上的横向中误差（mm）。

$$m_{y\beta} = \pm\frac{m_\beta}{\rho''}\sqrt{\sum R_x^2} \tag{4-7-3}$$

式中　m_β——由导线环闭合差求算的测角中误差（″）；

R_x——导线环在隧道相邻两洞口连线的一条导线上各点至贯通面的垂直距离（m）。

$$m_{yl} = \pm\frac{m_l}{l}\sqrt{\sum d_y^2} \tag{4-7-4}$$

式中　m_l——导线边边长相对中误差；

d_y——导线环在隧道相邻两洞口连线的一条导线上各边在贯通面上的投影长度（m）。

3. 三角测量贯通误差估算

三角测量贯通误差的计算公式可参考《铁路工程测量规范》中给出的有关公式，也可以按导线测量的误差公式[式（4-7-2）～式（4-7-4）]，选取三角网中沿中线附近的连续传算边作为一条导线进行计算。

此时，m_β 为由三角网闭合差求算的测角中误差（″）；R_x 为所选三角网中连续传算边形成的导线上各转折点至贯通面的垂直距离；m_l/l 为取三角网最弱边的相对中误差；d_y 为所选三角网中连续传算边形成的导线各边在贯通面上的投影长度。

【例 4-7-1】现以导线为例，说明洞外、洞内控制测量误差对横向贯通精度影响值的估算方法。首先按导线布点，绘出 1:10 000 的导线平面图（图 4-7-2）。$A—B—C—D—E—F$ 为单导线，A、F 为洞外导线的始、终点，使 y 轴平行于贯通面；由各导线点向贯通面方向作垂线，其垂足为 A'、B'、C'、D'、E'、F'；除导线点的始、终点 A、F 之外，量出各点垂距 R_{xB}、R_{xC}、R_{xD}、R_{xE}（用比例尺量，凑整到 10 m 即可）；然后以同样精度量出各导线边在贯通方向上的投影长度 d_{y1}、d_{y2}、d_{y3}、d_{y4}、d_{y5}，将各值填入表 4-7-2。

解：设导线环的测角中误差为 $m_\beta = 4''$，导线边长相对中误差为 $m_l/l = 1/10\ 000$，则

$$m_{y\beta} = \pm\frac{m_\beta}{\rho''}\sqrt{\sum R_x^2} = \left(\pm\frac{4}{206\ 265}\sqrt{475\ 400}\right)\text{m} = \pm13.4\ \text{mm}$$

$$m_{yl} = \pm \frac{m_l}{l}\sqrt{\sum d_y^2} = \left(\pm \frac{1}{10\ 000}\sqrt{68\ 600} \right) \text{m} = \pm 26.2 \text{ mm}$$

$$m_{y\text{外}} = \pm\sqrt{m_{y\beta}^2 + m_{yl}^2} = \pm 29.4 \text{ mm}$$

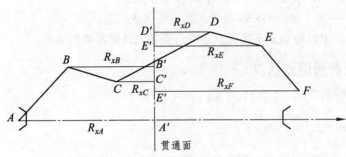

图 4-7-2　洞外控制贯通误差预计

表 4-7-2　洞外导线测量误差对横向贯通精度影响值计算

各点的投影垂距			各边的投影长度		
点名	R_x/m	R_x^2/m²	线段	d_y/m	d_y^2/m²
B	400	160 000	A—B	140	19 600
C	150	22 500	B—C	40	1 600
D	250	62 500	C—D	160	25 600
E	480	230 400	D—E	70	4 900
			E—F	130	16 900
$\sum R_x^2 = 475\ 400$ m²			$\sum d_y^2 = 68\ 600$ m²		

洞内控制无论是中线形式，还是导线形式，一律按导线看待，所以其估算方法与洞外导线测量完全相同，但要注意以下两点：

（1）两洞口处的控制点，在引入洞内导线时需要测角，其测角误差算入洞内测量误差。故计算洞外导线测角误差时，不包括始、终点的 R_x 值，而计算洞内导线测角误差时，如图 4-7-2 中的 R_{xA}、R_{xF}，应归入洞内估算值中。

（2）两洞口引入的洞内导线不必单独计算，可以将贯通点当作一个导线点，从一端洞口控制点到另一端洞口控制点，当作一条连续的导线来计算。

【例 4-7-2】如图 4-7-3 所示，从 A 到 F 看成一条导线，d 为贯通点，相关数据列于表 4-7-3。问：设计是否合理？

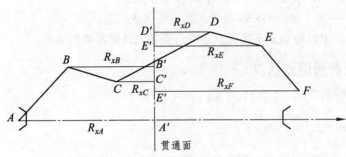

图 4-7-3　洞内控制贯通误差预计

解：设洞内测角中误差 $m_\beta = \pm 4''$。洞内测边相对中误差 $m_l/l = 1/5\ 000$，则：

$$m_{y\beta} = \pm \frac{m_\beta}{\rho''}\sqrt{\sum R_x^2} = \left(\pm \frac{4}{206\ 265}\sqrt{1\ 665\ 600} \right) \text{m} = \pm 25.0 \text{ mm}$$

$$m_{yl} = \pm\frac{m_l}{l}\sqrt{\sum d_y^2} = \left(\pm\frac{1}{5\,000}\sqrt{3\,600}\right)\,\text{m} = \pm12.0\,\text{mm}$$

$$m_{y\text{内}} = \pm\sqrt{m_{y\beta}^2 + m_{yl}^2} = \pm27.7\,\text{mm}$$

表 4-7-3　洞内导线测量误差对横向贯通精度影响值计算

各点的投影垂距			各边的投影长度		
点名	R_x/m	R_x^2/m²	线段	d_y/m	d_y^2/m²
A	690	476 100	$A{-}a$	0	0
a	510	260 100	$a{-}b$	0	0
b	330	108 900	$b{-}c$	0	0
c	110	12 100	$c{-}d$	0	0
d	0	0	$d{-}e$	0	0
e	170	28 900	$e{-}f$	0	0
f	350	122 500	$f{-}g$	0	0
g	510	260 100	$g{-}F$	60	3 600
F	630	396 900			
$\sum R_x^2 = 1\,665\,600$ m²			$\sum d_y^2 = 3\,600$ m²		

洞外、洞内测量误差，对隧道横向贯通精度的总影响为

$$m_y = \pm\sqrt{m_{y\text{外}}^2 + m_{y\text{内}}^2} = \pm40.4\,\text{mm}$$

按表 4-7-1 中要求，两开挖洞口间的长度小于 4 km 时，横向贯通中误差应小于 ±50 mm，现估算值为 ±40.4 mm，故可认为设计的施测精度能够满足隧道横向贯通精度的要求，设计是合理的。

思政阅读

不忘初心，勇攀高峰

2020 年 5 月 27 日，自然资源部第一大地测量队（简称"国测一大队"）第七次测量珠穆朗玛峰（简称"珠峰"）高度，最终测定珠穆朗玛峰的最新高程为 8 848.86 m，向世界展示了我国测绘科技的巨大成就。

2020 年 5 月 6 日下午，35 名队员从海拔 5 200 m 的大本营出发，开启了珠峰高程登顶测量，其中就有 8 名国测一大队的队员。本次珠峰高程测量受天气影响，从海拔 5 200 m 的珠峰大本营到峰顶共

图 1　珠峰测量队员登顶

22 km，高寒缺氧、风雪肆虐，越向上攀爬，越考验队员们的身体和意志极限。队员们共发起了三次向顶峰的冲击，截至最后一次冲顶，大家在交会点坚守了 10 天，就连驻点帐篷下面的冰雪都已经被队员们温暖化了。高山补给困难，队员们的食物吃完了，只能喝雪水，可谓爬冰卧雪。

当时 26 岁的张伟琪是国测一大队参加珠峰登山测量年龄最小的队员，在进行攀登测量时，他的 3 根手指不慎被冻伤，但他依然冲锋在前。他说："我们是在执行国家的任务，我们的肩上有责任，这是一种使命感和荣誉感，驱使着我们不断往上走。"

而他的队友，35 岁的马强，同样因为参加珠峰测高，半年瘦了 10 多斤。他在接受记者采访时回忆："攀登时，险象环生。可能有冰裂缝，有暗裂缝，也可能有雪崩。那个北坳冰壁最陡的地方有大约 80 度的斜坡，我们要负重 10 到 15 公斤上那个斜坡，再加上缺氧，最累的时候，每跨一步，要休息 5 秒钟，喘 5 口气，才有能力跨第二步。"

图2　测量人员登珠峰

冲顶一波三折，因天气原因测量登山队经历了两次撤回再出发。因长时间在珠峰上行进、停留，有的队员被冻伤，有的队员体力消耗后暴瘦。他们爬冰卧雪，勇闯生命禁区，却没有一个人退缩。

5 月 27 日，攻顶队员成功从北坡登上珠峰峰顶，并停留 150 min，创造了中国人在珠峰峰顶停留时长新纪录，实现了人类首次在珠峰峰顶开展重力测量。当测量觇标成功竖立在地球之巅的那一刻，英雄的国测一大队又一次创造了新的世界纪录。

（材料来源：北青网《28 天！登顶珠峰》）

巩固提高

一、选择题

1. 隧道测量中，腰线的作用是控制掘进（　　　）。

　　A. 高程与坡度　　　　B. 高程　　　　　　C. 坡度　　　　　　D. 方向

2. 竖井联系测量的作用是（　　　）。

　　A. 将地面点的坐标传递到井下　　　　　　B. 将地面点的坐标与方向传递到井下
　　C. 将地面点的方向传递到井下　　　　　　D. 将地面点的高程传递到井下

3. 进行洞内水准测量的作业时，由于洞内通视条件差，视距不宜大于（　　　）m。

　　A. 30　　　　　　　B. 40　　　　　　　　C. 50　　　　　　　D. 60

4. 隧道贯通误差的分类为（　　　）。

　　A. 纵向贯通误差　　　　　　　　　　　　B. 横向贯通误差
　　C. 高程贯通误差　　　　　　　　　　　　D. 水平贯通误差

5. 洞内的施工控制测量包括（　　　）。

　　A. 洞内导线测量和洞内水准测量　　　　　B. 洞内导线测量和洞外水准测量
　　C. 洞外导线测量和洞内水准测量　　　　　D. 洞外导线测量和洞外水准测量

6. 两井定向外业工作不包括（ ）。

    A. 投点
                         B. 洞外连接测量

    C. 联系三角形测量
            D. 洞内连接测量

7. 将洞外高程传递到洞内时,随着隧道施工布置的不同,分别采用三种不同的方法( )。

    A. 通过中线传递高程
                 B. 经由横洞传递高程

    C. 通过斜井传递高程
                 D. 通过竖井传递高程

二. 简答题

1. 为什么要进行隧道洞内、洞外施工控制测量?

2. 隧道洞外控制有哪些主要方法? 各适用于什么条件?

3. 如题图所示,A、C 投点在线路中线上,导线坐标计算为: $A(0,0)$,$B(238.820,-42.376)$,$C(1\,730.018,0)$,$D(187.596,0.007)$,试述仪器安置在 A、C 点时怎样进行进洞测设。

第1题图

4. 隧道贯通误差包括哪些? 什么是主要贯通误差?

5. 为什么要进行隧道洞内、洞外联系测量?

6. 隧道洞内平面控制测量有何特点? 常采用什么方法?

选择题答案: 1. A 2. B 3. C 4. ABC 5. A 6. C 7. BCD

项目 5　建筑施工测量

项目导学

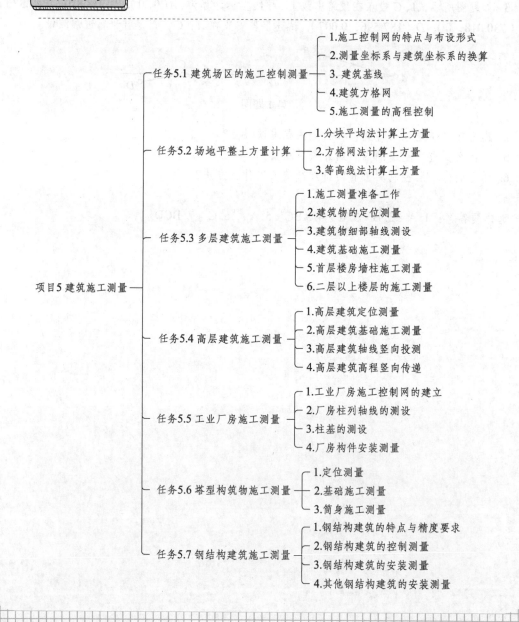

项目5 建筑施工测量

任务5.1 建筑场区的施工控制测量
- 1.施工控制网的特点与布设形式
- 2.测量坐标系与建筑坐标系的换算
- 3.建筑基线
- 4.建筑方格网
- 5.施工测量的高程控制

任务5.2 场地平整土方量计算
- 1.分块平均法计算土方量
- 2.方格网法计算土方量
- 3.等高线法计算土方量

任务5.3 多层建筑施工测量
- 1.施工测量准备工作
- 2.建筑物的定位测量
- 3.建筑物细部轴线测设
- 4.建筑基础施工测量
- 5.首层楼房墙柱施工测量
- 6.二层以上楼层的施工测量

任务5.4 高层建筑施工测量
- 1.高层建筑定位测量
- 2.高层建筑基础施工测量
- 3.高层建筑轴线竖向投测
- 4.高层建筑高程竖向传递

任务5.5 工业厂房施工测量
- 1.工业厂房施工控制网的建立
- 2.厂房柱列轴线的测设
- 3.柱基的测设
- 4.厂房构件安装测量

任务5.6 塔型构筑物施工测量
- 1.定位测量
- 2.基础施工测量
- 3.筒身施工测量

任务5.7 钢结构建筑施工测量
- 1.钢结构建筑的特点与精度要求
- 2.钢结构建筑的控制测量
- 3.钢结构建筑的安装测量
- 4.其他钢结构建筑的安装测量

知识模块	能力目标	
	专业能力	方法能力
建筑场区的 施工控制测量	（1）能理解施工控制网的特点与布设形式； （2）能掌握测量坐标系与建筑坐标系的换算； （3）能完成建筑基线的测设和校核； （4）能完成建筑方格网的测设和校核； （5）能掌握施工测量的高程控制测量方法	
场地平整土方量 计算	（1）能完成分块法计算土方量； （2）能完成方格网法计算土方量； （3）能完成等高线法计算土方量	
多层建筑 施工测量	（1）能正确识读建筑设计图纸； （2）能根据建筑总平面图完成建筑物的定位； （3）能根据建筑平面图完成建筑物的细部放线； （4）能根据基础平面图和基础详图完成基础施工测量； （5）能根据立面图和基剖面图完成墙柱施工测量； （6）能利用钢尺完成高程传递； （7）能利用经纬仪进行轴线传递	（1）独立学习、思考能力； （2）独立决策、创新能力； （3）获取新知识和技能的能力； （4）人际交往、公共关系处理能力； （5）工作组织、团队合作能力
高层建筑 施工测量	（1）能根据施工控制网完成高层建筑物定位； （2）能根据建筑物的轴线控制桩完成基坑开挖边线测设及高程测设； （3）能利用经纬仪进行延长轴线进行高层轴线竖向投测； （4）能利用激光铅垂仪进行轴线竖向投测； （5）能利用悬吊钢尺的方法进行高程传递	
工业厂房 施工测量	（1）能根据直角坐标法完成厂房控制网的测设和检核； （2）能根据极坐标法完成厂房控制网的测设和检核； （3）能完成厂房柱列轴线的测设； （4）能完成厂房柱基的定位； （5）能完成厂房柱子、吊车梁和屋架的安装测量	
塔型构筑物 施工测量	（1）能完成塔型构筑物的定位测量； （2）能完成塔型构筑物的基础施工测量； （3）能完成塔型构筑物的筒身施工测量	
钢结构建筑 施工测量	（1）能理解钢结构建筑的特点及测量精度要求； （2）能完成钢结构建筑的施工控制测量； （3）能利用全站仪完成钢结构建筑安装测量	

某地住房安置项目高层住宅楼施工测量方案（节选）

一、工程概况

某地住房安置项目高层住宅楼地上三十三层，地下三层，地下一层层高 3.3 m。地下一层为设备用房层，地下二、三层战时为常核六甲类二等人员掩蔽所，地上部分为住宅，总户数 264 户，共两个单元，住宅信报箱设置于入口。

本工程±0.000 为相对标高，相当于绝对标高。

本工程结构形式为剪力墙结构，建筑类别等级为一类，安全等级为二级，抗震设防分类为丙类，抗震设防烈度为八度，耐火等级为一级，建筑场地类别为Ⅲ类，屋面防水等级Ⅰ级，地下防水等级Ⅱ级。基础类型为桩承台基础。

二、控制点的布置及施测

1. 工程定位、放线

根据规划图、施工总平面图进行工程定位，并在现场内建立本工程控制网点，网点必须设置在基坑挖土影响不到的位置，并加以配合保护，以便在施工各个阶段进行复核。工程定位后，须经城市规划部门进行复核，经复核确认后才能进入下步工作，工程网点要经常进行复核校正，发现移位要及时恢复，以保证网点的准确性。

2. 结构施工测量

（1）轴线测量

由于建筑物相对较高，施工现场范围受限制，造成建筑物轴线外控投测困难，现考虑"内控为主、外控为辅"的内外控相结合的测量方法，在建筑物一层做好控制点，在纵横控制交汇点用 100 mm×100 mm 的钢板埋于地面，上刻十字标志作为垂直投递定位点的依据，用激光垂准仪沿控制点向上引测，各楼层在相对位置留设 200 mm×200 mm 预留孔，作激光穿射孔，投影时，孔上放置 300 mm×300 mm 毛玻璃，每一点按 0°、90°、270°、360°作四个点，取其中点作为该点的投影点。

（2）标高传递

楼层标高总高度控制由设在建筑物四角、电梯井内的"米"标志处，用经过校准的 50 m 钢尺向上逐层传递；并在同一垂线每层做"V"标志，作为每次层标高测量依据，各楼层间标高用DZS3 水准仪传递，并闭合复核为减少误差积累，各楼层的标高均以在"米"处的红"V"为基点，以此用整尺向上传递，不得由相邻下层向上层传递。

从场地的实际情况看，结合本工程的结构特点，主楼基础控制采用外控，使用基础外围坐标控制点用电子全站仪对主楼内部控制点进行放样。然后使用电子经纬仪为内控点进行闭合复测。

三、轴线及各控制线的测量

地面控制点布设完后，转角处采用 2″级电子经纬仪进行复测。各控制轴线间距离及角度进行复测校核，经校核无误后进行施测。

（1）基础施工轴线控制，直接采用基坑外坐标控制点进行放样基础内控点，再按投测控制线引放其他细部施工控制线，且每次控制轴线的放样必须独立施测两次，经校核无误好后方可使用。

（2）±0.000以上施工，采用标高平面内控点和正倒镜分中法投测其他细部轴线。

（3）±0.000以上高程传递，采用钢尺直接丈量法，传递标高正确区别建筑标高和结构标高，严防混淆出错，并在每个楼层的+0.5 m线上标注为建筑标高和楼层总标高，每层高度上至少设两个以上水准点，两次导入误差必须符合规范要求，否则独立施测两次，每层均采用首层统一高程点向上传递，不得逐层向上丈量，且层层校核。

（4）各层平面放出的细部轴线，特别是暗柱的位置、剪力墙的控制线必须校核无误，以便检查结构施工质量和以后的下一步施工。

（5）二次结构施工以原有控制轴线为准，引放填充墙墙体、门窗洞口尺寸。外窗洞口，采用经纬仪投测，以贯通控制线与外立面上，窗洞口标高的各层+500线控制且外立面水平弹出贯通控制线，周圈闭合，保证窗口位置正确，上下垂直，左右对称一致。

（6）外墙大角以控制轴线为准，保证大角垂直方正，经纬仪投测上下贯通，竖向垂直线与外立面各层弹出的+500线是否为直角。

（7）室内装饰面施工时，平面控制仍以结构施工控制线为依据，标高控制引测建筑+500线，要求交圈闭合，误差在限差范围内。

四、轴线及标高的测量

（1）地下室使用外控点用电子全站仪对轴线测设、定位。

（2）±0.000以上部分，使用"内控法"用激光垂准仪向上投点，用电子经纬仪测设轴线和转角测设，校核角度准确。

（3）内控点埋设：每个单元4个。在一层地面上预埋8块钢板，规格为200 mm×200 mm×5 mm，根据控制网十字交点在钢板上刻画十字丝，作为轴线投测的标志，各楼层的投测孔施工时，在相应的部位留设200 mm×200 mm的投测孔，便于轴线上引。

（4）轴线控制点引测后，应认真复核各点间的距离和平面几何尺寸，无误后，报监理验收确认，方可进行细部测量放线。

（5）投测层划分

① 地下室部分为外控点进行控制

一层～第十一层为地上第一段，第十二层～第二十二层为第二段，第二十三层～第三十三层主体屋顶为第三段。每一段的起始层，在轴线控制点（内控点）投放引测后，应认真复核各点间的距离和平面几何尺寸，必要时可从外控桩用激光经纬仪投测校核。

② 在辅助轴线通视线路上，遇剪力墙钢筋，在绑扎时，应予以调整、避开。

③ 水平距离量测，应使用专用钢尺（50 m），施工中用其他钢尺丈量时，应与此母尺进行对照调整。

五、楼层测量放线

（1）弹出构件轴线、截面线，弹出洞口外缘线及埋件标高、中心线，必要时弹出模板外缘线及控制线，受力构件（柱、梁、墙）外缘线及控制线。

（2）每一次竖向构件施工完毕后，应及时弹出建筑标高500线。

（3）柱、墙模板拆除后，顶板模板支设完成时测出轴线，必须校核阳台、空调板及外墙线等模板位置正确。

思考：1. 建筑设计蓝图中的建筑物如何在实地标定位置？

2. 该项目施工测量需要用到哪些仪器设备？

3. 该项目的施工放样测量方案包含建筑施工测量哪些技术方法？

请写下你的分析：

_____

_____

_____

_____

_____

_____

_____

_____

_____

_____

_____

_____

_____

_____

_____

_____

_____

_____

_____

任务 5.1 建筑场区的施工控制测量

5.1.1 施工控制网的特点与布设形式

视频：施工控制网的建立

1. 施工控制网的特点

勘测阶段所建立的测图控制网，旨在是为测图服务，控制点的选择是根据地形条件和测图比例尺综合考虑的。由于测图控制网不可能考虑到尚未设计的建筑物的总体布置，而施工控制网的精度又取决于工程建设的性质，因此测图控制网的点位精度和密度，都难以满足施工放样的要求。为此，为了进行施工放样测量，必须建立施工控制网。

相对于测图控制网而言，施工控制网具有如下特点：

（1）控制的范围小，控制点的密度大，精度要求较高。对于一般的工业与民用建筑工地，作业范围相对较小，许多建筑工地面积小于 1 km²。在如此小的工地上，要放样错综复杂的各种建筑物，就需要有较为密集的控制点。由于建筑物的放样偏差不能超过一定的限差，如工业厂房主轴线的定位精度为 2 cm，这样的精度要求相对于测图而言是非常高的。因此，要求施工控制网具有较高的精度。

（2）施工控制网使用频繁。在施工过程中，一般都是在控制点上直接放样。对于复杂建（构）筑物，在不同的高度层上，往往具有不同的形状、不同的尺寸和不同的附属工程，随着施工层面和浇筑面的升高，往往对每一层都要进行放样工作。使用如此频繁，要求控制点稳定可靠、使用方便并能长期保存。建筑工地上常见的轴线控制桩、观测墩和混凝土桩等就是基于这一要求建立的。

（3）放样工作容易受施工干扰。在现代建筑工地上，不同建筑物经常交叉作业，当施工高度相差较大时，会影响控制点之间的相互通视。此外，建筑工地的施工机械、往来的运输车辆和人员也会成为通视的障碍。为便于放样时选择，施工控制点位置分布要恰当，密度也应该较大。

2. 施工控制网的布设形式

施工控制网的布设形式要根据建（构）筑物的总平面布置和工地的地形条件来确定。

（1）对于地形起伏较大的山区或跨越江河的建筑工地，一般可以考虑建立三角网或 GNSS 网。

（2）对于地形平坦但通视比较困难的地区，例如进行三旧改造或扩建的居民区及工业场地，可以考虑布设导线网。

（3）对于建筑物比较密集且布置比较规则的工业场地与民用建筑区，也可以将施工控制网布设成规则的矩形格网，即建筑方格网。

5.1.2 测量坐标系与建筑坐标系的换算

由于地形的限制，有些建筑场区的建筑物布置不是正南北方向，而是统一偏转了一个角度，为了设计与施工的方便，在设计时新建一个坐标系，称为建筑坐标系，有时也称为施工坐标系，建筑基线和建筑方格网一般采用建筑坐标系。

建筑坐标系坐标轴的方向与主建筑物轴线的方向平行，坐标原点设置在总平面图的西南角上，使所有建筑物的设计坐标均为正值。有的厂区建筑因受地形限制，不同区域建筑物的轴线方向不同，因而在不同区域采用不同的建筑坐标系。为与测量坐标系区别开来，规定建筑坐标系的 x 轴改名为 A 轴，y 轴改名为 B 轴，如图 5-1-1 所示。

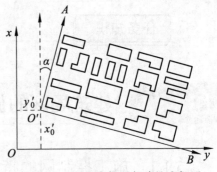

图 5-1-1　测量坐标系与建筑坐标系

由于建筑坐标系与测量坐标系不一致，在测量工作中，经常需要将一些点的建筑坐标换算为测量坐标，或者将测量坐标换算为建筑坐标，下面介绍换算方法。

1. 换算参数

如图 5-1-2 所示，测量坐标系为 xOy，建筑坐标系为 $AO'B$，两者的关系由建筑坐标系的原点 O' 的测量坐标（x_0'，y_0'）及 $O'A$ 轴的坐标方位角 α 确定，它们是坐标换算的重要参数。这三个参数一般由设计单位给出，施工单位按设计单位提供的参数进行坐标换算。若图纸上给出了两个点的建筑坐标和测量坐标，也可反算出换算参数。

如图 5-1-2 所示 P_1、P_2 两点，在测量坐标系中的坐标为（x_1、y_1）和（x_2、y_2），在建筑坐标系中的坐标为（A_1、B_1）和（A_2、B_2），则可按下列公式计算出（x_0'，y_0'）和 α：

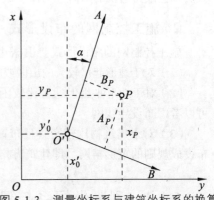

图 5-1-2　根据两个已知点求转换参数

$$\alpha = \arctan \frac{y_2 - y_1}{x_2 - x_1} - \arctan \frac{B_2 - B_1}{A_2 - A_1} \tag{5-1-1}$$

$$\left.\begin{array}{l} x_0' = x_2 - A_2 \cdot \cos \alpha + B_2 \cdot \sin \alpha \\ y_0' = y_2 - A_2 \cdot \sin \alpha - B_2 \cdot \cos \alpha \end{array}\right\} \tag{5-1-2}$$

2. 建筑坐标与测量坐标之间的换算

如图 5-1-3 所示，P 点在测量坐标系中的坐标为（x_P、y_P），在建筑坐标系中的坐标为（A_P、B_P），建筑坐标系原点在测量坐标系内的坐标为（x_0'、y_0'），$O'A$ 轴与 Ox 轴的夹角（即 A 轴在测量坐标系内的坐标方位角）为 α，则将建筑坐标系换算为测量坐标系的计算公式为：

$$\left.\begin{array}{l} x_P = x_0'' + A_P \cdot \cos \alpha - B_P \cdot \sin \alpha \\ y_P = y_0'' + A_P \cdot \sin \alpha + B_P \cdot \cos \alpha \end{array}\right\} \tag{5-1-3}$$

将测量坐标系换算为建筑坐标系的计算公式为：

图 5-1-3　测量坐标系与建筑坐标系的换算

$$\left.\begin{array}{l} A_P = (x_P - x_0') \cdot \cos \alpha + (y_P - y_0') \cdot \sin \alpha \\ B_P = -(x_P - x_0') \cdot \sin \alpha + (y_P - y_0') \cdot \cos \alpha \end{array}\right\} \tag{5-1-4}$$

5.1.3 建筑基线

建筑基线是建筑场区的施工控制基准线。在面积较小、地势较平坦的建筑场区，通常布设一条或几条建筑基线，作为施工测量的平面控制。建筑基线布设的位置是根据建筑物的分布、原有测图控制点的情况以及现场地形情况而定的。建筑基线通常可以布设成"一字形""L形""T形"和"十字形"，如图 5-1-4 所示，其中虚线框为拟建的建筑物。无论哪种形式，基线点数均不应少于 3 个，以便今后检查其点位有无变动。

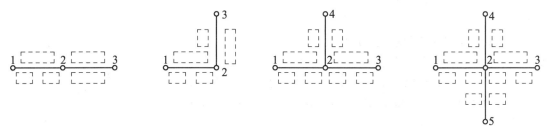

图 5-1-4　建筑基线形式

建筑基线相当于特殊的导线，即导线边必须与主要建筑物平行，并且与坐标轴也平行。为了满足这个要求，其布设一般是按"设计—测设—检测—调整"这四个步骤来进行。

1. 图上设计

建筑基线一般先在建筑总平面图上设计，设计时应使建筑基线尽量靠近主要建筑物，并且平行于主要建筑物的主轴线，以便采用直角坐标法测设建筑物。设计好后，在图上查询和标注建筑基线点的坐标。如图 5-1-5 所示，设计 A、O、B 三个点组成的"一字形"建筑基线。

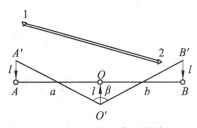

图 5-1-5　"一字形"建筑基线测设

2. 现场测设

在建筑场区根据原有或引测过来的控制点，用全站仪或卫星定位测量方法，把建筑基线点按其设计坐标，在地面相应位置上测设出来。

如图 5-1-5 所示，根据邻近原有的测图控制点 1、2，用全站仪按极坐标法将基线点测设到地面上，得 A'、O'、B'三点。

3. 检查测量

由于测设误差，A'、O'、B'三点不会严格符合三点一线的设计要求。在 O'点安置全站仪观测水平角∠A'O'B'，检查其值是否为 180°，如果角度误差大于 ±10″，说明不在同一直线上，应将基线点在横向上进行调整。

用全站仪检查 AO 和 BO 的距离与设计值是否一致，若偏差大于 1/10 000，应将基线点在纵向上进行调整。

4. 点位调整

如图 5-1-5 所示，调整时将 A'、O'、B'沿与基线垂直的方向移动相等的距离 1，得到位于同一直线上的 A、O、B 三点，l 的计算如下：

设 A、O 距离为 a，B、O 距离为 b，$\angle A'O'B' = \beta$，则有

$$l = \frac{ab}{a+b}\left(90°-\frac{\beta}{2}\right)''\frac{1}{\rho} \tag{5-1-5}$$

式中，$\rho = 206\,265''$。

三个基线点调整到一条直线上后，根据检测的 AO 和 BO 的距离与设计值之差，以 O 点为基准，在纵向上调整 A、B 两点。调整后再次检查测量，符合要求后，即得到所需的建筑基线。

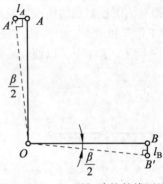

如果是如图 5-1-6 所示的"L 形"建筑基线，测设 A'、O'、B' 三点后，在 O 点安置经纬仪检查 $\angle A'OB'$ 是否为 90°，如果偏差值 $\Delta\beta$ 大于 ±20″，则保持 O 点不动，按精密角度测设的改正方法，将 A' 和 B' 各改正 $\Delta\beta/2$，其中 A'、B' 改正偏距 l_A、l_B 的算式分别为：

图 5-1-6 "L 形"建筑基线测设

$$\left.\begin{aligned} l_A &= AO \cdot \frac{\Delta\beta}{2\rho} \\ l_B &= BO \cdot \frac{\Delta\beta}{2\rho} \end{aligned}\right\} \tag{5-1-6}$$

式中，$\rho = 206\,265''$。

A' 和 B' 沿直线方向上的距离检查与改正方法同"一字形"建筑基线。

5.1.4 建筑方格网

在平坦地区建设大中型工业厂房，建筑基线不能完全控制整个建筑场区，通常都是沿着互相平行或互相垂直的方向布置控制网点，构成正方形或矩形格网，这种场区平面控制网称为建筑方格网，如图 5-1-7 所示。建筑方格网具有使用方便，计算简单，精度较高等优点，它不仅可以作为施工测量的依据，还可以作为竣工总平面图测量的依据。

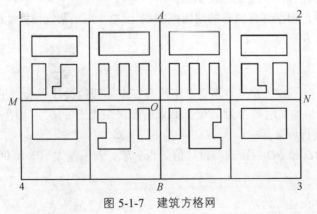

图 5-1-7 建筑方格网

建筑方格网的布置与建筑基线一样，按"设计—测设—检测—调整"这四个步骤来进行。其中检测的内容为测量全部的角度和边长，然后根据测量数据进行平差计算得到实际的点位坐

标，调整时是按实际坐标与设计坐标的差值进行点位的调整。建筑方格网的布置较为复杂，一般由专业测量人员进行。

1. 建筑方格网的布设

1）建筑方格网的布置和主轴线的选择

建筑方格网的布置，须根据建筑设计总平面图上各建筑物、构筑物、道路及各种管线的布设情况，并结合现场的地形情况拟定。如图 5-1-7 所示，布置时应先选定建筑方格网的主轴线 MN 和 AB，然后再布置其他方格网顶点。建筑方格网可布置成正方形或矩形，当面积较大时，常分两级。首级可采用"十"字形、"口"字形或"田"字形，然后再加密。当面积不大时，尽量布置成全面方格网。

布网时，应注意以下几点：

（1）主轴线应布设在中部，并与主要建筑物的基本轴线平行。

（2）折角应严格成 90°，水平角测角中误差一般为 ±5″。

（3）边长一般为 100~300 m，边长测量的相对精度为 1/20 000~1/30 000；矩形方格网的边长视建筑物的大小和分布而定，为了便于使用，边长尽可能为 50 m 或它的整倍数。建筑方格网的边应保证通视且便于测距和测角，点位标石应能长期保存。

2）确定主点的施工坐标

如图 5-1-8 所示，MN、AB 为建筑方格网的主轴线，它们是建筑方格网扩展的基础。当面积很大时，主轴线很长，一般只测设其中的一段，如图中的 COD 段，该段上 C、O、D 点是主轴线的定位点，称为主点。主点的施工坐标一般由设计单位给出，也可在总平面图上用图解法求得一点的施工坐标后，再按主轴线的长度推算其他主点的施工坐标。

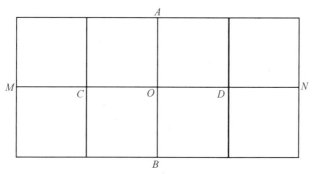

图 5-1-8 建筑方格网主点

3）求算主点的测量坐标

由于城市建设需要有统一的规划，设计建筑的总体位置必须与城市或国家坐标一致。因此，主轴线的定位需要测量控制点来测设，使其符合直线、直角、等距等几何条件。当施工坐标与城市坐标或国家坐标不一致时，在施工方格网测设之前，应把主点的施工坐标换算为测量坐标，以便求算测设数据。

2. 建筑方格网的测设

1）主轴线的测设

图 5-1-9 中的 1、2、3 点是测量控制点，C、O、D 点为主轴线的主点。首先将 C、O、D 三

点的施工坐标换算成测量坐标，再根据它们的坐标反算出测设数据 D_1、D_2、D_3 和 δ_1、δ_2、δ_3，然后按极坐标法分别测设出 C、O、D 三个主点的概略位置，用图 5-1-10 中的 C'、O'、D' 表示，并用混凝土桩把主点固定下来。混凝土桩顶部常设置一块 10 cm × 10 cm 铁板，供调整点位使用。

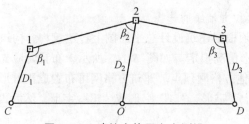

图 5-1-9　建筑方格网主点测设

如图 5-1-10 所示，由于主点测设误差的影响，三个主点一般不在一条直线上，并且点与点之间的距离也不等于设计值。因此需在 O' 点上设站，用 2″ 的全站仪测量 $\angle C'O'D'$ 的角值和 $O'C'$ 和 $O'D'$ 的距离 2～3 测回，$\angle C'O'D'$ 与 180° 之差超过 ±5″，或 $O'C'$、$O'D'$ 的长度与设计值相差超过 ±5 mm，都应该进行点位的调整，各主点应沿 COD 的垂线方向移动同一改正值 δ，使三主点成一直线。调整方法与 "一字形" 建筑基线测设方法相同。

移动 C'、O'、D' 三点之后再测量 $\angle C'O'D'$，如果测得的结果与 180° 之差仍超限，应再进行调整，直到误差在允许范围之内为止。然后计算 Δa、Δb，将 C、D 点移动至正确位置，得到经过检验调整后的一条主轴线。

C、O、D 三个主点测设好后，如图 5-1-11 所示，将全站仪安置在 O 点，瞄准 C 点，分别向左、向右转 90°，测设出另一主轴线 AOB，同样用混凝土桩在地上定出其概略位置 A' 和 B'，再精确测出 $\angle COA'$ 和 $\angle B'OC$，分别算出它们与 90° 之差 ε_1 和 ε_2，并按式（5-1-7）计算出改正值 l_1 和 l_2。

$$l_i = L_i \frac{\varepsilon_i}{\rho} \tag{5-1-7}$$

式中　L——OA' 或 OB' 的长度；

　　　ρ——206 265″；

　　　ε_i——与 90° 的角度差。

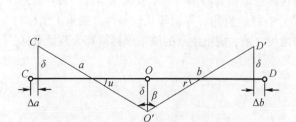

图 5-1-10　建筑方格网主点位置纠正

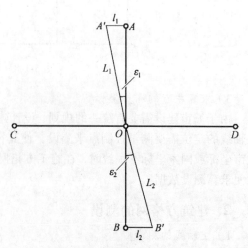

图 5-1-11　测设另一条主轴线

A、B 两点定出后，还应实测改正后的 $\angle AOB$，它与 $180°$ 之差应在限差范围内。然后精密丈量出 OA、OB、OC、OD 的距离，在铁板上刻出其点位。

2）方格网点的测设

主轴线确定后，先进行主方格网的测设，然后在主方格网内进行方格网的加密。

主方格网的测设，采用角度交会法定出方格网点。以图 5-1-7 为例说明其作业过程：用两台全站仪分别安置在 M、A 两点上，均以 O 点为起始方向，分别向左、向右精确地测设出 $90°$ 角，在测设方向上交会 1 点，交点 1 的位置确定后，进行交角的检测和调整，同法测设出主方格网点 2、3、4，这样就构成了田字形的主方格网。

当主方格网测定后，以主方格网点为基础，加密其余各格网点。

5.1.5　施工测量的高程控制

在建筑场区还应建立施工高程控制网，作为测设建筑物高程的依据。施工高程控制网点的密度，应尽可能满足安置一次仪器，就可测设出所需点位的高程。网点的位置可以实地选定并埋设稳固的标志，也可以利用施工平面控制桩兼作高程点。水准点间距宜小于 1 km，距离建构筑物不宜小于 25 m，距离回填土边线不宜小于 15 m。如遇基坑时，距基坑缘不应小于基坑深度的两倍。为了检查水准点是否因受振动、碰撞和地面沉降等原因而发生高程变化，应在土质坚实和安全的地方布置三个以上的基本水准点，并埋设永久性标志。

高程控制测量前应收集场区及附近的城市高程控制点、建筑区域内的临时水准点等资料，当点位稳定、符合精度要求和成果可靠时，可作为高程控制测量的起始数据。当起始数据的精度不能满足场区高程控制网的精度要求时，经委托方和监理单位同意，可选定一个水准点作为起始数据进行布网。

施工高程控制网常采用四等水准测量作为首级控制，在此基础上按五等水准测量进行加密，用闭合水准路线或附合水准路线测定各点的高程。对于大中型施工项目的场区高程测量和有连续性生产车间的工业场地，应采用三等水准测量作为首级控制；对一般的民用建筑施工区，可直接采用五等水准测量。施工高程控制网也可采用同等精度的光电测距三角高程测量施测。

在大中型厂房的高程控制中，为了测设方便，减少误差，应在厂房附近或建筑物内部，测设若干个高程正好为室内地坪设计高程的水准点，这些点称为建筑物的 ±0 水准点或 ±0 标高，作为测设建筑物基础高程和楼层高程的依据。±0 标高一般用红油漆在标志物上绘一个倒立三角形 "▼" 来表示，三角形的顶边代表 ±0 标高的实际位置。

任务 5.2　场地平整土方量计算

在各种工程建设中，除对建筑物做合理的平面布局外，还经常需要对原有场地做必要的平整，以便布置建筑物、排水以及满足交通运输和管线的布设。在平整工作中经常要进行土方量的计算。土方量的计算是地形图的一项重要应用，其实质是一个体积的计算问题。

土方量计算前，需要选择一个设计标高。选择场地设计标高的原则是：

（1）在满足总平面设计的要求，并与场外工程设施的标高相协调的前提下，考虑挖填平衡，以挖作填；

（2）如挖方少于填方，则要考虑土方的来源，如挖方多于填方，则要考虑弃土堆场；

（3）场地设计标高要高出区域最高洪水位，在严寒地区，场地的最高地下水位应在土壤冻结深度以下。

由于地形面比较复杂，又有各种不同类型的工程和施工界限，所以需要计算土方的形体也多种多样，在此介绍常用的分块平均法、方格网法和等高线法。

5.2.1　分块平均法计算土方量

当平整区域原有地面比较平坦，平整为几块高程不同的平面；或者平整区域地面为几块高程不同比较平坦的地面，平整为一整块平面时，可以将平整区域分块来计算土方量。土方量计算时，先计算每块的面积，再计算每块的平均高程，根据平整的设计高程，计算每块的土方量，最后再将各块土方相加得总土方量。

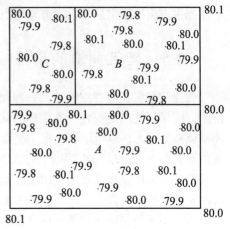

图 5-2-1　分块平均法计算土方示意图

如图 5-2-1 所示，施工场地原有地面比较平坦，原地面高程如图所示。分为 A、B、C 三块平整，设计高程分别为 78.0 m、78.5 m、79.0 m 的平面。

1. 计算每个地块的面积

A、B、C 三块面积分别为 $S_A = 1\ 500\ m^2$，$S_B = 1\ 000\ m^2$，$S_C = 500\ m^2$。

2. 根据每个地块的原地面高程计算平均高程

A、B、C 三块平均高程分别为：$H_A = 79.97\ m$、$H_B = 79.97\ m$、$H_C = 79.95\ m$。

3. 计算每个地块的土方量

A、B、C 三块的土方量分别为

$$V_A = S_A \times (H_A - 78.0) = 2\ 955\ m^3$$
$$V_B = S_B \times (H_B - 78.5) = 1\ 470\ m^3$$
$$V_C = S_C \times (H_C - 79.0) = 475\ m^3$$

4. 计算总土方量

总土方量 V 为

$$V = V_A + V_B + V_C = 4\ 900\ m^3$$

5.2.2　方格网法计算土方量

方格网法计算土地平整挖填土方量的基本原理是：把要平整的土地分成若干方格，通过实地测量或在地形图上量测各方格点的地面高程，根据场地的设计高程和设计坡度，求出各方格

点的填挖高差，逐个计算每个方格的挖填土方量，最后把所有方格的挖填土方量相加，即得到总的挖填土方量。

场地的设计平整面可能是一个水平面，也可能是一个有一定坡度的倾斜面。下面分别介绍场地平整成水平面和倾斜面的挖填土方计算。

1. 平整成水平面的挖填土方计算

图 5-2-2 为某场地的地形图，若要求将原地貌按照挖填平衡的原则改造成水平面，设计计算步骤如下：

1）划分方格网

在划分方格网时尽量使格网线与施工区的纵、横坐标一致，或者与场地的长边平行，方格网大小可取 5 m×5 m、10 m×10 m 或 20 m×20 m 等，具体应根据场地的大小和地形点的间距来确定。

如图 5-2-2 所示，本例的方格网边长取 20 m×20 m，并对各边进行编号，纵向编号为 $A \sim E$，横向编号为 $1 \sim 5$。

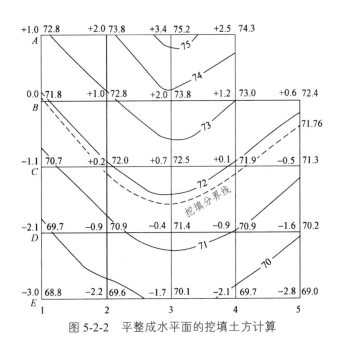

图 5-2-2 平整成水平面的挖填土方计算

2）求取方格网点原地面高程

在方格网划分完成后，可以根据地形图中的等高线来求取各方格网点的地面高程，并标注在该点上方。例如图 5-2-2 中基本等高距为 1.0 m，A_1 点（用纵横边的编号表示交点）的高程在 72 ~ 73 m，用内插法计算得到高程为 72.8 m，其余各点的高程均可以用相同方法计算出，并注记在相应顶点的右上方。

3）计算挖填平衡的设计高程

先计算每一个方格顶点的平均高程 H_i，再计算所有方格的平均高程，这个平均高程就是挖填平衡的设计高程 H_0。

$$H_i = \frac{H_{i1} + H_{i2} + H_{i3} + H_{i4}}{4} \qquad (5\text{-}2\text{-}1)$$

$$H_0 = \frac{H_1 + H_2 + \cdots + H_n}{n} = \frac{1}{n}\sum_{i=1}^{n} H_i$$

式中　H_i——相应方格的平均高程；

　　　n——总方格数。

由图 5-2-2 可知，方格网的角点 A_1、A_4、B_5、E_1、E_5 的高程 $H_{角}$只用了一次，边点 A_2、A_3、B_1、C_1、C_5、D_1、D_5、E_2、E_3 和 E_4 的高程 $H_{边}$用了两次，拐点 B_4 的高程 $H_{拐}$只用了三次，中点 B_2、B_3、C_2、C_3、C_4、D_2、D_3、D_4 的高程 $H_{中}$用了四次，因此，设计高程的计算公式可以简化为：

$$H_0 = \frac{\sum H_{角} + 2\sum H_{边} + 3\sum H_{拐} + 4\sum H_{中}}{4n} \qquad (5\text{-}2\text{-}2)$$

将图 5-2-2 各顶点的高程代入式（5-2-2），即可计算出设计高程。

$$H_0 = [(72.8 + 74.3 + 72.4 + 68.8 + 69.0) + 2 \times$$
$$(73.8 + 75.2 + 71.8 + 70.7 + 71.3 + 69.7 + 70.2 + 69.6 + 70.1 + 69.7) +$$
$$3 \times 73.0 + 4 \times (72.8 + 73.8 + 72.0 + 72.5 + 71.9 + 70.9 + 71.4 + 70.9)]/(4 \times 15)$$
$$= 4\,309.3/60 = 71.76 \text{ m}$$

在图中内插出 71.76 m 的等高线（图中虚线）即为挖填平衡的分界线。

4）计算挖填高

各方格点的挖填高为方格顶点的高程减去设计高程 H_0，即 $h_i = H_i - H_0$，标注在各方格顶点的左上方，正值表示挖方，负值表示填方。

5）计算挖填土方量

按角点、边点、拐点和中点分别进行计算。

角点：　　　挖(填高)$\times \dfrac{1}{4}$方格面积 $= \dfrac{1}{4}h_i S_i \ h_i S_i$

边点：　　　挖(填高)$\times \dfrac{2}{4}$方格面积 $= \dfrac{2}{4}h_i S_i \ h_i S_i$

拐点：　　　挖(填高)$\times \dfrac{3}{4}$方格面积 $= \dfrac{3}{4}h_i S_i$

中点：　　　挖(填高)$\times \dfrac{4}{4}$方格面积 $= \dfrac{4}{4}h_i S_i$

挖填土方量的计算在 Excel 中完成，方便快捷、计算准确。设地形图比例尺为 1：1 000，方格图上边长为 2 cm，则方格面积为 400 m^2。土方量的计算扫描右侧二维码下载电子表格。

电子表格：水平地面
挖填土方量的计算

2. 平整成倾斜面的挖填土方计算

将原地形整理成某一坡度的倾斜地面，一般可以根据挖填平衡的原则，绘制出设计倾斜面的等高线。

如图 5-2-3 所示，根据地貌的自然坡度，按照挖填平衡的原则将地面设计成从北到南坡度为 −7% 的倾斜地面，设计计算步骤如下：

1）绘制方格网

将各方格顶点的高程用线性内插法求出，并注记在相应顶点的右上方。

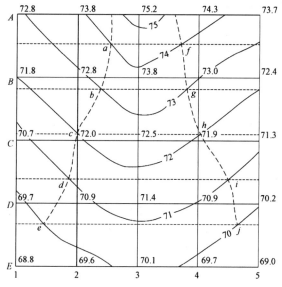

图 5-2-3　平整成倾斜面的挖填土方计算

2）计算场地重心设计高程

根据挖、填平衡，按水平场地的设计计算方法，计算出场地重心的设计高程（就是挖、填平衡时的水平面高程）为 71.85 m。

3）确定倾斜面最高点和最低点的设计高程

如图 5-2-3 所示，按设计要求，场地从北至南以 –7% 为最大坡度，则 A_1—A_5 为场地的最高边线，E_1—E_5 为场地的最低边线。已知 AE 边长为 80 m，则 A、E 两点的设计高差为

$$h_{AE} = D_{AE} \times i = 80 \times (-7\%) = -5.6 \, (\text{m})$$

由于场地重心（图形的中心）的设计高程定为 71.85 m，且 AE 为最大坡度方向，所以 71.85 m 也是 AE 边线的中心点的设计高程，即 C_1—C_5 的设计高程为 71.85 m，那么 A_1—A_5、B_1—B_5、D_1—D_5、E_1—E_5 点的设计高程分别为

A_1—A_5:　　$H_{A_1-A_5} = H_0 - \dfrac{h_{AC}}{2} = 71.85 + 2.8 = 74.65 \, (\text{m})$

B_1—B_5:　　$H_{B_1-B_5} = H_0 - \dfrac{h_{AC}}{4} = 71.85 + 1.4 = 73.25 \, (\text{m})$

D_1—D_5:　　$H_{D_1-D_5} = H_0 + \dfrac{h_{AC}}{4} = 71.85 - 1.4 = 70.45 \, (\text{m})$

E_1—E_5:　　$H_{E_1-E_5} = H_0 + \dfrac{h_{AC}}{2} = 71.85 - 2.8 = 69.05 \, (\text{m})$

将上述设计高程，标注在方格角点的右下方。

4）确定挖、填边界线

在 AE 边线上，根据 A、E 的设计高程内插出 70、71、72、73、73 m 的设计等高线的位置。通过这些点分别作 A_1A_5 的平行线（图 5-2-3 中的横虚线），这些虚线就是坡度为 –7% 的设计等

高线。设计等高线与图上同高程的原等高线相交于 a、b、c、d、e、f、g、h、i、j 点，这些交点的连线即为挖填边界线（图中较粗的虚曲线）。图中两连线 $a—b—c—d—e$、$f—g—h—i—j$ 之间为挖方范围，其余为填方范围。

5）确定方格角点的挖填高

按公式 $h = H_i - H_{设计}$ 计算出各角点的挖填高，并标注在方格角点的左上方。

6）计算挖填方量

根据方格角点的挖填高，可按前述介绍的方法分别计算各方格内的挖填土石方量及整个场地的总挖填土石方量。

上述计算可在 Excel 中进行，扫描右侧二维码下载电子表格。

电子表格：倾斜地面挖填土方量的计算

5.2.3 等高线法计算土方量

当地面起伏较大，且仅计算挖方时，可采用等高线法。这种方法是从场地设计高程的等高线开始，算出其上各等高线所包围的面积，分别将相邻两条等高线所围面积的平均值乘以等高距，就是此两等高线平面间的土方量，再求和即得总挖方量。

如图 5-2-4 所示，地形图等高距为 1 m，要求平整场地后的设计高程为 33.5 m。先在图中内插设计高程为 33.5 m 的等高线（图中虚线），再分别求出 33.5 m、34 m、35 m、36 m、37 m 五条等高线所围成的面积 $A_{33.5}$、A_{34}、A_{35}、A_{36}、A_{37}，即可算出每层土石方量，计算过程为：

$$V_1 = \frac{1}{2}(A_{33.5} + A_{34}) \times 1$$

$$V_2 = \frac{1}{2}(A_{34} + A_{35}) \times 1$$

$$\vdots$$

$$V_5 = \frac{1}{2}A_{37} \times 0.1$$

则总挖方量为：

$$\sum V_W = V_1 + V_2 + V_3 + V_4 + V_5$$

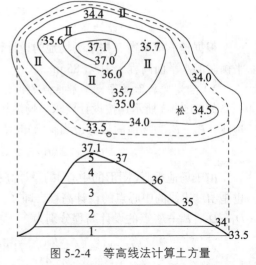

图 5-2-4　等高线法计算土方量

任务 5.3　多层建筑施工测量

多层建筑一般是指 2 层以上，7 层或者高度 24 m 以下的建筑，包括居住建筑和公共建筑，比如普通住宅楼、办公楼、各种综合楼等，多层建筑施工测量就是按照设计要求，配合施工进度、将建筑的平面位置和高程在现场测设出来。多层建筑的类型、结构和层数各不相同，因而施工测量的方法和精度要求也有所不同，但施工测量的基本过程是一样的，主要包括建筑物定位、细部轴线放样、基础施工测量和墙体施工测量等。

5.3.1　施工测量准备工作

施工测量准备工作包括：施工图校核、测量定位依据点的交接与检测、确定施工测量方案和准备施工测量数据、测量仪器和工具的检验校正、施工场地测量等内容。

1. 施工图校核

施工图是施工测量的主要依据，应充分熟悉有关的设计图样，并校核与测量有关的内容。可根据不同施工阶段的需要，校核总平面图、建筑施工图、结构施工图、设备施工图等。校核内容应包括坐标与高程系统、建筑轴线关系、几何尺寸、各部位高程等，并应及时了解和掌握有关工程设计变更文件，以确保测量放样数据准确可靠。

1）总平面图的校核

校核采用哪种坐标系统，掌握坐标换算关系，检查坐标格网与放样建筑物所注坐标数字是否相符；总图绝对标高所采用的高程系统，室内±0所对应的绝对标高值是否有误；建设用地红线桩点坐标与角度、距离是否对应；建筑物定位依据及定位条件是否明确合理；建（构）筑物（群）的几何关系；首层室内地面设计高程、室外地面设计高程及有关坡度是否合理、对应等。

2）建筑施工图的校核

核对建筑物各轴线的间距、夹角及几何关系，核对建筑物平面、立面、剖面及节点大样图的轴线尺寸；核对各层标高（相对高程）与总平面图中有关部分是否对应。

3）结构施工图的校核

核对轴线尺寸、层高、结构构件尺寸；以轴线图为准，对比基础、非标准层及标准层之间的轴线关系；对照建筑图，核对两者相关部位的轴线、尺寸、标高是否对应。

4）设备施工图的校核

对照建筑、结构施工图，核对有关设备的轴线、尺寸和标高是否对应；核对设备基础、预留孔洞、预埋件位置、尺寸、标高是否与土建图一致。

2. 测量定位依据点的交接与检测

通过现场踏勘了解施工现场上地物、地貌以及现有测量控制点的分布情况。平面控制点或建筑红线桩点是建筑物定位的依据点，由于建筑施工时间较长，施工工地各类建筑材料堆放较多，容易造成对建筑物定位依据点的破坏，给施工带来不必要的损失，所以，施工测量人员应认真做好定位依据点资料成果与点位（桩位）交接工作，并做好保护工作。

定位依据点的数量应不少于三个，以便于校核。应检测定位依据点的角度、边长和点位误差，检测限差应符合有关测量规范的要求。水准点是确定建筑物高程的基本依据，为确保建筑物高程的准确性，水准点的数量不应少于两个，应对水准点之间的高差进行检测，符合限差要求后方可使用。

3. 确定施工测量方案和准备施工测量数据

在校核施工图样、掌握施工计划和施工进度的基础上，结合现场条件和实际情况，编制施工测量方案。方案包括技术依据、测量方法、测量步骤、采用的仪器工具、技术要求、时间安排等。

在每次现场测量之前，应根据设计图样测量控制点的分布情况，准备好相应的放样数据并对数据进行检核，并绘出放样简图，把放样数据标注在简图上，使现场测设更方便快速，并减少出错的概率。

例如，如图 5-3-1 所示的建筑平面图，已知其四个角点（主轴线交点）的设计坐标，现场已有 A、B 两个控制点，如图 5-3-2（a）所示。欲用经纬仪和钢尺按极坐标法测设这四个角点，应根据控制点坐标和角点设计坐标，计算 A 至 B 点的方位角，以及 A 至各角点的方位角和水平距离。如果是用全站仪按极坐标法测设，由于全站仪能自动计算方位角和水平距离，则只需确认坐标数据无误即可。

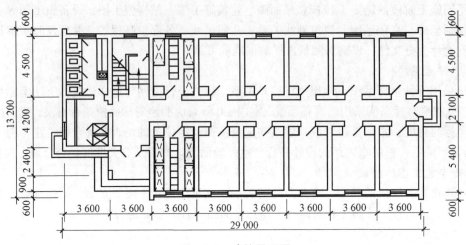

图 5-3-1　建筑平面图

为了根据建筑物的四个主轴线点测设细部轴线点，一般用经纬仪定线，然后以主轴线点为起点，用钢尺依次测设次轴线点。准备测设数据时，应根据轴线间距，计算每条次轴线至主轴线的距离，标注在图纸或略图上，如图 5-3-2（b）所示。

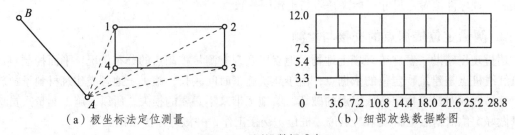

（a）极坐标法定位测量　　　　　　　（b）细部放线数据略图

图 5-3-2　测设数据准备

施工测量数据准备齐全、准确是施工测量顺利进行的重要保证，应依据施工图计算施工放样数据，并绘制施工放样简图。施工测量放样数据的正确与否直接关系建筑工程质量、造价、工期等、要保证放样数据百分之百的正确，因此应由不同人员对施工测量放样数据和简图进行校核。施工测量计算资料应及时整理、装订成册、妥善保管。

4. 测量仪器和工具的检验校正

由于经常使用的全站仪、经纬仪和水准仪的主要轴系关系在人工操作和外界环境（包括气候、搬运等）的影响下易于产生变化，影响测量精度，所以，要求这类测量仪器应在每项施工测量前进行检验校正，如果施工周期较长，还应每隔 1 ~ 3 个月进行定期检验校正。

为保证测量成果准确可靠，要求将测量仪器、量具按国家计量部门或工程建设主管部门规定的检定周期和技术要求进行检定，经检定合格后方可使用。光学经纬仪、水准仪与标尺、电子经纬仪、电子水准仪、全站仪、钢卷尺等检定周期均为1年。

测量仪器、量具是施工测量的重要工具，是确保施工测量精度的重要保证条件，作业人员应严格按有关标准进行作业，精心保管和爱护，加强维护保养，使其保持良好状态，确保施工测量的顺利进行。

5. 施工场地测量

施工场地测量包括场地平整、临时水电管线敷设、施工道路、暂设建筑物以及物料、机具场地的划分等测量工作。

场地平整测量应根据总体竖向设计和施工方案的有关要求进行，地面高程测量一般采用"方格网法"，即在地面上根据红线桩点或原有建（构）筑物，按均匀的间隔测设桩点，形成桩点方格网，在平坦地区格网间隔宜采用 20 m×20 m 方格网；地形起伏地区格网间隔宜采用 10 m×10 m 方格网。然后用水准测量、全站仪测量或者卫星定位测量，获得桩点的原地面高程，格网点原地面高程与设计地面高程之差即为挖填高度，作为场地平整施工依据，也作为计算土方工程量的原始资料，如图 5-3-3 所示。场地平整方格网点的平面位置测量允许误差为 5 cm，高程测量允许误差为 2 cm。场地平整测量也可采用全站仪或者 RTK 数字测图的方式进行，为了保证精度，测点间距一般不宜大于格网间距，地形特征部位适当加密。

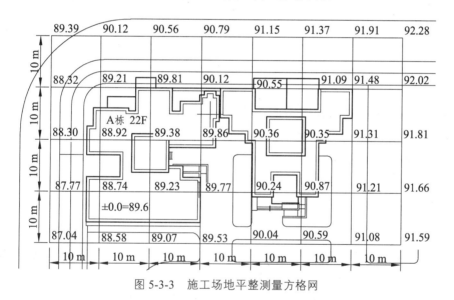

图 5-3-3　施工场地平整测量方格网

施工道路、临时水电管线与暂设建筑物的平面、高程位置，应根据场区测量控制点与施工现场总平面图进行测设。临时设施的测量精度，应不影响设施的正常使用，也不影响永久建筑和设施的布置与施工。其平面位置允许误差为 5~7 cm，高程测量允许误差为 3~7 cm。

5.3.2　建筑物的定位测量

建筑物定位，就是把建筑物外廓各轴线交点（也称角点）测设在地面上，然后再根据这些点进行细部放样。由于设计方案常根据施工场地条件来选定，不同的设计方案，其建筑物的定位方法也不一样，下面介绍三种常见的定位方法。

1. 根据测量控制点定位

当建筑物附近有导线点、GNSS 点等测量控制点时，如图 5-3-4 所示，可根据控制点和建筑物各角点的设计坐标用极坐标法或角度交会法测设建筑物的位置。

2. 根据建筑方格网和建筑基线定位

当待定位建筑物的定位点设计坐标是已知的，并且建筑场地已设有建筑方格网或建筑基线时，如图 5-3-5 所示，可利用直角坐标法测设定位点，也可用极坐标法等其他方法进行测设。在用经纬仪和钢尺实地测设时，建筑物总尺寸和四大角的精度容易控制和检核。

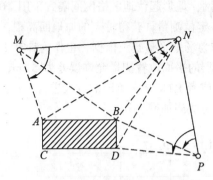

图 5-3-4　根据测量控制点定位

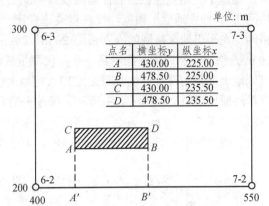

单位: m

点名	横坐标y	纵坐标x
A	430.00	225.00
B	478.50	225.00
C	430.00	235.50
D	478.50	235.50

图 5-3-5　根据建筑方格网和建筑基线定位

3. 根据与原有建筑物和道路的关系定位

如果设计图上只给出新建筑物与附近原有建筑物或道路的相互关系，而没有提供建筑物定位点的坐标，周围又没有测量控制点、建筑方格网和建筑基线可供利用，可根据原有建筑物的边线或道路中心线，将新建筑物的定位点测设出来。

微课: 根据原有建筑物定位与放线

1）根据与原有建筑物的关系定位

如图 5-3-6（a）所示，拟建建筑物的外墙边线与原有建筑的外墙边线在同一条直线上，两栋建筑物的间距为 10 m，拟建建筑物长轴为 40 m，短轴为 18 m，轴线与外墙边线间距为 0.12 m，可按下述方法测设其四个轴线交点：

（1）沿原有建筑物的两侧外墙拉线，用钢尺沿线从墙角往外量一段较短的距离（这里设为 2 m），在地面上定出 T_1 和 T_2 两个点，T_1 和 T_2 的连线即为原有建筑物的平行线。

（2）在 T_1 点安置经纬仪，照准 T_2 点，用钢尺从 T_2 点沿视线方向量 10 m + 0.12 m，在地面上定出 T_3 点，再从 T_3 点沿视线方向量 40 m，在地面上定出 T_4 点，T_3 和 T_4 的连线即为拟建建筑物的平行线，其长度等于长轴尺寸。

（3）在 T_3 点安置经纬仪，照准 T_4 点，逆时针测设 90°，在视线方向上量 2 m + 0.12 m，在地面上定出 P_1 点，再从 P_1 点沿视线方向量 18 m，在地面上定出 P_4 点。同理，在 T_4 点安置经纬仪，照准 T_3 点，顺时针测设 90°，在视线方向上量 2 m + 0.12 m，在地面上定出 P_2 点，再从 P_2

点沿视线方向量 18 m，在地面上定出 P_3 点。则 P_1、P_2、P_3 和 P_4 点即为拟建建筑物的四个定位轴线点。

（4）在 P_1、P_2、P_3 和 P_4 点上安置经纬仪，检核四个大角是否为 90°，用钢尺丈量四条轴线的长度，检核长轴是否为 40 m，短轴是否为 18 m。

如果是如图 5-3-6（b）所示的情况，则在得到原有建筑物的平行线并延长到 T_3 点后，应在 T_3 点测设 90°并量距，定出 P_1、P_2 点，得到拟建建筑物的一条长轴，再分别在 P_1、P_2 点测设 90°并量距，定出另一条长轴上的 P_4、P_3 点。注意不能先定短轴的两个点，再在这两个点上设站测设另一条短轴上的两个点，否则误差容易超限。

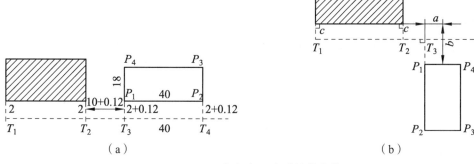

图 5-3-6　根据与原有建筑物定位

2）根据与原有道路的关系定位

如图 5-3-7 所示，拟建建筑物的轴线与道路中心线平行，轴线与道路中心线的距离分别为 16 m 和 12 m，测设方法如下：

（1）在路甲道路的中心线上（路宽的 1/2 处）选两个合适的位置 C_1 和 C_2，在路乙道路的中心线上也选两个合适的位置 C_3 和 C_4。

（2）分别在路甲的两个中心点 C_1 和 C_2 上安置全站仪，测设水平角 90°，测设水平距离 12 m，在地面上得到路甲的平行线 T_1T_2，同理作出路乙的平行线 T_3T_4。

（3）用全站仪内延或外延这两条线，其交点即为拟建建筑物的第一个定位点 P_1，再从 P_1 沿长轴方向的平行线测设水平距 50 m，得到第二个定位点 P_2。

（4）分别在 P_1 和 P_2 点安置经纬仪，测设直角 90°和水平距离 20 m，在地面上定出 P_3 和 P_4 点。在 P_1、P_2、P_3 和 P_4 点上安置经纬仪，检核角度是否为 90°，同时测量四条轴线的长度，检核长轴是否为 50 m，短轴是否为 20 m。

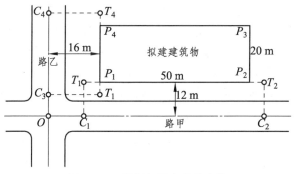

图 5-3-7　根据与原有道路定位

建筑物定位放线，当以测量控制点定位时，应选择精度较高的点位和方向为依据；当以原有建（构）筑物或道路中线定位时，应选择外廓规整且较大的永久性建（构）筑物的长边或较长的道路中线为依据。

5.3.3 建筑物细部轴线测设

建筑物的细部放线测量是指根据现场上已测设好的建筑物定位点，详细测设各细部轴线交点的位置，并将其延长到安全的地方做好标志。然后以细部轴线为依据，按基础宽度和放坡要求用白灰撒出基础开挖边线，或者放出桩基础的孔位中心。

1. 测设细部轴线交点

如图 5-3-8 所示，Ⓐ轴、Ⓔ轴、①轴和⑦轴是建筑物的四条外墙主轴线，其交点Ⓐ-①、Ⓐ-⑦、Ⓔ-①和Ⓔ-⑦是建筑物的定位点，这些定位点已在地面上测设完毕并打好桩点，各主次轴线间隔如图 5-3-8 所示，现欲测设次轴线与主轴线的交点。在Ⓐ-①点安置经纬仪，照准Ⓐ-⑦点，把钢尺的零端对准Ⓐ-①点，沿视线方向拉钢尺，在钢尺上读数等于①轴和②轴间距（4.2 m）的地方打下木桩，打的过程中要经常用仪器检查桩顶是否偏离视线方向，并不时拉一下钢尺，看钢尺应有读数是否还在桩顶上，如有偏移要及时调整。打好桩后，用经纬仪视线指挥在桩顶上画一条纵线，再拉好钢尺，在读数等于轴间距处画一条横线，两线交点即Ⓐ轴与②轴的交点Ⓐ-②。

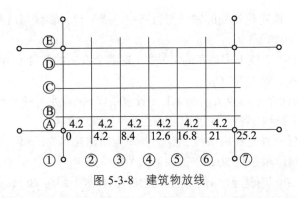

图 5-3-8　建筑物放线

在测设Ⓐ轴与③轴的交点Ⓐ-③时，方法同上，注意仍然要将钢尺的零端对准Ⓐ-①点，并沿视线方向拉钢尺，而钢尺读数应为①轴和③轴间距（8.4 m），这种做法可以减小钢尺对点误差，避免轴线总长度增长或减短。如此依次测设Ⓐ轴与其他有关轴线的交点。测设完最后一个交点后，用钢尺检查各相邻轴线桩的间距是否等于设计值，误差应小于 1/3 000。

测设完Ⓐ轴上的轴线点后，用同样的方法测设Ⓔ轴、①轴和⑦轴上的轴线点。如果建筑物尺寸较小，也可用拉细线绳的方法代替经纬仪定线，然后沿细线绳拉钢尺量距。此时要注意细线绳不要碰到物体，风大时也不宜作业。建筑物各部位施工放样的允许偏差见表 5-3-1。

2. 引测轴线

在基槽或基坑开挖时，定位桩和细部轴线桩均会被挖掉，为了使开挖后各阶段施工能准确地恢复各轴线位置，应把各轴线延长到开挖范围以外并做好标志，这个工作称为引测轴线，具体有设置龙门板和轴线控制桩两种形式。

表 5-3-1　建筑物各部位施工放样的允许偏差

项　目	内　容		允许偏差/mm
基础桩位放样	单排桩或群桩中的边桩		±10
	群桩		±20
各施工层上放线	外廓主轴线长度 L/m	$L \le 30$	±5
		$30 < L \le 60$	±10
		$60 < L \le 90$	±15
		$90 < L \le 120$	±20
		$120 < L \le 150$	±25
		$150 < L \le 200$	±30
		$H > 200$	符合设计要求
	细部轴线		±2
	承重墙、梁、柱边线		±3
	非承重墙边线		±3
	门窗洞口线		±3

1）设置龙门板法

（1）如图 5-3-9 所示，在建筑物四角和中间隔墙的两端，距基槽边线约 2 m 以外，牢固地埋设大木桩，称为龙门桩，并使桩的一侧大致平行于基槽。

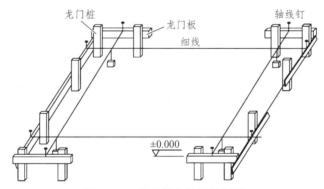

图 5-3-9　龙门板和轴线控制桩

（2）在相邻两龙门桩上钉设木板，称为龙门板。为了便于控制开挖深度和基础标高，龙门板顶面标高宜在一个水平面上，其标高为 ±0，或比 ±0 高或低一定的数值，方法是根据附近水准点，用水准仪将标高线测设在每个龙门桩的外侧上，并画出横线标志，钉龙门板时使板的上沿与龙门桩上的横线对齐。同一建筑物最好只用一个标高，如因地形起伏大而用两个标高时，一定要标注清楚，以免使用时发生错误。

（3）根据轴线桩，用经纬仪将各轴线投测到龙门板的顶面，并钉上小钉作为轴线标志，称为轴线钉，投测误差应在 ±5 mm 以内。对小型的建筑物，可用拉细线绳的方法延长轴线、再钉上轴线钉。如事先已打好龙门板，可在测设细部轴线的同时钉设轴线钉，以减少重复安置仪器的工作量。

（4）用钢尺沿龙门板顶面检查轴线钉的间距，其相对误差不应超过 1/3 000。

恢复轴线时，将经纬仪安置在一个轴线钉上方，照准此轴线另一端的轴线钉，其视线即为轴线方向，往下转动望远镜，便可将轴线投测到基槽或基坑内。也可用白线将相对的两个轴线钉连接起来，借助垂球，将轴线投测到基槽或基坑内。

2）轴线控制桩法

由于龙门板需要较多木料，而且占用场地，使用机械开挖时容易被破坏，因此也可以在基槽或基坑外各轴线的延长线上测设轴线控制桩，作为以后恢复轴线的依据。即使采用了龙门板，为了防止被碰动，对主要轴线也应测设轴线控制桩。

微课：恢复轴线的方法

轴线控制桩一般设在开挖边线 4 m 以外的地方，并用水泥砂浆加固。最好是附近有固定的建筑物和构筑物，这时应将轴线投测在这些物体上，使轴线更容易得到保护，但每条轴线至少应有一个控制桩是设在地面上的，以便今后能安置经纬仪恢复轴线。

轴线控制桩的引测主要采用经纬仪法，当引测到较远的地方时，要注意采用盘左和盘右两次投测取中法来引测，以减少引测误差和避免错误的出现。

3. 确定开挖边线

如图 5-3-10 所示，先按基础剖面图给出的设计尺寸，计算基槽的开挖边线与轴线之间的宽度 d。

$$d = B + mh$$

式中　B——基底边线与轴线之间的宽度，可由基础剖面图查取；

　　　m——边坡坡度的分母；

　　　h——基槽深度。

然后根据计算结果，在地面上以轴线为中线往两边各量出 d，拉线并撒上白灰，即为开挖边线。如果是基坑开挖，则只需按最外围基础的宽度及放坡确定开挖边线。边线测设的允许误差为 +20 mm 和 −10 mm。

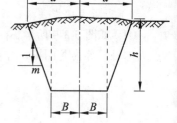

图 5-3-10　基槽开挖宽度

5.3.4　建筑基础施工测量

1. 基槽开挖深度和垫层标高控制

如图 5-3-11 所示，为了控制基槽开挖深度，当基槽挖到接近槽底设计高程时，应在槽壁上测设一些水平桩，使水平桩的上表面离槽底设计高程为某一整分米数（例如 5 dm），用以控制挖槽深度，也可作为槽底清理和打基础垫层时掌握标高的依据。一般在基槽各拐角处、深度变化处和基槽壁上每隔 3～4 m 测设一个水平桩，然后拉上白线，线下 0.50 m 即为槽底设计高程。

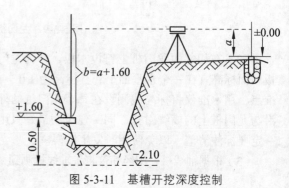

图 5-3-11　基槽开挖深度控制

测设水平桩时，以画在龙门板或周围固定地物的 ±0.000 标高线为已知高程点，用水准仪进行测设，小型建筑物也可用连通水管法进行测设。水平桩上的高程误差应在 ±10 mm 以内。

例如，设龙门板顶面标高为 ±0.000，槽底设计标高为 −2.1 m，水平桩高于槽底 0.50 m，即水平桩高程为 −1.6 m，用水准仪后视龙门板顶面上的水准尺，读数 $a = 1.237$，则水平桩上标尺的应有读数为：

$$b = 0 + 1.237 − (−1.6) = 2.837（m）$$

测设时沿槽壁上下移动水准尺，当读数为 2.837 m 时沿尺底水平地将桩打进槽壁，然后检核该桩的标高，如超限便进行调整，直至误差在规定范围以内。

垫层面标高的测设可以水平桩为依据在槽壁上弹线，也可在槽底打入垂直桩，使桩顶标高等于垫层面的标高。如果垫层需安装模板，可以直接在模板上弹出垫层面的标高线。

如果是机械开挖，一般是一次挖到设计槽底或坑底的标高，因此要在施工现场安置水准仪，边挖边测，随时指挥挖土机调整挖土深度，使槽底或坑底的标高略高于设计标高（一般为 10 cm，留给人工清土）。挖完后，为了给人工清底和打垫层提供标高依据，还应在槽壁或坑壁上打水平桩，水平桩的标高一般为垫层面的标高。

2. 基槽垫层轴线投测

如图 5-3-12 所示，基槽挖至规定标高并清底后，将经纬仪安置在轴线控制桩上，瞄准轴线另一端的控制桩，即可把轴线投测到槽底，作为确定槽底边线的基准线。垫层打好后，用经纬仪或用拉绳挂垂球的方法把轴线投测到垫层上，并用墨线弹出墙中心线和基础边线，以便砌筑基础或安装基础模板。由于整个墙身砌筑均以此线为准，这是确定建筑物位置的关键环节，所以要严格校核后方可进行砌筑施工。

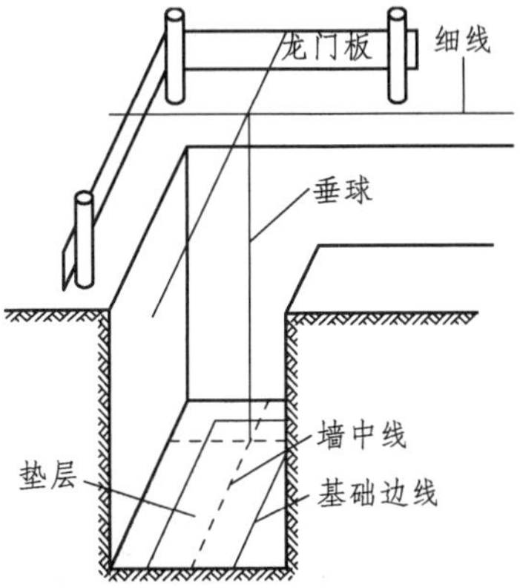

3. 基础标高控制

如图 5-3-13 所示，基础墙（±0.000 以下的砖墙）的标高一般是用基础皮数杆来控制的，基础皮数杆用一根木杆制成，在杆上注明 ±0.000 的位置，按照设计尺寸将砖和灰缝的厚度分皮从上往下一一画出来，此外还应注明防潮层和预留洞口的标高位置。

立皮数杆时，可先在立杆处打一个木桩，用水准仪在木桩侧面测设一条高于垫层设计标高某一数值（如 10 cm）的水平线，然后将皮数杆上标高相同的一条线与木桩上的水平线对齐，并用大铁钉把皮数杆和木桩钉在一起，作为砌筑基础墙的标高依据。对于采用钢筋混凝土的基础，可用水准仪将设计标高测设于模板上。

图 5-3-12　基槽垫层轴线投测

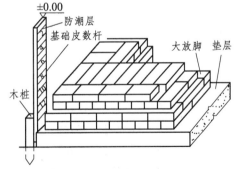

图 5-3-13　皮数杆控制基础标高

基础施工结束后，应检查基础面的标高是否满足设计要求（也可以检查防潮层）。可用水准仪测出基础面上的若干高程，和设计高程相比较，允许误差为 ±10 mm。

对于采用钢筋混凝土的基础，可用水准仪将设计标高测设于基础钢筋或模板上，用油漆和墨线标定出来，作为绑扎钢筋和浇注混凝土的依据。

5.3.5 首层楼房墙柱施工测量

1. 墙体轴线测设

如图 5-3-14 所示，基础工程结束后，应对龙门板或轴线控制桩进行检查复核，经复核无误后，可根据轴线控制桩或龙门板上的轴线钉，用全站仪法或拉线法把首层楼房的墙体轴线测设到防潮层上，然后用钢尺检查墙体轴线的间距和总长是否等于设计值，用全站仪检查外墙轴线四个主要交角是否等于90°。符合要求后，把墙体轴线延长到基础外墙侧面上并弹出墨线及做出标志，作为向上投测各层楼房墙体轴线的依据。同时还应把门、窗和其他洞口的边线也在基础外墙侧面上做出标志。

墙体砌筑前，根据墙体轴线和墙体厚度弹出墙体边线，照此进行墙体砌筑。砌筑到一定高度后，用吊锤线将基础外墙侧面上的轴线引测到地面以上的墙体上。以免基础覆土后看不见轴线标志。如果轴线处是钢筋混凝土柱，则在拆柱模后将轴线引测到柱身上。

2. 墙体标高测设

如图 5-3-15 所示，墙体砌筑时，其标高用墙身"皮数杆"控制。在皮数杆上根据设计尺寸，按砖和灰缝厚度画线，并标明门、窗、过梁、楼板等的标高位置。杆上标高注记从 ±0.000 向上增加。

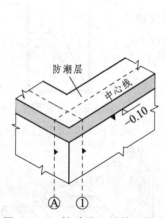

图 5-3-14 基础竣工轴线及标高

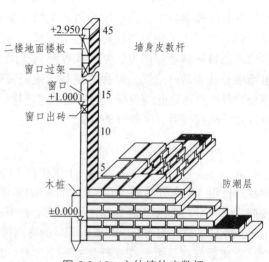

图 5-3-15 主体墙体皮数杆

墙身皮数杆一般立在建筑物的拐角和内墙处，固定在木桩或基础墙上。为了便于施工，采用里脚手架时，皮数杆立在墙的外边；采用外脚手架时，皮数杆应立在墙里边。立皮数杆时，先用水准仪在立杆处的木桩或基础墙上测设出 ±0.000 标高线，测量误差在 ±3 mm 以内，然后把皮数杆上的 ±0.000 线与该线对齐，用吊锤校正并用钉钉牢。

墙体砌筑到一定高度后（1.5 m 左右），应在内外墙面上测设高于 ±0 标高 500 mm（或 1 000 mm）的水平墨线，称为水平控制线。外墙的水平控制线作为向上传递各楼层标高的依据，内墙的水平控制线作为室内地面施工及室内装修的标高依据。水平控制线的允许误差为 ±3 mm。

如果是框架结构，在安装柱子和楼面的模板时，可直接用小钢尺从 500 mm（或 1 000 mm）线，沿着柱子的钢筋或模板，往上量取一定的高度，即可得到安装柱子和楼面模板的标高线。

为了量距方便，也可弹一根比 500 mm（或 1 000 mm）线更高的标高线，例如高出 ±0 标高 1 500 mm 的水平线，作为安装模板的依据。

3. 现浇柱施工测量

1）垂直度测量

柱身模板支好后，必须用经纬仪检查并校正柱子的垂直度。布设在同一条轴线上的柱子，通视较困难，因此一般采用平行线法测量。如图 5-3-16 所示，先在柱子模板上用墨线弹出中心线，然后在地面上测设柱下端中心点连线 AB 的平行线 $A'B'$，AB 与 $A'B'$ 的距离一般为 1 m，经纬仪安置在 B' 点，照准 A'，由一人在模板上端水平持木尺，木尺的零点对准中线。抬高经纬仪望远镜观察木尺，若十字丝正照准尺上 1 m 标志，则柱模板在此方向上垂直，否则应校正模板上端，直至视线与尺上 1 m 标志重合为止。同理可在垂直方向校正柱子的垂直度。

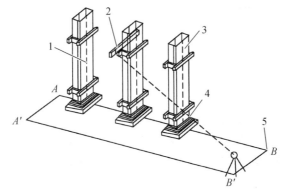

1—柱中线；2—木尺；3—模板；4—柱下端中心线；5—柱中心线控制点。

图 5-3-16　柱子垂直度的测量

2）模板标高测设

模板垂直度校正好以后，在模板外侧测设一条比地面高 500 mm 的标高线并注明标高数值，将此线作为测量柱顶标高、安装铁件、牛腿支模等的依据。

向柱顶引测标高，一般选择不同行列的二三根柱子，从柱子下面已测好的标高点处用钢尺沿柱身向上量距，在柱子上端模板上定二三个同高程的点。然后在平台模板上安水准仪，以一标高点为后视点，施测柱顶模板标高，并闭合于另一标高点。

3）柱拆模后抄平放线

柱拆模后，根据基础表面的柱中线，在下端侧面上标出柱中线位置，然后用吊线法或经纬仪投点法，将中点投测到柱上端的侧面上，并在每根柱侧面上测设比地面高 500 mm 的标高线。

5.3.6　二层以上楼层的施工测量

1. 轴线竖向投测

每层楼面建好后，为了保证继续往上施工墙体和柱子时，墙柱轴线均与基础轴线在同一铅垂面上，应将基础或首层墙面上的轴线竖向投测到楼面上，并在楼面上重新弹出墙柱的轴线，检查无误后，以此为依据弹出墙体边线和柱子边线，再往上施工。在这个测量工作中，从下往上进行轴线投测是关键，一般多层建筑常用吊锤线投测轴线，具体有以下两种投测法：

1）轴线端头吊锤线法

如图 5-3-17（a）所示，将较重的垂球悬挂在楼面的边缘，慢慢移动，使垂球线或垂球尖对准底层的轴线端头标志（底层墙面上的轴线标志或底层地面上的轴线延长线），吊锤线上部在楼面边缘的位置就是墙体轴线位置，在此画一条短线作为标志，便在楼面上得到轴线的一个端点，同法投测另一个端点，两个端点的连线即为墙体轴线。

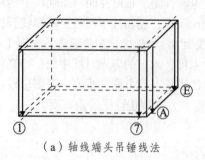

（a）轴线端头吊锤线法

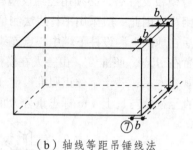

（b）轴线等距吊锤线法

图 5-3-17　吊锤线轴线投测法

2）轴线等距吊锤线法

如图 5-3-17（b）所示，为了将⑦轴投测到楼面上，在楼面上适当的地方放置两块木板，木板一端伸出墙外约 0.3 m，在木板上悬挂吊锤，一名测量员在底层用小钢尺量出吊锤线与⑦轴之间的间距 b，另一名测量员在楼面上用小钢尺从吊锤线往回量取间距 b，在楼面上做好标志。通过两个标志弹墨线，即可在楼面上得到⑦轴的轴线。

微课：垂线法建筑物
轴线投测

一般应将建筑物的全部主轴线都投测到楼面上来，并弹出墨线，用钢尺检查轴线间的距离，其相对误差不得大于 1/3 000 且符合表 5-3-1 的要求。然后以这些主轴线为依据，用钢尺内分法测设其他细部轴线。在困难的情况下至少要测设两条垂直相交的主轴线、检查交角合格后，用经纬仪和钢尺测设其他主轴线，再根据主轴线测设细部轴线。

吊锤线法受风的影响较大，楼层较高时风的影响更大，因此应在风小时作业，投测时应待吊锤稳定下来后再在楼面上定点。此外，每层楼面的轴线均应直接由底层投测上来，以保证建筑物的总竖直度，只要注意这些问题，用吊锤线法进行多层楼房的轴线投测的精度是有保证的。

2. 标高竖向传递

多层建筑物施工中，要由下往上将标高传递到新的施工楼层，以便控制新楼层的墙体施工，使其标高符合设计要求。多层建筑标高竖向传递的允许误差，每层是 ± 3 mm，总高度是 ± 5 mm。标高竖向传递一般可用以下两种方法：

1）利用皮数杆传递标高

一层楼房墙体砌完并打好楼面后，把皮数杆移到二层继续使用。为了使皮数杆立在同一水平面上，用水准仪测定楼面四角的标高，取平均值作为二楼的地面标高，并在立杆处绘出标高线，立杆时将皮数杆的 ±0 线与该线对齐，然后以皮数杆为标高依据进行墙体砌筑。如此用同样方法逐层往上传递高程。

2）利用钢尺传递标高

用钢尺从底层的 +500 mm（或 +1 000 mm）水平标高线起往上直接丈量，把标高传递到第二层去，然后根据传递上来的高程测设第二层的地面标高线，以此为依据立皮数杆。在墙体砌到一定高度后，用水准仪测设该层的 + 500 mm（或 + 1 000 mm）水平标高线，再往上一层的标高可以此为准用钢尺传递，以此类推，逐层传递标高。

由于高层建筑的体形大、层数多、高度高、造型多样化、建筑结构复杂、设备和装修标准高，在施工过程中对建筑物各部位的水平位置、轴线尺寸、垂直度和标高的要求都十分严格，对施工测量的精度要求也高。为确保施工测量符合精度要求，应事先认真研究和制定测量方案，拟出各种误差控制和检核措施，所用的测量仪器应符合精度要求，并按规定认真检校。此外，由于高层建筑工程量大、机械化程度高，工种交叉大，施工组织严密，因此施工测量应事先做好准备工作，密切配合工程进度，以便及时、快速和准确地进行测量放线，为下一步施工提供平面和标高依据。

高层建筑施工测量的工作内容很多，下面主要介绍建筑物定位、基础施工、轴线竖向投测和高程竖向传递这几方面的测量工作。

5.4.1　高层建筑定位测量

1. 建立建筑物施工控制网

根据设计给定的定位依据和现场定位条件进行高层建筑的定位放线，是确定建筑物平面位置和进行基础施工的关键环节，施测时必须保证精度。一般先建立矩形的建筑物平面施工控制网，然后以此为依据进行建筑物的定位。矩形平面控制网的检核条件多，精度有保证，使用也方便。

矩形平面控制网应布设在基坑开挖范围以外一定距离，平行于建筑物主要轴线方向，如图 5-4-1 所示，MNOP 为拟建高层建筑四大角轴线交点，M′N′Q′P′是矩形平面控制网的四个角点。矩形平面控制网一般在总平面布置图上进行设计，先根据现场情况确定其各条边线与建筑轴线的间距，再确定四个角格点的坐标，然后在现场根据城市测量

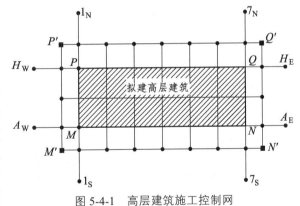

图 5-4-1　高层建筑施工控制网

控制网或建筑场地上测量控制网，用极坐标法或直角坐标法，在现场测设出来并打桩。最后还应在现场检测方格网的四个内角和四条边长，并按设计角度和尺寸进行相应的调整。

2. 测设主轴线控制桩

在矩形平面控制网的四边上，根据建筑物主要轴线与方格网的间距，测设主要轴线的控制桩（见图 5-4-1 中小圆点）。测设时要以施工方格网各边的两端控制点为准，用经纬仪定线，用

钢尺拉通尺量距来打桩定点。测设好这些轴线控制桩后，施工时便可方便准确地在现场确定建筑物的四个主要角点。

因为高层建筑的主轴线上往往是柱或剪力墙，施工中通视和量距困难，为了便于使用，实际上一般是测设主轴线的平行线。由于其作用和效果与主轴线完全一样，为方便起见，这里仍统一称为主轴线。

除了四廓的轴线外，建筑物的中轴线等重要轴线也应在矩形平面控制网边线上测设出来，与四廓的轴线一起，称为矩形平面控制网中的控制线，一般要求控制线的间距为 30～50 m。控制线的增多，可为以后测设细部轴线带来方便，也便于校核轴线偏差。如果高层建筑是分期分区施工，为满足某局部区域定位测量的需要，应把对该局部区域有控制意义的轴线在施工方格网边线测设出来。施工方格网控制线的测距精度不低于 1/10 000，测角精度不低于 ±10"。

如果高层建筑准备采用经纬仪法进行轴线投测，还要用经纬仪把外廓主轴线的控制桩往更远处安全稳固的地方引测。例如图 5-4-1 中，1_S、1_N 为轴线 MP 的延长控制桩，7_S、7_N 为轴线 NQ 的延长控制桩，A_W、A_E 为轴线 MN 的延长控制桩，H_W、H_E 为轴线 PQ 的延长控制桩。它们与建筑物的距离应大于建筑物的高度，以免用经纬仪投测时仰角太大。

5.4.2 高层建筑基础施工测量

1. 测设基坑开挖边线

高层建筑一般都有地下室，因此要进行基坑开挖。开挖前，先根据建筑物的轴线控制桩确定角桩，以及建筑物的外围边线，再考虑边坡的坡度和基础施工所需工作面的宽度，测设出基坑的开挖边线并撒出灰线。开挖边线允许误差应为 + 50 mm、– 20 mm。

2. 基坑开挖时的测量工作

高层建筑的基坑一般都很深，需要放坡并进行边坡支护加固，开挖过程中，除了用水准仪控制开挖深度外，还应经常用经纬仪或拉线检查边坡的位置，防止出现坑底边线内收，致使基础位置不够的情况出现。基坑下边线的允许误差应为 + 20 mm、– 10 mm。

3. 基础放线及标高控制

1）基础放线

基坑开挖完成后，有三种情况：一是直接打垫层，然后做箱形基础或筏板基础，这时要求在垫层上测设基础的各条边界线、梁轴线、墙宽线和柱位线等；二是在基坑底部打桩或挖孔，做桩基础，这时要求在坑底测设各条轴线和桩孔的定位线，桩基础完工后，还要测设桩承台和承重梁的中心线；三是先做桩、然后在桩上做箱基或筏基，组成复合基础，这时的测量工作是前两种情况的结合。

不论是哪种情况，在基坑下均需要测设各种各样的轴线和定位线，其方法是基本一样的。先根据地面上各主要轴线的控制桩，用经纬仪向基坑下投测建筑物的四个大角、四廓轴线和其他主轴线、经认真校核后，以此为依据放出细部轴线、再根据基础图所示尺寸，放出基础施工中所需的各种中心线和边线、例如桩心的交线以及梁、柱、墙的中线和边线等。

测设轴线时，有时为了通视和量距方便，不是测设真正的轴线，而是测设其平行线，这时一定要在现场标注清楚，以免用错。另外，一些基础桩、梁、柱、墙的中线不一定与建筑轴线重合，而是偏移某个尺寸，因此要认真按图施测，防止出错，如图 5-4-2 所示。

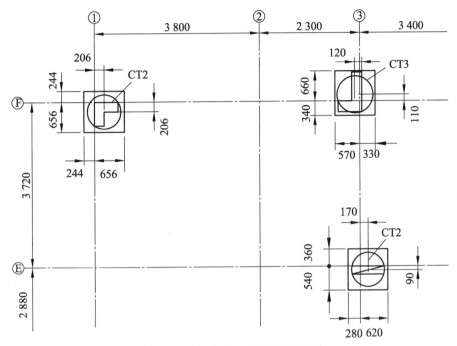

图 5-4-2 有偏心桩的基础平面图局部

如果是在垫层上放线，可把有关轴线和边线直接用墨线弹在垫层上，由于基础轴线的位置决定了整个高层建筑的平面位置和尺寸，因此施测时要严格检核，保证精度。如果是在基坑下做桩基，则测设轴线和桩位时，宜在基坑护壁上设立轴线控制桩，以便能保留较长时间，也便于施工时用来复核桩位和测设桩顶上的承台和基础梁等。

从地面往下投测轴线时，一般是用经纬仪投测法，由于俯角较大，为了减小误差，每个轴线点均应盘左盘右各投测一次，然后取中。

2）桩位放样测量

除了用上述方法进行细部轴线放样外，常根据主轴线用极坐标法放样桩的中心点位。如图 5-4-3 所示，已将建筑主轴线引测到基坑上，得到四条主轴线的交点 A_1、A_7、E_1 和 E_7。欲放样出各桩的圆心。可将 A_1 点作为坐标原点，①轴作为 X 轴，Ⓐ轴作为 Y 轴建立一个假定平面直角坐标系统。根据轴距求出各桩心的坐标，例如由图可知 C_1 点的坐标为（14.000 m，12.200 m），D_6 点的坐标为（18.200 m，30.400 m）。按坐标反算公式，可计算出 A_1 至 C_1 的坐标方位角为 41°04′11″，水平距离为 18.570 m；A_1 至 D_6 的坐标方位角为 85°31′41″，水平距离为 35.432 m。

在现场的 A_1 点安置经纬仪，后视 A_7 点定向，置水平度盘读数为 90°00′0″。转动照准部，在水平度盘读数为 41°04′11″时测设水平距离 18.570 m 即可在现场放样出 C_1 点。同理，在水平度盘读数为 85°31′41″时测设水平距离 35.432 m 即可在现场放样出 D_6 点。如果采用全站仪，则可直接根据各点坐标数据进行放样，无需预先计算各点的方位角和水平距离。

机械法桩基础施工有时在基坑开挖前进行，其桩位放样一般也采用上述的极坐标法。值得注意的是，不论是在基坑下还是地面上，由于机械设备体积和质量较大并随桩位移动，容易使已经放出的桩位发生变动，因此应对即将施工的桩位进行复测，确保无误后才进行该桩的施工。

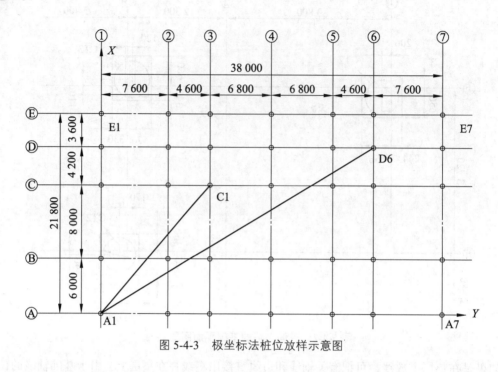

图 5-4-3　极坐标法桩位放样示意图

3）基础标高测设

基坑完成后，应及时用水准仪根据地面上的 ±0 水平线，将高程引测到坑底，并在基坑护坡的钢板或混凝土桩上作好标高为负的整米数的标高线。由于基坑较深，引测时可多转几站观测，也可用悬吊钢尺代替水准尺进行观测。在施工过程中，如果是桩基础，要控制好各桩的顶面高程；如果是箱形基础和筏板基础，则直接将高程标志测设到竖向钢筋和模板上，作为安装模板、绑扎钢筋和浇筑混凝土的标高依据。

5.4.3　高层建筑轴线竖向投测

当高层建筑的地下部分完成后，根据建筑物施工控制网校测建筑物主轴线控制桩后，将各轴线测设到做好的地下结构顶面和侧面，又根据原有的 ±0 水平线，将 ±0 标高（或某整分米数标高）测设到地下结构顶部的侧面上，这些轴线和标高线是进行首层主体结构施工的定位依据。随着结构的升高，要将首层轴线逐层往上投测，作为施工的依据。其中建筑物主轴线的竖向投测尤其重要，因为它是各层放线和结构垂直度控制的依据。随着高层建筑物设计高度的增加，施工中对竖向偏差的控制要求就越高，轴线竖向投测的精度和方法必须与其适应，以保证工程质量。

有关规范对于不同高度高层建筑施工的竖向精度有不同的要求，为了保证总的竖向施工误差不超限，层间垂直度测量偏差不应超过 3 mm，根据行业标准《建筑施工测量标准》（JGJ/T 408—2017），建筑物轴线竖向投测应符合表 5-4-1 的限差规定。

表 5-4-1　建筑物轴线竖向投测允许偏差表

项　目	内　容		允许偏差/mm
轴线竖向投测	每　层		3
	总高度 H/m	$H \leqslant 30$	5
		$30 < H \leqslant 60$	10
		$60 < H \leqslant 90$	15
		$90 < H \leqslant 120$	20
		$120 < H \leqslant 150$	25
		$150 < H \leqslant 200$	30
		$H > 200$	符合设计要求

下面介绍几种常见的轴线竖向投测方法。

1. 经纬仪法

经纬仪法从建筑物的外部投测轴线，控制建筑物的垂直度，因此也称为外控法。当施工场地比较宽阔时，可使用此法。如图 5-4-4 所示，安置经纬仪于轴线控制桩上，严格对中整平，盘左照准建筑物底部的轴线标志，往上转动望远镜，用其竖丝指挥另一测量员在施工层楼面边缘上画一点，然后盘右再次照准建筑物底部的轴线标志，同法在该处楼面边缘上画出另一点，取两点的中间点作为轴线的端点。其他轴线端点的投测与此相同。

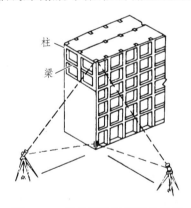

微课：经纬仪多层建筑
　　　轴线投测

微课：经纬仪高层建筑
　　　轴线投测

图 5-4-4　经纬仪法轴线竖向投测

当楼层建得较高时，经纬仪投测时的仰角较大，操作不方便，误差也较大，此时应将轴线控制桩用经纬仪引测到远处（大于建筑物高度）稳固的地方，然后继续往上投测。如果周围场地有限，也可引测到附近建筑物的屋面上。如图 5-4-5 所示，先在轴线控制桩 A_1 上安置经纬仪，照准建筑物底部的轴线标志 C_1，将轴线投测到楼面上 A_2 点处，然后在 A_2 上安置经纬仪、照准 A_1 点、将轴线投测到附近建筑物屋面上 A_3 点处，以后就可在 A_3 点安置经纬仪，照准轴线标志 C_1 点，再往上投测更高楼层的轴线。注意上述投测工作均应采用盘左盘右取中法进行，以减小投测误差。

所有主轴线投测上来后，应进行角度和距离的检核，合格后再以此为依据测设其他轴线。

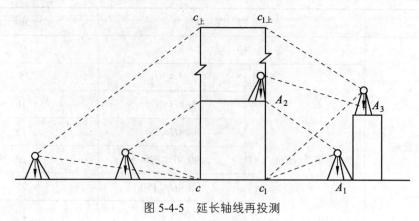

图 5-4-5　延长轴线再投测

2. 吊线坠法

当周围建筑物密集、施工场地窄小，无法在建筑物以外的轴线上安置经纬仪时，可采用此法进行竖向投测。该法与一般的吊锤线法的原理是一样的，只是线坠的质量更大，吊线（细钢丝）的强度更高。此外，为了减少风力的影响，应将吊锤线的位置放在建筑物内部，因此也称为内控法。

如图 5-4-6 所示，事先在首层地面上埋设轴线点的固定标志，将控制轴线引测至建筑物内。根据施工前布设的控制网基准点及施工过程中流水段的划分，在各建筑物内做内控基准点（每一流水段至少 2～3 个内控基准点），埋设在首层偏离相应轴线 1 m 的位置。基准点的埋设采用 10 cm×10 cm 钢板，钢板上刻划十字线，钢板通过锚固筋与首层楼面钢筋焊牢，作为竖向轴线投测的基准点。基准点周围严禁堆放杂物。

如图 5-4-7 所示，向上各层在相应位置留出预留洞（20 cm×20 cm），供吊锤线通过。投测时，在施工层楼面上的预留孔上安置挂有吊线坠的十字架，慢慢移动十字架，当吊锤尖静止地对准地面固定标志时，十字架的中心就是应投测的点，在预留孔四周做上标志即可，标志连线交点，即为从首层投上来的轴线点。同理测设其他轴线点。

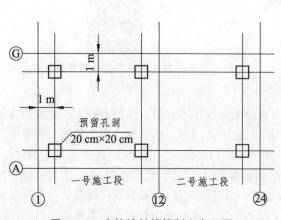

图 5-4-6　内控法轴线控制点布置图

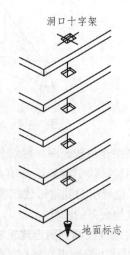

图 5-4-7　吊线坠法轴线竖向投测

使用吊线坠法进行轴线投测，只要措施得当，防止风吹和振动，是既经济、简单，又直观、准确的轴线投测方法。控制轴线投测至施工层后，应组成闭合图形，用钢尺检查边长，用经纬仪检查角度，合格后才能用于细部轴线和施工线的测设。

3. 铅直仪法

铅直仪法也属于内控法，是利用能提供铅直向上视线的专用测量仪器进行竖向投测，常用的仪器有激光铅垂仪和激光经纬仪等。用铅直仪法进行高层建筑的轴线投测，具有占地小、精度高、速度快的优点，在高层建筑施工中使用较为广泛。

1）激光铅垂仪法

激光铅垂仪用于高层建筑轴线竖向投测时，从首层向施工层投测，如图5-4-8所示将仪器安置在首层地面的轴线点标志上，严格对中整平。

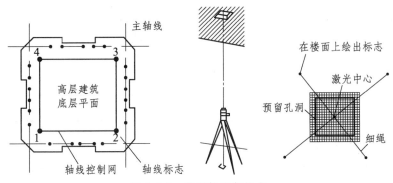

图5-4-8　激光铅垂仪投点

投测时，激光通过楼板上预留的孔洞，将轴线点投测到施工层楼板的红色透明接收靶上，调节望远镜调焦螺旋，使投射在接收靶上的激光束光斑最小。为了提高投测精度，应将仪器照准部水平旋转一周，检查接收靶上光斑中心是否始终在同一点，或划出一个很小的圆圈，然后移动接收靶使其中心与光斑中心或小圆圈中心重合，将接收靶固定，则靶心即为欲投测的轴线点。用两条细线将轴线点引到孔洞周围做好标记，移开接收靶，在孔洞内固定一块木板，根据刚才做出的标记在木板上弹交叉线，其交点即为所投的轴线点。

由于投测时仪器安置在施工层下面，因此在施测过程中要注意对仪器和人员的安全采取保护措施，防止落物击伤。

2）激光经纬仪法

光学激光经纬仪用于高层建筑轴线竖向投测时，必须在经纬仪的读数显微镜上装配一个弯管目镜，以便观察竖直度盘读数。从首层向施工层投测，需将仪器安置在首层地面的轴线点标志上，严格对中整平仪器，调节竖盘指标水准管居中，当盘左竖直度盘读数为0°（盘右竖直度盘读数为180°）时，望远镜处于铅垂向上的位置。

电子激光经纬仪可以在显示屏上直接看到竖盘读数，因此无需接弯管目镜。打开激光器开关，调节望远镜调焦螺旋，使投射在接收靶上的激光束光斑最小，再水平旋转仪器，检查接收靶上光斑中心是否始终在同一点，或划出一个很小的圆圈，以保证激光束铅直，取光斑中心或小圆圈中心作为欲投测轴线点。同法用盘右再投测一次，取两次的中点作为最后结果。

5.4.4　高层建筑高程竖向传递

高层建筑各施工层的标高，是由底层起始标高线传递上来的。高层建筑施工的标高竖向传递测量限差按《建筑施工测量标准》（JGJ/T 408—2017），见表 5-4-2。

表 5-4-2　建筑物标高竖向传递测量的允许偏差

项　目	内　容		允许偏差/mm
标高竖向传递	每　层		±3
	总高度 H/m	$H \leqslant 30$	±5
		$30 < H \leqslant 60$	±10
		$60 < H \leqslant 90$	±15
		$90 < H \leqslant 120$	±20
		$120 < H \leqslant 150$	±25
		$150 < H \leqslant 200$	±30
		$H > 200$	符合设计要求

1. 钢尺直接传递高程

一般用钢尺沿建筑脚手架、外墙、边柱或楼梯间，由底层 ±500 mm 标高线向上竖直量取设计高差，即可得到施工层的设计标高线。用这种方法传递高程时，应至少由三处底层标高线向上传递，以便于相互校核。由底层传到同一施工层的几个标高点，必须用水准仪进行校核，检查各标高点是否在同一水平面上，其误差应不超过 ±3 mm。合格后以其平均标高为准，作为该层的地面标高。若建筑高度超过一个尺段（30 m 或 50 m），可每隔一个尺段的高度，精确测设新的起始标高线，作为继续向上传递高程的依据。

2. 悬吊钢尺传递高程

为了提高精度，最好是在外墙、楼梯间或激光预留洞口悬吊一把钢尺，如图 5-4-9 所示，分别在首层地面和待测楼面上安置水准仪，将标高传递到楼面上。图中 H_1 是首层水准点（例如 ±500 mm 标高线）标高，待测楼层基准点标高值 H_2 的计算式为：

$$H_2 = H_1 + b_1 + (a_1 - a_2) - b_2$$

用于高层建筑传递高程的钢尺，应经过检定，量高差时尺身应铅直和用规定的拉力，并应进行温度改正。传递点的数目，应根据建筑物的大小和高度确定，高层民用建筑宜从 3 处向上传递，传递的标高较差小于 3 mm 时，可取其平均值作为施工层的标高基准，否则，应重新传递。

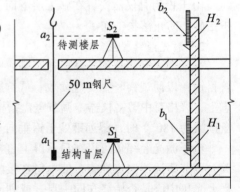

图 5-4-9　悬吊钢尺传递高程

3. 全站仪竖向测距传递高程

高层建筑一般用钢尺与水准仪相结合的方法进行高程传递，但该方法劳动强度大，所需时间长，累积误差随着建筑高度的增加而增加，因而测量精度的控制比较困难。现代全站仪具有测量精度高，观测快捷、方便等优点，因此不少工程技术人员正探索采用全站仪与水准仪相结合的方法进行高程传递。

如图 5-4-10 所示，根据底层高程控制点或 + 500 mm 标高线，把全站仪望远镜水平放置，读取高程控制点上标尺的读数，读数加上控制点高程得到仪器视线高，然后把望远镜安置到铅垂状态（需要时取下全站仪的提手，以便光线往上射出），利用全站仪的测距功能将高程传递至高层工作面的接收棱镜，最后利用水准仪将高程引测至该工作面的其他位置，供施工放样使用。该方法具有测量方便快捷和累积误差小等优点，是超高层建筑高程传递非常有效的方法。上海金茂大厦施工中就进行过这方面的尝试，取得了良好的效果。

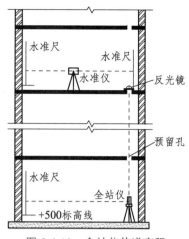

图 5-4-10　全站仪传递高程

任务 5.5　工业厂房施工测量

5.5.1　工业厂房施工控制网的建立

工业厂房一般规模较大，内部设施复杂，有的厂房之间还有流水线生产设施，因此对厂房位置和内部各轴线的尺寸都有较高的精度要求。为保证精度，工业厂房的测设，通常要在场区控制网的基础上测设对厂房起直接控制作用的厂房控制网，作为测设厂房位置和内部各轴线的依据。由于厂房多为排柱式建筑，跨距和间距大，但隔墙少，平面布置简单，所以厂房施工中多采用由柱列轴线控制桩组成的矩形方格网，作为厂房控制网。

1. 中小型工业厂房矩形控制网测设

对于一般的中小型工业厂房的施工测量，通常在基础的开挖线以外约 4 m 处测设一个与厂房轴线平行的矩形控制网，作为厂房施工测量的依据。小型厂房也可采用民用建筑定位的方法。下面介绍根据建筑方格网，采用直角坐标法测设厂房矩形控制网的方法。

如图 5-5-1 所示，H、I、J、K 是厂房的四个房角，已知 H、J 两点的坐标。S、P、Q、R 为布置在基础开挖边线以外的厂房矩形控制网的四个角点，称为厂房控制桩。厂房矩形控制网的边线到厂房轴线的距离为 4 m，厂房控制桩 S、P、Q、R 的坐标可按厂房角点的设计坐标加减 4 m 算得。

1）计算测设数据

根据厂房控制桩 S、P、Q、R 的坐标，计算利用直角坐标法进行测设时所需测设数据，计算结果标注在图 5-5-1 中。

2）厂房控制桩的测设

（1）在建筑方格网的 F 点安置经纬仪，照准 E 点，沿 FE 方向测设 36 m 的水平距离，定出 a 点；同理沿 FG 方向测设 29 m 的水平距离，定出 b 点。

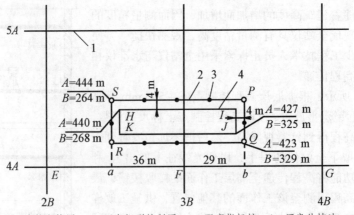

1—建筑方格网；2—厂房矩形控制网；3—距离指标桩；4—厂房外墙边。

图 5-5-1　中小型工业厂房矩形控制网测设

（2）在 a 点安置经纬仪，照准 G 点，逆时针方向测设 90°角，沿视线方向测设 23 m 的水平距离，定出 R 点，再向前测设 21 m 的水平距离，定出 S 点。同理，在 b 点安置经纬仪测设出 Q、P 点。

（3）为便于细部测设，在测设厂房矩形控制网的同时，还应沿控制网测设距离指示桩，距离指示桩的间距一般等于柱子间距的整倍数。

3）检　查

（1）测量∠S、∠P，其与 90°的误差不得超过 ± 10″。

（2）测量 SP 的水平距离，其与设计长度的误差不得超过 1/10 000。

2. 大型工业厂房控制网测设

对于大型厂房或设备基础复杂的厂房，须先测设与厂房的柱列轴线相重合的主轴线，然后根据主轴线测设矩形控制网。在控制网的边线上，除厂房控制桩外，增设距离指标桩。桩位亦选在厂房柱列轴线或主要设备的中心线上，其间距一般为 18 m 或 24 m，以便直接利用指示桩进行厂房的细部测设。图 5-5-2 为某大型厂房的矩形控制网，主轴线 AOB 和 COD 分别选在厂房中间部位的柱列轴线 B 轴和⑧轴上，P、Q、R、S 为厂房控制网的四个控制点。

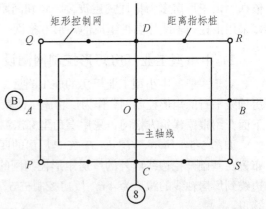

图 5-5-2　大型工业厂房矩形控制网测设

首先将长轴线 AOB 测设于地面，再以长轴线为依据测设短轴 COD，并对短轴进行方向改正（与建筑方格网主轴线测设方法相同），使两轴线严格正交，交角的限差为 ± 5″。主轴线方向确定后，从 O 点起，用精密量距的方法定出轴线端点，使主轴线长度的相对误差不超过 1/50 000。测设完主轴线后，通过主轴线端点测设 90°角，交会出控制点 P、Q、R、S；最后丈量控制网的边长，其精度应与主轴线精度相同。若量距和角度交会得到的控制点位置不一致，应进行调整。边线量距时应同时测设出距离指标桩。

5.5.2　厂房柱列轴线的测设

如图 5-5-3 所示，Ⓐ、Ⓑ、Ⓒ 和 ①、②、…、⑮ 为柱列轴线，也称为定位轴线，其中四周的 Ⓐ、Ⓒ、①、⑮ 为柱列边线。柱列轴线测设方法是根据厂房控制桩和距离指示桩，按照柱子间距和跨距，用钢尺沿厂房控制网各边量出各轴线控制桩的位置，打入木桩、钉上小钉，作为柱基测设和构件安装的依据。

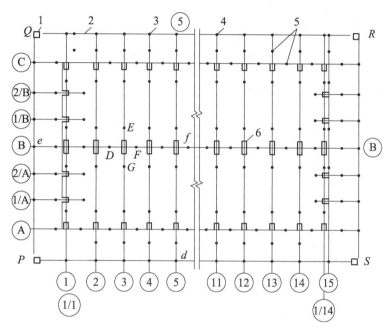

1—厂房控制点；2—厂房控制网；3—距离指标桩；4—轴线控制桩；5—基坑定位桩；6—柱子。

图 5-5-3　厂房柱列轴线和柱基测设

5.5.3　柱基的测设

1.柱基轴线测设

用两台经纬仪分别安置在两条互相垂直的柱列轴线控制桩上，如图 5-5-3 中③轴上的 e 桩和⑤轴上的 d 桩，依Ⓑ—Ⓑ和⑤—⑤方向交会出柱基定位点 f，即柱列轴线的交点，打木桩，钉小钉。为了便于基坑开挖后能及时恢复轴线，应根据经纬仪指出的轴线方向，在基坑四周距基坑开挖线 1~2 m 处打下四个柱基轴线桩 D、E、F、G，并在桩顶钉小钉表示点位，供修坑和立模使用。同法交会定出其余各柱基定位点。

按图 5-5-4 所注基础平面尺寸和基坑放坡宽度，用特制角尺，根据定位点和定位轴线，放出基坑开挖边线，并撒上白灰标明。

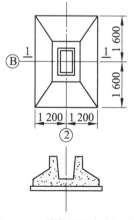

图 5-5-4　柱基平面与剖面图

2. 基坑标高测设

基坑挖到一定深度时，要在坑壁上测设水平桩，作为修整坑底的标高依据。其测设方法与民用建筑相同。坑底修整后，还要在坑底测设垫层高程，打下小木桩并使桩顶高程与垫层顶面设计高程一致，如图 5-5-5（a）所示。深基坑应采用高程上下传递法将高程传递到坑底临时水准点上，然后根据临时水准点测设基坑高程和垫层高程。

3. 柱基施工放线

垫层打好后，根据基坑定位桩，借助锤球将定位轴线投测到垫层上，如图 5-5-5（b）所示。再弹出柱基的中心线和边线，作为支立模板的依据，柱基不同部位的标高，则用水准仪测设到模板上。厂房杯形柱基施工放线过程中，要特别注意其杯口平面位置和杯底标高的准确性。

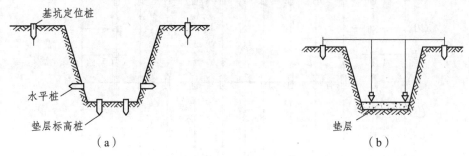

（a）　　　　　　　　　　　　　　　　　　　（b）

图 5-5-5　基坑标高测设与轴线投测

5.5.4　厂房构件安装测量

装配式单层工业厂房主要由柱子、吊车梁、屋架和屋面板等构件组成，建造时一般采用预制构件现场安装的施工方法。各种构件的安装，必须与测量工作配合，以保证预制构件按规定的精度要求安装到设计位置上。测量的主要工作是安装前为构件提供准确位置，安装中对构件位置进行校正，安装后对构件位置进行检查验收。主要预制构件安装测量的允许偏差见表 5-5-1，表中 H 为柱子高度。下面主要介绍混凝土柱、吊车梁和屋架的安装。

表 5-5-1　柱子、桁架或梁安装测量的允许偏差

测量内容		允许偏差/mm
钢柱垫板标高		±2
钢柱±0标高检查		±2
混凝土柱（预制）±0标高检查		±3
柱垂直度检查	钢柱牛腿	5
	柱高10 m以内	10
	柱高10 m以上	$H/1\,000$，≤20
桁架和实腹梁、桁架和钢架的支承结点间相邻高差的偏差		±5
梁间距		±3
梁面垫板标高		±2

1. 柱子的安装测量

单层厂房预制构件的安装工作中，柱子安装是关键，保证柱子位置准确，也就保证了其他构件基本就位。

1）柱子吊装前的准备工作

（1）在柱基顶面投测柱列轴线

柱基拆模后，用经纬仪根据柱列轴线控制桩，将柱列轴线投测到杯口顶面上，如图 5-5-6 所示，并弹出墨线，用红漆画出"▼"标志，作为安装柱子时确定轴线的依据。如果柱列轴线不通过柱子的中心线，应在杯形基础顶面上加弹柱中心线。

用水准仪，在杯口内壁，测设一条一般为 − 0.600 m 的标高线（一般杯口顶面的标高为 − 0.500 m），并画出"▼"标志，作为杯底找平的依据。

（2）柱身弹线

柱子安装前，应将每根柱子按轴线位置进行编号。如图 5-5-7 所示，在每根柱子的三个侧面弹出柱中心线，并在每条线的上端和下端近杯口处画出"▶"标志。根据牛腿面的设计标高，从牛腿面向下用钢尺量出 − 0.600 m 的标高线，并画出"▼"标志。

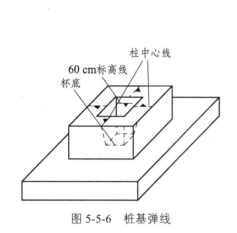

图 5-5-6 桩基弹线　　　　　　　图 5-5-7 柱身弹线

（3）杯底找平

先量出柱子的 − 0.600 m 标高线至柱底面的长度，再在相应的柱基杯口内，量出 − 0.600 m 标高线至杯底的高度，并进行比较，以确定杯底找平厚度，用水泥砂浆根据找平厚度，在杯底进行找平，使牛腿面符合设计高程。

2）柱子安装测量

柱子安装测量的目的是保证柱子平面和高程符合设计要求，柱身垂直。

① 预制的钢筋混凝土柱子插入杯口后，应使柱子三面的中心线与杯口中心线对齐，如图 5-5-8（a）所示，用木楔或钢楔临时固定。

② 柱子立稳后，立即用水准仪检测柱身上的 ± 0.000 m 标高线，其容许误差为 ± 3 mm。

③ 在离柱子的距离不小于柱高的 1.5 倍的柱基纵、横轴线上各安置 1 台全站仪，用望远镜瞄准柱底的中心线标志，固定照准部后，抬高望远镜至梁的位置，根据柱子偏离十字丝竖丝的方向，指挥工作人员拉直柱子，直至从两台全站仪中观测到的柱子中心线都与十字丝竖丝重合为止。

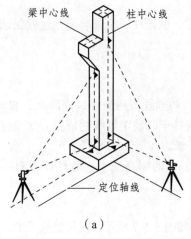

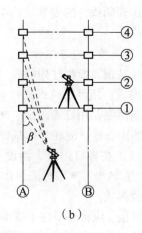

（a）　　　　　　　　　　　　（b）

图 5-5-8　柱子安装测量

④ 在杯口与柱子的缝隙中浇入混凝土，以固定柱子的位置。

⑤ 在实际安装时，可把其中的一台全站仪安置在纵（横）轴线的一侧，一次可校正几根柱子；另一台全站仪安置在柱子的横（纵）轴线上，每次只校正一个柱子。如图 5-5-8（b）所示，但偏离轴线的全站仪，其视线方向与轴线的夹角不要超过15°。

⑥ 柱子安装测量的注意事项。全站仪使用前必须严格校正，应使照准部水准管气泡严格居中。校正时，除注意柱子垂直外，还应随时检查柱子中心线是否对准杯口中心线标志，以防柱子产生水平位移。在校正变截面的柱子时，全站仪必须安置在柱列轴线上，以免产生差错。在日照下校正柱子的垂直度时，应考虑日照使柱顶向阴面弯曲的影响，为避免此种影响，宜在早晨或阴天校正。

2. 吊车梁的安装测量

吊车梁安装测量主要是保证吊车梁中线位置和吊车梁的标高满足设计要求。

1）吊车梁安装前的准备工作

（1）在柱面上量出吊车梁顶面标高

根据柱子上的 ±0.000 m 标高线，用钢尺沿柱面向上量出吊车梁顶面设计标高线，作为调整吊车梁面标高的依据。

（2）在吊车梁上弹出梁的中心线

如图 5-5-9 所示，在吊车梁的顶面和两端面上，用墨线弹出梁的中心线，作为安装定位的依据。

（3）牛腿面上弹出梁的中心线

根据厂房中心线，在牛腿面上投测出吊车梁的中心线，投测方法如下：

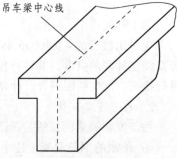

图 5-5-9　用墨线弹出吊车梁中心线

如图 5-5-10（a）所示，利用厂房中心线 MN，根据设计轨道间距，在地面上测设出吊车梁中心线 $A'A'$ 和 $B'B'$。在吊车梁中心线的一个端点上安置全站仪，瞄准另一个端点，固定照准部，抬高望远镜，即可将吊车梁中心线投测到每根柱子的牛腿面上，并用墨线弹出梁的中心线。

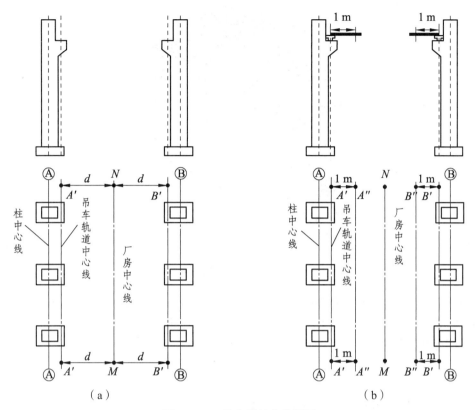

图 5-5-10 吊车梁的安装测量

2）吊车梁安装测量

安装时，使吊车梁两端的梁中心线与牛腿面梁中心线重合，是吊车梁初步定位。采用平行线法，对吊车梁的中心线进行检测，校正方法如下：

① 如图 5-5-10（b）所示，在地面上，从吊车梁中心线，向厂房中心线方向量出长度 1 m，得到平行线 $A''A''$ 和 $B''B''$。

② 在平行线一端点上安置全站仪瞄准另一端点，固定照准部，抬高望远镜至牛腿面位置，另外一人在梁上移动横放的木尺，当视线正对准尺上一米刻划线时，尺的零点应与梁面上的中心线重合。如不重合，可用撬杠移动吊车梁，使吊车梁中心线到 $A''A''$ 或 $B''B''$ 的间距等于 1 m 为止。

③ 在吊车梁安装就位后，先按柱面上定出的吊车梁设计标高线对吊车梁面进行调整，然后将水准仪安置在吊车梁上，每隔 3 m 测一点高程，并与设计高程比较，误差应在 3 mm 以内。

3．层架的安装测量

屋架吊装前，用全站仪或其他方法在柱顶面上测设出屋架定位轴线。在屋架两端弹出屋架中心线，以便进行定位。

屋架吊装就位时，应使屋架的中心线与柱顶面上的定位轴线对准，允许误差为 5 mm。屋架的垂直度可用锤球或经纬仪进行检查。用经纬仪检校方法如下：

如图 5-5-11 所示，在屋架上安装三把卡尺，一把卡尺安装在屋架上弦中点附近，另外两把分别安装在屋架的两端。自屋架几何中心沿卡尺向外量出 500 mm 并作出标志。

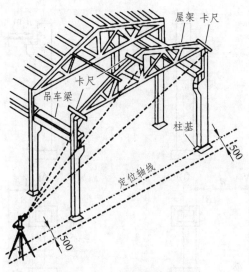

图 5-5-11　屋架安装测量

在地面上，将定位轴线外移 500 mm 安置全站仪，观测三把卡尺的标志是否在同一竖直面内，如果屋架竖向偏差较大，则要进行校正，最后将屋架固定。

垂直度允许偏差为：薄腹梁为 5 mm，桁架为屋架高的 1/250。

任务 5.6　塔型构筑物施工测量

烟囱、水塔、电视塔等都是截圆锥形的高耸塔形构筑物，其共同特点是基础小、主体高，越往上筒身越小。施工测量的主要工作是严格控制筒身中心线的竖直和筒身外壁的设计坡度，以保证构筑物的稳定性。下面主要介绍塔形构筑物的基础施工和筒身施工过程中的测量工作。

5.6.1　定位测量

首先，按图纸要求，根据已知控制点或与已有建筑位置的尺寸关系，在地面上测设塔形构筑物的中心位置 O，然后在 O 点安置经纬仪，测设出以 O 为交点的两条互相垂直的十字形定位轴线 AB 和 CD，并在离塔形构筑物的距离大于其高度处设 A、B、C、D 四个轴线控制桩，用于筒身施工时用经纬仪往上投测中心线，或用于检核筒身的垂直度。各控制桩应妥善保护，必要时在轴线方向上多设几个桩，以便检核。为便于基础施工时中心定位点的恢复，还应在靠近基础开挖边线但又稳固的地方设 a、b、c、d 四个基础定位轴线桩，如图 5-6-1 所示。

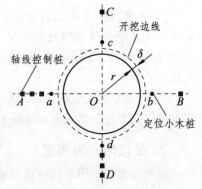

图 5-6-1　塔型构筑物定位

高耸塔形构筑物施工测量的控制网，除布设成十字形外，还可设计为田字形或辐射形，图形的中心点应与高耸塔形构筑物的中心点重合。

5.6.2 基础施工测量

定出塔形构筑物的中心点 O 后，以 O 为圆心，$R = r + b$ 为半径（r 为烟囱或水塔底部半径，b 为基坑的放坡宽度），在地面上画圆，撒出灰线，标明基坑开挖范围。

当基础开挖接近设计标高时，在基坑内壁测设水平桩，作为检查和控制挖土深度和打垫层的标高依据。

垫层打好后，根据 a、b、c、d 四个轴线桩，将中心点往下投测到垫层上，按基础尺寸弹出边线，作为基础模板安装的依据，再用水准仪将基础各部位的设计标高测设到模板上。

当结构施工到 ± 0.000 时，应在首层结构面埋设约 200 mm × 200 mm 大小的钢板，根据基础定位轴线桩，用经纬仪将塔身的轴线控制点及其中心点的点位准确地标在钢板上并刻划十字线，作为筒身施工时用吊锤线或铅直仪控制其垂直度的依据，如图 5-6-2 所示。还可将基础定位轴线引测到地面以上筒身的底部，在其外侧和内侧均画上标志线。外侧标志作为用经纬仪往上投测轴线的依据，内侧标志作为用吊锤线往上投测轴线的依据。

烟囱砌体

固定木方

旋转杆

图 5-6-2　中心投测和筒身放样

5.6.3 筒身施工测量

烟囱和水塔筒身向上砌筑或浇筑时，筒身中心线、直径和坡度要严格控制，一般每砌一步架或混凝土每升一次模板，要将中心点投测到施工面上，作为继续往上砌筑或支模的依据。中心点投测可用经纬仪、吊垂线或铅直仪。

如果是用吊垂线、可在施工作业面上固定一长木方，在其上面用细钢丝悬吊 8 ~ 12 kg 重的垂球，移动木方，直至垂球尖对准基础中心点，此时钢丝的位置即为筒身的中心。筒身每升高 10 m 左右，应用经纬仪检查一次中心点。检查时分别在 A、B、C、D 四个轴线控制桩上安置经纬仪，照准筒身底部的轴线标志，把轴线投测到施工作业面上，并作标记，然后按标记拉两条细绳，其交点即为筒身中心点。将此中心点与用吊垂线投测上来的中心点相比较，其偏差不应超过目前施工高度的 1/1 000。

筒身水平截面尺寸的测设，应以投测上来的中心线为圆心，按施工作业面上的筒身设计半径画圆，如图 5-6-2 所示。

筒身坡度及表面平整度，应随时用靠尺板（或专业数字坡度仪）挂线检查，靠尺板的斜边是严格按筒身的设计坡度制作的。如图 5-6-3 所示，使用时，把斜边贴靠在筒身外壁上，如垂球线恰好通过下端缺口处，则说明筒壁的收坡符合设计要求。

筒身的高度，一般是先用水准仪在筒身底部的外壁上测设出某一高度（如 + 0.50 m）的标高线、然后以此线为准，用钢尺直接向上量取。或者悬吊钢尺，用水准仪测量，将标高传递到施工层面。筒身四周应保持水平，应经常用水平尺检查上口水平，发现偏差应随时纠正。

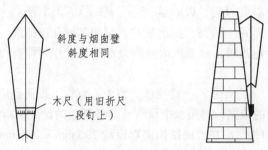

斜度与烟囱壁
斜度相同

木尺（用旧折尺
一段钉上）

图 5-6-3　筒身坡度靠尺板

任务 5.7　钢结构建筑施工测量

随着建筑市场的发展以及建筑技术水平的提高，钢结构建筑逐步增多。钢结构建筑的形式多样，包括了多层建筑、高层建筑、工业建筑和大型场馆等。在钢结构工程施工过程中、测量是一项专业性很强又非常重要的工作，测量精度的高低直接影响到工程质量的好坏，是衡量钢结构工程质量的一个重要指标。

5.7.1 钢结构建筑的特点与精度要求

1. 钢结构建筑的特点

如图 5-7-1 所示，国家体育场（鸟巢）为一座典型的钢结构建筑物。钢结构建筑自重轻、构件截面小、有效空间大、抗震性能好、施工速度快、用工少，除钢结构本身的造价比钢筋混凝土结构稍高外，其综合效益优于同类钢筋混凝土结构，建筑物高度超过 100 m 的超高层钢结构，其优点更为突出。但是，高层钢结构建筑技术复杂、施工难度较大，在材料选用、设备配置、构件加工、结构安装、质量检验等方面都有严格的要求。

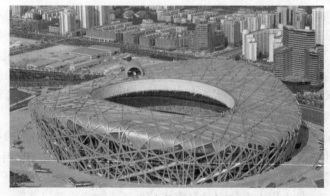

图 5-7-1　国家体育场（鸟巢）

2. 钢结构施工测量技术要求

钢结构施工的内容很多，包括零件及部件加工、构件组装及加工、钢结构预拼装、基础及支承面和预埋件的施工，最后是构件的安装。钢结构安装允许偏差见表 5-7-1。

表 5-7-1　钢结构安装允许偏差

项目类别	项目内容	允许偏差/mm	测量方法
地脚螺栓	钢结构的定位轴线	$L/2\,000$	钢尺和经纬仪
	钢柱的定位轴线	± 1	钢尺和经纬仪
	地脚螺栓的位移	± 2	钢尺和经纬仪
	柱子的底座位移	± 3	钢尺和经纬仪
	柱底的标高	± 2	水准仪检查
钢柱	底层柱基准点标高	± 2.0	水准仪检查
	同一层各节柱柱顶高差	± 5.0	水准仪检查
	底层柱柱底轴线对定位轴线偏移	± 3.0	经纬仪和钢尺检查
	上、下连接处错位（位移、扭转）	± 3.0	钢尺和直尺检查
	单节柱垂直度	$\pm H_1/1\,000$ 且小于 10.0	经纬仪检查
主梁	同一根梁两端顶面高差	$\pm L/1\,000$ 且小于 10.0	水准仪检查
次梁	与主梁上表面高差	± 2.0	直尺和钢尺检查
主体结构整体偏差	垂直度	$\pm(H/2\,500+10)$ 且小于 50.0	按各节柱的偏差累计计算
	平面弯曲	$\pm L/1\,500$ 且小于 25.0	按每层偏差累计计算

注：H_1 为钢柱和主体结构高度；L 为梁长；H 为单节柱高度。

表中的允许偏差是指施工允许偏差，即施工过程中对工程实体的平面位置、高程位置、竖直方向和几何尺寸等允许偏差，是最终建筑结构的总偏差，包括了测量、构件加工和安装等误差，一般测量允许误差不应超出施工允许偏差的 1/3~1/2，因此对测量技术要求很高。

5.7.2　钢结构建筑的控制测量

钢结构建筑安装前应设置施工控制网，包括平面控制网和高程控制网。

1. 钢结构建筑平面控制网

钢结构建筑平面控制网，可根据场区地形条件和建筑物的结构形式，布设十字轴线或矩形控制网，四层以下宜采用外控法，四层及四层以上宜采用内控法。平面布置为异形的建筑可根据建筑物形状布设多边形控制网。建筑平面控制网的主要技术要求是：测角中误差为 $\pm 8''$，边长相对中误差为 1/24 000。

下面以某钢结构体育馆为例，说明钢结构建筑平面控制网的布设。如图 5-7-2 所示，体育馆外围已建立了场区平面控制网，相当于一级控制网，由五个点构成，K_0 为体育场中心控制点，K_N、K_E、K_S、K_W 为分布于北、东、南、西四个方向的控制点，是长期保存的高精度场区整体控制网，其测角中误差为 ±5″，边长相对中误差为 1/40 000。在此基础上，建立为体育馆钢结构安装服务的建筑施工平面控制网，相当于二级控制网，其网点布置成矩形。

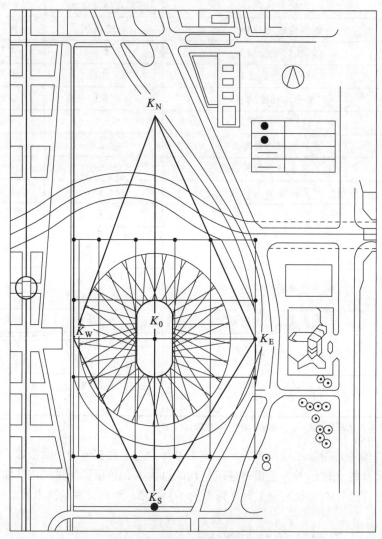

图 5-7-2 某体育馆平面控制网

建筑物定位的关键是确定建筑主轴线的位置，它直接影响到钢结构的安装质量，故应给予高度重视。为此应将建筑主轴线的点包含在建筑施工控制网中，其点位和坐标事先在图上设计好，然后以场区控制为依据，采用极坐标法或直角坐标法测设到现场，再进行检测和调整。

随着施工的进行，钢结构不断升高，原有的施工控制网不能正常使用，或者建筑物在不同的高度其轴线的位置有变化，这都需要对施工控制网进行调整，甚至重新进行布设。因此，钢结构建筑的定位施工控制网的测定，可能需要根据工程的进度反复进行。在施工控制网中应包含重要点位和重要轴线，要与主轴线保持平行关系，要保证每个施工流水段中至少有四条两两相交的控制线。

对一般的钢结构建筑，其上下楼层的轴线在同一铅垂线上，在建立上部楼层施工平面控制网时，应以建筑物底层控制网为基础，通过激光铅垂仪垂直往上投测。根据国家标准《钢结构工程施工规范》（GB 50755—2012），控制点竖向投测允许偏差应符合表 5-7-2 的规定。

表 5-7-2　钢结构建筑控制点竖向投测允许偏差

项　　目		允许偏差/mm
每　　层		3
总高度 H/m	$H \leqslant 30$	5
	$30 < H \leqslant 60$	8
	$60 < H \leqslant 90$	13
	$90 < H \leqslant 150$	18
	$H > 150$	20

由于日光照射不均匀及白天施工高峰期，高层钢结构会生产较大的垂直度变化，为了减少日光及施工对水平控制点传递的影响，向上传递控制点的作业时间宜选择夜间进行。高层建筑一般每隔 50～80 m 设置一个投测控制点基准层，如果建筑在不同高度变截面，建筑控制点的位置可在变截面处做相应的调整。图 5-7-3 所示是某 90 层超高层带核心筒钢结构建筑平面控制网，左图是首层的内控法轴线控制点位置示意图，右图是第 50 层的内控法轴线控制点位置示意图，其点位往内做了收缩。

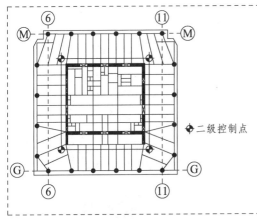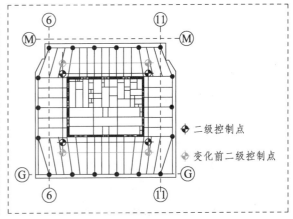

图 5-7-3　某超高层带核心筒钢结构建筑平面控制网

轴线控制基准点投测至施工层后，应进行控制网平差校核。调整后的点位精度应满足边长相对误差达到 1/20 000，相应的测角中误差 ±10″ 的要求。

图 5-7-4 所示为某带核心筒的钢结构超高层建筑平面控制点竖向投测示意图。其核心筒和外围钢结构不是同步施工，先施工核心筒，再施工外围钢结构。因此在核心筒墙侧焊接钢制测量平台，外挑 80 cm 宽，用激光垂准仪把控制点投测到施工层上并做好标记。控制点除用于核心筒的施工定位外，同时用于外围钢结构的施工定位。例如，可在控制点上安置全站仪，根据外

围钢结构柱子顶面的坐标，用极坐标法指导钢柱的安装。

图 5-7-4　某带核心筒的钢结构超高层建筑平面控制点竖向投测示意图

2. 钢结构建筑高程控制网

钢结构建筑高程控制网在场区高程控制网或者城市高程控制网的基础上布设。高程控制网应按闭合环线、附合路线或结点网形布设，高程测量的精度不宜低于三等水准测量的精度要求。对于比赛设施及辅助系统等高精度安装工程，还应建立局部高精度控制网，以保证施工测量的精度。

钢结构建筑高程控制点的水准点，可设置在平面控制网的标桩或外围的固定地物上，也可单独埋设，水准点的个数不应少于 3 个。高程控制点布设相对比较灵活，以保证施测为原则，如图 5-7-5 所示。

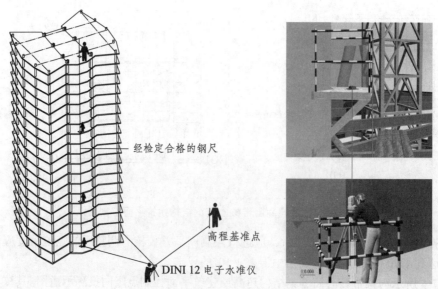

图 5-7-5　水准仪和全站仪传递高程示意图

建筑物标高的传递宜采用悬挂钢尺测量方法进行，钢尺读数时应进行温度、尺长和拉力修正。高层建筑也可采用全站仪传递。标高向上传递时宜从两处分别传递，面积较大或高层结构宜从三处分别传递。当传递的标高误差不超过±3.0 mm时，可取其平均值作为施工楼层的标高基准，超过时则应重新传递。根据《钢结构工程施工规范》（GB 50755—2012），钢结构建筑标高竖向投测的测量允许偏差应符合表5-7-3的规定。

表5-7-3　钢结构建筑标高竖向投测的测量允许偏差

项　目		允许偏差/mm
每　层		±3
总高度 H/m	H≤30	±5
	30<H≤60	±10
	H>60	±12

5.7.3　钢结构建筑的安装测量

钢结构的安装测量是一项非常重要的测量工作，如何采用适当的测量技术将结构体按照设计图纸准确无误地安装就位，将直接关系到工程的进度和质量。下面以一般的多层和高层钢结构建筑为例，介绍钢结构的安装测量。

1．钢结构加工及进场检验

1）钢结构加工时的检验

多层和高层钢结构的柱与柱、主梁与柱的接头一般用焊接方法连接，焊缝的收缩值以及荷载对柱的压缩变形对建筑物的外形尺寸有一定的影响。钢结构加工下料时，在满足设计几何尺寸的前提下，还应考虑焊接变形、吊装变形和温度变形等对钢结构几何尺寸产生的不利影响，应根据预测变形量对钢结构几何尺寸进行修正，并制定出其他相应措施，使其尺寸符合施工要求，如图5-7-6所示。

图5-7-6　钢结构加工时的检验

2）钢结构进场后的检验

钢结构进场后安装前，要对其几何尺寸进行复测校核，确定出钢结构部件在当时温度条件及吊装时刻下的实际长度，为顺利安装提供依据。钢构件的定位标记（中心线和标高等标记）对安装施工有重要作用，对工程竣工后正确地进行定期观测，积累工程档案资料和工程的改建、扩建也很重要。

2. 地脚螺栓的安装测量

建筑基础施工时，在基础底层施工完成并铺设底层钢筋网后，应及时安装钢柱的地脚螺栓，以便继续铺设基础钢筋网和浇筑基础混凝土。安装时，关键是控制好地脚螺栓的平面位置，以及支承面的标高和水平度。

1）平面位置安装测量

根据建筑平面控制网，用全站仪、经纬仪和钢尺等测量工具，在基础垫层或底层钢筋网上弹出每根柱子纵横两个方向的轴线，并拉细绳和吊锤，作为安装地脚螺栓的定位依据。

将全部地脚螺栓按其设计尺寸用钢筋焊接为一个整体，并在顶面安装一块临时的定位板，定位板上的圆孔刚好穿过地脚螺栓，其高度用下面地脚螺栓的螺母调节，使板面与地脚螺栓顶面对齐。定位板上面四周绘出纵横两个方向的轴线。前后左右移动地脚螺栓和定位板组成的架子，当定位板上面四周的轴线与吊锤线全都对准时，地脚螺栓到达其正确的平面位置，如图5-7-7所示。

2）标高位置安装测量

用水准仪以高程控制点为后视，前视测量定位板面的标高，如果与地脚螺栓的设计标高不符，上下调节地脚螺栓和定位板组成的架子的高低，改变定位板面的标高，直到其与设计标高一致为止。同时，用水准仪或长水准管器，检查定位板面是否处于水平状态，如图5-7-7所示。

地脚螺栓安装测量时，平面位置和标高位置的调整会互相影响，因此需要反复测量和调整，使定位板最终的平面位置、标高和水平度都准确无误，然后及时将地脚螺栓架子用钢筋焊接到底板钢筋网上，使其固定起来，后续其他施工要注意避免碰动。混凝土浇筑前，应再次检测定位板上的中心线，如发现偏差应立刻校正，直至符合精度要求为止，最后取下定位板进行混凝土浇筑，图5-7-8所示为完工后的地脚螺栓。

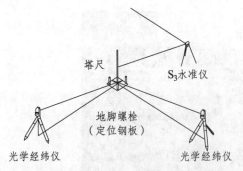

图 5-7-7　地脚螺栓及定位板校正示意图

图 5-7-8　完工后的地脚螺栓

3. 首层钢柱安装测量

首层钢柱是指安装在地脚螺栓上的钢柱，如果建筑是阀板基础，首层钢柱中的下部将与阀板基础钢筋网连接在一起，浇筑混凝土后与阀板基础成为一个整体。首层钢柱安装时，是将钢柱底部的圆孔与地脚螺栓对齐放下，然后调整钢柱的标高、位置和铅垂度。

1）安装前的准备工作

在钢柱安装前，用经纬仪和钢尺在地脚螺栓混凝土面上测设出钢柱的轴线，并弹出墨线，再用水准仪和标尺测量地脚螺栓上螺母上沿的标高，调节螺母高度，使其刚好为钢柱底板的设计标高，如图5-7-8所示。

2）钢柱安装平面位置校正

将钢柱吊装到对应的基座上，钢柱底部的预留孔穿过地脚螺栓，然后拧上螺母固定，如图5-7-9所示。在钢柱上定出柱身中心线，用角尺检查柱身中心线与基座轴线是否对准，如有少量的偏差，松开上面的固定螺母，用撬棍调整钢柱的平面位置，直到四周轴线都对准为止。

3）钢柱安装垂直度校正

钢柱底部定位后，在相互垂直的两轴线方向上采用两台经纬仪校正钢柱的垂直度。当观测面为不等截面时，经纬仪应安置在轴线上，当观测面为等截面时，经纬仪中心可安置在轴线旁边，一次观测多根钢柱，提高工作效率，但仪器中心与轴线间的水平夹角不得大于15°。在校正钢柱的垂直度时，一般是通过调节钢柱底板下面螺母的高度，使钢柱的垂直度发生变化，如图5-7-10所示。

图5-7-9　钢柱底部定位

图5-7-10　钢柱安装垂直度校正

4）钢柱标高检查及固定

钢柱的位置和垂直度校正完成后，用水准仪检查钢柱底板的标高是否符合要求。如果标高正确，在地脚螺栓上再拧上一个螺母，将钢柱固定起来。这时钢柱靠下面地脚螺栓上的螺母承担其重量，钢柱底板与基座混凝土面之间有一定的空隙。用模板封住空隙的四周，然后灌注高标号的无收缩混凝土，将空隙填满，混凝土达到硬度后，即可为钢柱及上部建筑物提供足够的支承力。

4. 上层钢柱的安装测量

首层钢柱安装完毕并完成基础施工后，逐层往上安装钢柱和钢梁。上层钢柱安装时，其与下层钢柱不是用螺栓来连接，而是用焊接的方法连接。其吊装与测量校正的具体方法也略有不同。

1）吊装就位

如图5-7-11所示，在下层钢柱和上层钢柱连接处的四周，预先对称地焊接四对临时固定钢板，每块固定钢板上有 2~3 个圆孔，用于穿过固定螺杆。吊装时，安装人员将上下钢柱对齐，然后用四对预先制作了圆孔的活动钢板夹住上下钢柱的固定钢板，拧上螺杆和螺母，将上下钢柱临时固定起来。

2）垂直度校正

在上层钢柱的四周标出中线位置，用两台经纬仪根据地面上的建筑物轴线、检查钢柱的垂直度，方法与首层基本相同。如有偏差，根据偏差的方向确定校正的位置，松开临时固定用的螺杆，在上下临时固定钢板之间安置小型液压千斤顶，调整钢柱的垂直度，直至两个方向都符合要求为止，如图 5-7-12 所示。

图 5-7-11　用钢板临时固定上层钢柱　　　　　图 5-7-12　校正上层钢柱垂直度

3）永久固定

钢柱的长度预先精确加工，因此安装到位并校正好垂直度后，其标高就符合设计要求，这时需要通过焊接来永久固定上下钢柱的连接。焊接在上下层钢柱之间的接缝进行，在这之前，为了避免钢柱移位和方便操作，先临时在四周焊上四块固定上下层钢柱连接的小钢板，代替原先的临时钢板螺杆连接。接缝焊接完成后，割掉所有的临时钢板并打磨光滑，即完成该层钢柱的安装工作。

5. 钢梁安装测量

钢梁安装前，应测量钢梁两端柱的垂直度变化，还应监测邻近各柱因梁连接而产生的垂直度变化。此外，应检查钢梁的长度是否正确无误。钢梁安装时，将钢梁两端的圆孔与钢柱侧面钢板的圆孔对齐，插上连接螺杆，拧紧螺母，焊接固定，即可完成钢梁的安装，如图 5-7-13 和图 5-7-14 所示。

图 5-7-13　钢梁吊装　　　　　　　　　　图 5-7-14　拧上梁柱连接螺杆

一个区域的钢梁安装完成后，应进行钢结构的整体复测，无误后可进行楼板和再上一层钢结构的安装。

5.7.4 其他钢结构建筑的安装测量

1. 钢结构工业厂房安装测量

工业厂房的钢柱上有突出柱身的牛腿面，用于安装钢梁，并在钢梁上安装铁轨和吊车，另外在钢柱的顶面需要安装钢屋架。

（1）为了保证铁轨的精度，钢柱安装完成后，根据建筑平面控制网，用平行借线法，在钢柱的牛腿面上测定钢梁的中心线，钢梁中心线投测允许误差为 ±3 mm，梁面垫板标高允许偏差为 ±2 mm。在钢梁的底面和两端弹出中心线。安装应使钢梁的中心线对准钢柱牛腿面上的中心线。

（2）钢梁安装完成后，在钢梁上弹出轨道中心线，轨道中心线投测的允许误差为 ±2 mm，中间加密点的间距不得超过柱距的两倍，并将各点平行引测到牛腿顶部靠近柱的侧面，作为轨道安装的平面位置依据。在柱牛腿面架设水准仪，按三等水准精度要求测设轨道安装标高。标高控制点的允许误差为 ±2 mm，根据标高控制点测设轨道标高点，轨道标高点允许误差为 ±1 mm。

（3）钢屋架安装的关键是控制好其扇面垂直度，安装时可用吊垂或者经纬仪测量检查，调整到垂直的位置。此外，钢屋架安装时的直线度、标高、挠度也要进行测量检查，调整到设计的位置。

2. 带筒体结构的超高层钢结构安装测量

超高层钢结构建筑为了提高建筑的结构强度，一般都采用钢筋混凝土构成的核心筒。施工时一般先浇筑筒体，然后施工外围的钢结构。各层钢结构安装前，先从地面的建筑平面控制网将定位轴线引测到施工层，经检验合格后，才能用于钢柱的安装。同时要从地面的高程控制网将标高引测到施工层。

各施工层的钢柱、钢梁及其他构件的安装，除可采用前面所述的用建筑轴线和标高线校正定位的方法外，也可采用全站仪极坐标法，直接测设构件定位点平面位置和标高，如图 5-7-15 所示。其中全站仪架设点和后视棱镜架设点，都是通过轴线竖向投测和标高竖向投测的控制点。

图 5-7-15　全站仪测设核心筒外围钢结构

3. 倾斜钢结构的安装测量

如果钢结构建筑的主要承重结构（如钢柱）是竖直向上的，其安装测量的关键是控制好垂直度，这从技术上比较容易实现。但是一些建筑为了造型和结构的需要，出现钢柱甚至建筑倾斜的现象，如图 5-7-16 所示，不同高度其坐标都不相同，这时安装测量要采用适当的技术和方法，才能满足施工定位的需要。

图 5-7-16　斜型钢结构建筑

解决的方法主要是采用全站仪进行构件三维坐标测量。钢柱安装时，用全站仪测量钢柱立面某些特定点的三维坐标，与设计三维坐标进行比较，计算出钢柱的中心偏移量、钢柱的扭转偏差值以及钢柱的标高偏差值。根据这些偏差值，现场校正所安装钢柱的位置和标高，然后再次测量这些特定点的三维坐标，再进行校正，如此反复直至符合设计要求，如图 5-7-17 所示。

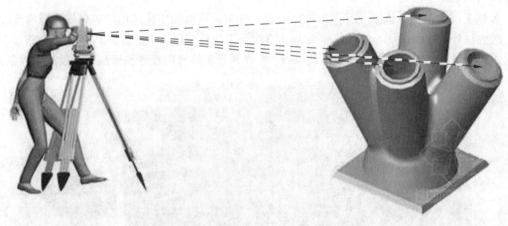

图 5-7-17　斜型钢结构全站仪测量定位

倾斜钢结构柱子安装测量时，钢柱顶端可能不方便放置全站仪的反射棱镜，这时可在柱顶边缘特征点粘贴反射片标靶，用全站仪测量反射片标靶的三维坐标。为了防止仪器在施工面上受到振动，影响仪器平整度和测量精度，应制作一个防振动及可拆卸的测量平台，提高测量精度和钢柱安装质量。

4．场馆钢结构施工测量

场馆钢结构建筑（例如剧场、体育馆、航站楼等）具有跨度大、空间大、形状复杂的特点，根据结构特点和现场条件，可采用高空散装法、分条分块吊装法、滑移法、单元或整体顶升法、整体吊装法、高空悬拼法等安装方法进行施工，这对施工测量提出了更高的要求。例如，国家体育场（鸟巢）的构件吊装时，复杂的构件有十多个接头，每个接头都要准确对上已安装好的钢结构相应的位置，然后进行固定和焊接，如图 5-7-18 所示。

图 5-7-18　　国家体育场（鸟巢）钢结构节点

由于场馆钢结构形状复杂，各构件的安装测量主要采用全站仪极坐标法，在建筑控制网的基础上，直接测量钢构件的三维坐标，指导构件的安装定位。有时也可用全站仪测设其平面位置，用水准仪测设其高程，如图 5-7-19 所示。

图 5-7-19　场馆结构安装测量

采用全站仪三维坐标放样法现场测量之前，必须先根据设计图纸取得构件特征点的平面坐标和高程。现在通常是利用 AutoCAD 软件，在项目工程电子图纸上查询取得特征点的坐标和高程。

宁津生院士：中国大地测量泰斗

宁津生，男，汉族，1932 年 10 月生，安徽桐城人（今安徽省安庆市宜秀区杨桥镇人），中国工程院院士，武汉大学教授，博士生导师。宁津生从高中时期就极喜爱化学，1951 年，他考入了哈尔滨工业大学化工专业，但是因为家人不同意，他不得不放弃。那年夏天，准备来年再考试的宁津生看到了《解放日报》上的一则招生信息，原来是同济大学测量系在补招新生。于是这位本可以成为化学家的少年，就这样阴差阳错地成了著名的测量学家。

图 1　宁津生院士（1932—2020）

宁津生的大学阶段正值抗美援朝时期，每一名大学生心中都怀揣着一份历史的使命感，建设祖国的激情时时激荡着宁津生的内心。大二这年，各项都非常优秀的宁津生被选中前往北京俄语专科学校留苏预科班学习。但因为家庭原因，宁津生最终没有前往苏联，这成为他少年时期最惋惜的一件事。本科毕业之后，宁津生振奋起来，参与到新中国的经济建设之中。

1957 年，苏联发射了世界上第一颗人造地球卫星，测绘界开始将研究重点集中在了地球重力场的研究之上。为此，我国还特地申请邀请了一些苏联的测绘专家前来指导。

指导宁津生学习研究的是苏联专家布洛瓦尔，他对宁津生的影响是巨大的，正是由于他的出现，才让宁津生一生的研究目标更加明确——地球重力场。地球重力场，在我国根本没有研究基础，所有的研究论文都是国外科学家写的，没有翻译。幸而宁津生在大学的时候学习了俄语，他成为了布洛瓦尔的翻译，在跟随着布洛瓦尔一年之后，他对这门学科的认识不断加深，布洛瓦尔对他的勤奋和聪慧也十分欣赏，愿意倾力教授他这方面的研究成果。

后来，宁津生一直从事地球重力场的理论和方法研究，其研究和实践工作包括中国天文重力水准的布设、地心坐标的建立和参考椭球体的定位等。20 世纪 80 年代在中国首先利用近代数学物理方法推求相对大地水准面，致力于研制适合中国局部重力场结构的 WDM 地球重力场模型系列，获得当时中国阶次最高、精度最好的地球重力场模型 WDM89 和 WDM94，广泛应用于测绘、空间技术、地质等领域的研究和生产。他主持和参加了中国全国和省市大地水准面的精化工程，所获得的高精度、高分辨率大地水准面数值模型可将 GPS 大地高转换成海拔高，直接用于 1∶50 000 及更大比例尺的地形测绘，代替繁重的几何水准测量，改变了传统的地形测绘技术方式。

一、选择题

1. 施工控制网又称场区控制，包括（　　）。

A. 平面控制与高程控制　　　　　　　　B. 导线与三角网

C. GNSS 控制网　　　　　　　　　　　C. 水准网

2. 5～15 层房屋、建筑物高度 15～60 m 或跨度 6～18 m 施工放样的测距相对误差要求是（　　）。

    A. ≤1/3 000　　　　B. ≤1/5 000　　　　C. ≤1/2 000　　　　D. ≤1/1 000

3. 5～15 层房屋、建筑物高度 15～60 m 或跨度 6～18 m 竖向传递轴线点的中误差应（　　）mm。

    A. ≤4　　　　　　B. ≤5　　　　　　C. ≤2　　　　　　D. ≤2.5

4. 构件预装测量平台面的抄平误差为（　　）。

    A. ≤±1 cm　　　　B. ≤±1 mm　　　　C. ≤±2 cm　　　　D. ≤±2 mm

5. 施工放样的基本工作包括测设（　　）。

    A. 水平角、水平距离与高程　　　　　　B. 水平角与水平距离

    C. 水平角与高程　　　　　　　　　　　D. 水平距离与高程

6. 建筑施工测量的内容包括（　　）。

    A. 轴线测设与施工控制桩测设

    B. 轴线测设、施工控制桩测设、基础施工测量与构件安装测量

    C. 轴线测设与构件安装测量

7. 建筑方格网的边长一般为（　　）m。

    A. 100～300　　　　B. 10～30　　　　C. 1 000～3 000　　　　D. 1～3

8. 延长轴线的方法有（　　）。

    A. 角桩法　　　　　　　　　　　　　　B. 轴线控制桩法

    C. 龙门板法　　　　　　　　　　　　　D. 中心桩法

9. 由于场地平整时全场地兼有挖和填，而挖和填的体形常常不规则，所以一般采用（　　）分块计算解决。

    A. 三角网法　　　　　　　　　　　　　B. 方格网方法

    C. 栅格法　　　　　　　　　　　　　　D. 中心桩法

10. 厂房预制构件柱子安装前的准备工作有（　　）。

    A. 在柱基顶面投测柱列轴线　　　　　　B. 柱身弹线

    C. 杯底找平　　　　　　　　　　　　　D. 柱身垂直

二、简答题

1. 简述施工控制网的特点。

2. 建筑基线常用形式有哪几种？

3. 建筑基线的测设基本步骤是什么？

4. 简述建筑方格网的测设步骤。

5. 施工高程控制网如何布设？布设后应满足什么要求？

6. 原有建筑物与新建建筑物的相对位置关系，新旧建筑物的外墙间距为 12 m，右侧墙边对齐，新建筑物设计尺寸（算至外墙边线）为长 50 m，宽 20 m。试述根据原有建筑物测设新建筑物轴线交点的步骤及方法。

7. 基槽水平桩的高程误差一般不大于多少？

8. 一般多层建筑主体施工过程中，如何投测轴线？如何传递标高？

9. 在高层建筑施工中，如何控制建筑物的垂直度和传递标高？

10. 在工业厂房施工测量中，为什么要建立独立的厂房控制网？在控制网中距离指标桩是什么？其设立的目的是什么？

11. 如何进行柱子吊装的竖直校正工作？应注意哪些具体要求？

12. 工业厂房柱列轴线如何进行测设？它的具体作用是什么？

13. 高耸构筑物施工测量有何特点？在烟囱筒身施工测量中如何控制其垂直度？

14. 试述一般钢结构建筑的柱和梁安装测量的过程和方法。

三、计算题

1. 假设直线型建筑基线 A'、O'、B' 三点已测设于地面，经检测 $\angle A'O'B' = 179°59'36''$，已知 $a = 150$ m，$b = 100$ m。试求调整值 δ，并绘图说明如何调整才能使三点成一直线。

2. 已知施工坐标原点 O' 的测量坐标为：$x_0' = 600$ m，$y_0' = 800$ m，施工坐标纵轴相对于测量坐标纵轴旋转的夹角为 $\alpha = 30°$；控制点 P 的测量坐标为：$x_P = 1\,002$ m，$y_P = 1\,803$ m。试计算 P 点的施工坐标。

3. 已知施工坐标原点 O' 的测量坐标。$x_{0'} = 100.000$ m，$y_{0'} = 200.000$ m，施工坐标纵轴相对于测量坐标纵轴旋转的夹角为 $-10°18'00''$，建筑基线点 P 的施工坐标 $A_P = 125.000$ m，$B_P = 260.000$ m，试计算 P 点的测量坐标 x_P 和 y_P。

选择题答案：1. A　2. B　3. D　4. C　5. A　6. B　7. A　8. BC　9. AB　10. ABCD

项目 6　建筑变形测量与竣工总图编绘

项目导学

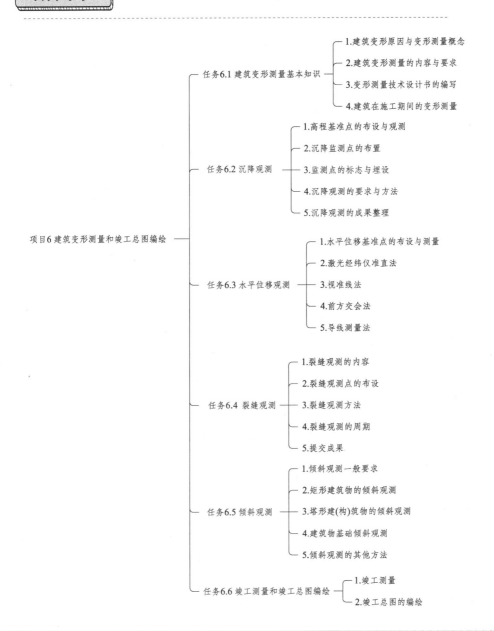

项目6建筑变形测量和竣工总图编绘

任务6.1 建筑变形测量基本知识
　　1.建筑变形原因与变形测量概念
　　2.建筑变形测量的内容与要求
　　3.变形测量技术设计书的编写
　　4.建筑在施工期间的变形测量

任务6.2 沉降观测
　　1.高程基准点的布设与观测
　　2.沉降监测点的布置
　　3.监测点的标志与埋设
　　4.沉降观测的要求与方法
　　5.沉降观测的成果整理

任务6.3 水平位移观测
　　1.水平位移基准点的布设与测量
　　2.激光经纬仪准直法
　　3.视准线法
　　4.前方交会法
　　5.导线测量法

任务6.4 裂缝观测
　　1.裂缝观测的内容
　　2.裂缝观测点的布设
　　3.裂缝观测方法
　　4.裂缝观测的周期
　　5.提交成果

任务6.5 倾斜观测
　　1.倾斜观测一般要求
　　2.矩形建筑物的倾斜观测
　　3.塔形建(构)筑物的倾斜观测
　　4.建筑物基础倾斜观测
　　5.倾斜观测的其他方法

任务6.6 竣工测量和竣工总图编绘
　　1.竣工测量
　　2.竣工总图的编绘

知识模块	能力目标		
	专业能力		方法能力
建筑变形测量基本知识	（1）能理解建筑变形原因与变形测量概念； （2）能理解建筑变形测量的内容与要求； （3）能掌握建筑变形测量技术设计书编写内容； （4）能理解建筑在施工期间的需要进行沉降观测、水平位移观测、倾斜观测与裂缝观测		
沉降观测	（1）能完成高程基准点的布设与观测； （2）能完成沉降监测点的布置； （3）能掌握沉降观测的要求与方法，重点掌握精密水准测量沉降观测方法； （4）能完成沉降观测成果整理		（1）独立学习、思考能力； （2）独立决策、创新能力； （3）获取新知识和技能的能力； （4）人际交往、公共关系处理能力； （5）工作组织、团队合作能力
水平位移观测	（1）能完成水平位移基准点的布设与测量； （2）能掌握激光经纬仪准直法进行水平位移监测； （3）能掌握视准线法进行水平位移监测，重点掌握测小角法进行水平位移观测； （4）能掌握前方交会法进行水平位移监测； （5）能掌握导线测量法进行水平位移监测		
裂缝观测	（1）能理解裂缝观测的内容； （2）能完成裂缝观测点的布设； （3）能掌握裂缝观测的方法； （4）能理解裂缝观测项目提交成果内容		
倾斜观测	（1）能理解倾斜观测的一般要求； （2）能完成矩形建筑物的倾斜观测； （3）能完成塔型建（构）筑物的倾斜观测方法； （4）能掌握建筑物基础倾斜观测方法，重点掌握精密水准测量法进行建筑物基础倾斜观测的计算方法； （5）能了解倾斜观测的其他方法		
竣工测量和竣工总图编绘	（1）能完成建筑物的竣工测量； （2）能完成建筑竣工总图的编绘		

广州市金穗路北区某建设项目变形监测方案（节选）

一、项目概况

广州市金穗路北区某建设项目位于广州市珠江新城，其北侧为黄埔大道，南侧为金穗路，东侧为珠江东路，西侧为珠江西路，规划占地总面积约 6.5 万 m^2，地下总建筑面积约 10 万 m^2，地下二层，基坑深约 13 m，周长约为 1 280 m。支护结构采用桩锚支护，安全等级为一级。

由于本工程基坑深度大（基坑开挖深度约 13 m），地质情况较复杂，对变形监测精度要求高，根据监测规范采用变形监测二级精度进行监测。

二、监测项目

本项目监测内容见下表。

序号	监测项目	位置或监测对象	测点布置	仪器	监测精度	点号
1	土体侧向变形	靠近围护结构周边土体	共设 20 孔	测斜仪、测斜管	1.0 mm	C01～C20
2	基坑顶面水平位移	靠近基坑边线的冠梁上	共设 44 个观测点	经纬仪	1.0 mm	P01～P44
3	锚索（杆）拉力	锚索（杆）位置或锚头	共设 48 个观测点	钢筋应力计	≤1/100 Fs	M01～M48
4	周边建筑及地面沉降	基坑周围建筑及地面	共设 62 个观测点	水准仪	1.0 mm	
5	支护桩侧斜	支护桩内置测斜孔	共设 42 条测斜管	测斜仪、测斜管	1.0 mm	J01～J42
6	支护桩沉降	基坑支护桩顶冠梁上	间距约 15 m，共设 52 个观测点	水准仪	1.0 mm	S01～S52
7	支护桩位移	基坑支护桩顶冠梁上		经纬仪	1.0 mm	
8	地下水位	基坑周边	共设 10 个水位孔	水位管、水位计	5.0 mm	W01～W10
9	钢筋混凝土支撑轴力	支撑 1/4 跨处	共设 16 个观测点	应力应变计	≤0.06%FS	Y01～Y16
10	立柱沉降和位移监测	立柱顶	共设 17 个观测点	水准仪、经纬仪	1.0 mm	Z01～Z17
11	金穗路隧道水平和沉降监测	金穗路隧道结构四个角点	间距 20 m，共设 52 个观测点	水准仪、经纬仪	1.0 mm	B011～B134

三、监测依据

（1）本项目设计单位提供的设计文件要求；

（2）《建筑地基基础设计规范》（GB 50007—2011）；

（3）《工程测量规范》（GB 50026—2021）；

（4）《广州地区建筑基坑支护技术规定》（GJB 02—98）；

（5）《建筑地基基础检测规范》（DBJ 15-60—2019）；

（6）《建筑基坑支护技术规程》（JGJ 120—2012）；

（7）《建筑基坑工程技术规范》（YB 9258—2016）；

（8）《建筑变形测量规范》（JGJ 8—2016）；

（9）《建筑桩基技术规范》（JGJ 94—2008）；

（10）《建筑基桩检测技术规范》（JGJ 106—2022）；

（11）《岩土工程勘察规范》（GB 50021—2001）；

（12）《基桩反射波法检测规程》（DBJ 15-27—2000）；

（13）《基桩和地下连续墙钻芯检验技术规程》（DBJ 15-28—2001）；

（14）《广州市建设工程基坑支护专项监测管理办法（暂行)》。

四、预警值设定

（1）水平位移警告值为 20 mm 或每天连续 3 mm，警戒值为 25 mm 或每天连续发展 5 mm，控制值为 30 mm。

（2）地下水位警告值为 1 000 mm 或每天连续 300 mm，警戒值为 1 600 mm 或每天连续发展 500 mm，控制值为 2 000 mm。

（3）周边公共设施沉降警告值为 20 mm 或每天连续 3 mm，警戒值为 25 mm 或每天连续发展 5 mm，控制值为 30 mm。

（4）轴力（锚索拉力）变化警告值均为设计值的 60%，警戒值为设计值的 80%，控制值为设计单位提供的设计值。

（5）金穗路隧道沉降和水平位移警告值在基坑施工过程中为 12 mm 或每天连续 2.5 mm，警戒值为 15 mm 或每天连续发展 2.5 mm，控制值为 20 mm；在基坑施工完成进行回填后采用暗挖隧道施工图纸要求沉降及水平位移警告值在暗挖隧道施工过程中为 15 mm 或每天连续 2 mm，警戒值为 20 mm 或每天连续发展 2.5 mm，控制值为 25 mm。

思考：1. 本项目需要使用哪些监测仪器设备？这些设备哪些你了解或使用过？

2. 如何建立变形监测控制网？

3. 如何进行沉降监测、水平位移监测？

请写下你的分析：

_____

_____

_____

_____

_____

_____

任务 6.1 建筑变形测量基本知识

6.1.1 建筑变形原因与变形测量概念

1. 建筑变形原因

建筑产生变形的原因较多，一般来说，建筑变形主要由两个方面的原因引起：一是自然条件及其变化，如建筑地基的工程地质、水文地质、土壤的物理性质、大气温度等发生变化，包括地下水的升降、地下开采及地震等；二是与建筑自身相联系的，即建筑本身的荷重、建筑的结构形式及力荷载的作用发生变化，如风力和机械振动等的影响。

2. 建筑变形测量概念

既然变形超过一定限度会产生危害，那么就必须通过变形测量的手段了解其变化过程。建筑变形测量是对建筑物的场地、地基、基础、上部结构及周边环境受各种作用力而产生的形状或位置变化进行观测，并对观测结果进行处理、表达和分析的工作。

6.1.2 建筑变形测量的内容与要求

1. 建筑变形测量的内容

对于大型工厂柱基、重型设备基础、振动较大的连续性生产车间、高层建筑以及不良地基上的建筑等，在建造和使用期间，由于荷载的增加和连续性生产，会引起建筑的沉降，如果是不均匀沉降，建筑还会发生倾斜和产生裂缝。建筑的这些变形在一定范围内时，可视为正常现象，但如果超过某一限度就会影响建筑物的正常使用，严重的还会危及建筑物的安全。因此在施工过程中和运营使用期间，应对建筑进行变形测量，通过对变形测量数据的分析，掌握建筑的变形情况，以便及时发现问题并采取有效措施，保证工程质量和生产安全。同时，变形测量也可验证设计是否合理，为今后建筑结构和地基基础的设计积累资料。

建筑变形测量分为沉降测量和位移测量两大类。沉降测量包括建筑场地沉降、基坑回弹、地基土分层沉降、建筑沉降等观测；位移测量包括建筑主体倾斜、建筑水平位移、基坑壁侧向位移、场地滑坡及挠度等观测，也包括日照变形、风振、裂缝及其他动态变形测量等。

2. 建筑变形测量的要求

建筑变形测量工作开始前，应根据建筑地基基础设计的等级和要求、变形类型、测量目的、任务要求以及测区条件进行技术设计，确定变形测量的内容、精度等级、基准点与监测点布设方案、观测周期、仪器设备及检校要求、观测与数据处理方法、提交成果内容等。《建筑变形测量规范》（JGJ 8—2016）规定，一般建筑变形测量的级别、精度指标及其适用范围应符合表 6-1-1 的规定。

表 6-1-1　建筑变形测量的级别、精度指标及其适用范围

等级	沉降监测点测站高差中误差（mm）	位移监测点坐标中误差（mm）	适用范围
特等	0.05	0.3	特高精度要求的变形测量
一等	0.15	1.0	地基基础设计为甲级的建筑的变形测量；重要的古建筑、历史建筑的变形测量；重要的城市基础设施的变形测量等
二等	0.5	3.0	地基基础设计为甲、乙级的建筑的变形测量；重要场地的边坡监测；重要的基坑监测；重要管线的变形测量；地下工程施工及运营中变形测量；重要的城市基础设施的变形测量等
三等	1.5	10.0	地基基础设计为乙、丙级的建筑的变形测量；一般场地的边坡监测；一般的基坑监测；地表、道路及一般管线的变形测量；一般的城市基础设施的变形测量等；日照变形测量；风振变形测量等
四等	3.0	20.0	精度要求低的变形测量

注：（1）沉降监测点测站高差中误差：对水准测量，为其测站高差中误差；对静力水准测量、三角高程测量，为相邻沉降监测点间等价的高差中误差；

（2）位移监测点坐标中误差：指的是监测点相对于基准点或工作基点的坐标中误差、监测点相对于基准线的偏差中误差、建筑上某点相对于其底部对应点的水平位移分量中误差等。坐标中误差为其点位中误差的 $1/\sqrt{2}$ 倍。

其中地基基础设计等级规定如下：

甲级：重要的工业与民用建筑；30 层以上的高层建筑；体型复杂，层数相差超过 10 层的高低层连成一体的建筑；大面积的多层地下建筑物（如地下车库、商场、运动场等）；对地基变形有特殊要求的建筑物；复杂地质条件下的坡上建筑物（包括高边坡）；对原有工程影响较大的新建建筑物；场地和地基条件复杂的一般建筑物；位于复杂地质条件及软土地区的二层及二层以上地下室的基坑工程；开挖深度大于 15 m 的基坑工程；周边环境条件复杂、环境保护要求高的基坑工程。

乙级：除甲级和丙级以外的工业与民用建筑物、基坑工程。

丙级：场地和地基条件简单、荷载分布均匀的七层及七层以下民用建筑及一般工业建筑物，次要的轻型建筑物。非软土地区且场地地质条件简单、基坑周边环境条件简单、环境保护要求不高且开挖深度小于 5.0 m 的基坑工程。

根据规定，下列建筑在施工和使用期间应进行变形测量：地基基础设计等级为甲级的建筑；软弱地基上的地基基础设计等级为乙级的建筑；加层、扩建建筑或处理地基上的建筑；受邻近施工影响或受场地地下水等环境因素变化影响的建筑；采用新型基础或新型结构的建筑；大型城市基础设施；体型狭长且地基土变化明显的建筑。

上述建筑使用阶段当变形达到稳定状态时，可终止变形测量；当建筑变形测量过程中发生下列情况之一时，应立即实施安全预案，同时应提高观测频率或增加观测内容：变形量或变形速率出现异常变化；变形量或变形速率达到或超出预警值；周边或开挖面出现塌陷、滑坡；建筑本身或其周边环境出现异常；由于地震、暴雨、冻融等自然灾害引起的其他变形异常情况。

6.1.3　变形测量技术设计书的编制

变形测量技术设计书是整个测量作业的技术依据。要根据项目性质与环境条件，在收集资

料、分析工程布局状况和勘查现场的基础上，进行变形测量技术设计书编制。

1. 资料收集与分析

（1）需要收集的资料包括相关水文地质资料、岩土工程资料、设计图纸及已有测量成果资料。

（2）分析工程布局状况的内容包括分析岩土工程地质条件、工程类型、工程规模、基础埋深、建筑结构和施工方法等。

2. 技术设计书主要内容

变形测量技术设计书的内容一般包括：概述，项目的来源；变形测量的范围、内容、目的、任务量与完成时间等；作业依据和精度等级要求；已有资料分析和利用情况；坐标系统和高程系统；测量方案；仪器设备配置；基准网和工作基点网的精度估算、布设、测量方法及复测要求，监测点的布设与测量方法；监测周期，项目预警值，数据处理与变形分析要求，质量保证措施；上交成果内容、要求等。

6.1.4 建筑在施工期间的变形测量

建筑工程由于其具体情况的不同以及所处建设阶段的不同，其变形测量的内容与要求也不同，下面主要介绍建筑在施工期间应进行的变形测量工作。

对各类建筑，应进行沉降观测，需要时还应进行场地沉降观测、地基土分层沉降观测和斜坡位移观测；对基坑工程，应进行基坑及其支护结构变形观测和周边环境变形观测；对高层和超高层建筑，应进行倾斜观测；当建筑出现裂缝时，应进行裂缝观测；建筑施工需要时，应进行其他类型的变形观测。

这些变形测量工作从观测技术来说，主要包括沉降观测、倾斜观测、裂缝观测和水平位移观测四个方面，下面分别对其进行具体介绍。

任务 6.2 沉降观测

建筑物沉降观测是指测定建筑物基础和上部结构的沉降以及测定建筑场地或者建筑基坑边坡的沉降，是常见的变形测量工作。对于深基础建筑或高层、超高层建筑，沉降观测应从基础施工时开始，其等级和精度要求，应视工程的规模、性质及沉降量的大小及速度确定。沉降观测主要用水准测量方法，有时也采用全站仪三角高程测量法，根据高程基准点，定期测定建筑物、建筑场地或者基坑边坡上所埋设的沉降监测点的高程。

6.2.1 高程基准点的布设与观测

1. 高程基准点的布设

1）高程基准网等级要求

高程基准网按测量精度一般分为一、二、三、四等，各项主要技术要求如表 6-2-1 所示。

其基点埋设、监测要求按现行的《工程测量标准》（GB 50026—2020）执行。

表 6-2-1　高程基准网的主要技术要求　　　　　　单位：mm

等级	相邻基准点高差中误差	每站高差中误差	往返较差或环线闭合差	检测已测高差较差
一等	0.3	0.07	$0.15\sqrt{n}$	$0.2\sqrt{n}$
二等	0.5	0.12	$0.30\sqrt{n}$	$0.4\sqrt{n}$
三等	1.0	0.30	$0.60\sqrt{n}$	$0.8\sqrt{n}$
四等	2.0	0.70	$1.40\sqrt{n}$	$2.0\sqrt{n}$

注：n 为测站数。

2）高程基准点布设要求

（1）对于建筑物较少的测区，宜将控制点连同观测点按单一层次布设；对于建筑物较多且分散的大测区，宜按两个层次布网，即由控制点组成基准网、观测点与所联测的控制点组成监测网。

（2）控制网应布设为闭合环、节点网或附合高程路线，监测网亦应布设为闭合或附合高程路线。

（3）每测区的水准基准点不应少于 3 个。对于小测区，当确认点位稳定可靠时可少于 3 个，但连同工作基点不得少于 3 个。水准基点的标石，应埋设在基岩层或原状土层中。在建筑区内，点位与邻近建筑物的距离应大于建筑物基础最大宽度的 2 倍，其标石埋深应大于邻近建筑物基础的深度。在建筑物内部的点位，其标石埋深应大于地基土压缩层的深度。

（4）工作基点与联系点布设的位置应视构网需要确定。作为工作基点的水准点位置与邻近建筑物的距离不得小于建筑物基础深度的 1.5～2.0 倍，工作基点与联系点也可在稳定的永久性建筑物墙体或基础上设置。

（5）各类水准点应避开交通要道、地下管线、仓库堆栈、水源地、河岸、松软填土、滑坡地段、机器振动区，以及其他能使标石、标志易遭腐蚀和破坏的地点。

3）高程基准点的埋设

高程基准点的构造与埋设必须保证稳定不变和长久保存，高程基准点应尽可能埋设在基岩上，此时，如地面的覆盖层很浅，则高程基准点可采用如图 6-2-1 所示的地表岩石标志类型。在

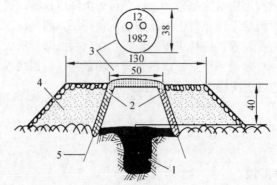

1—抗蚀金属制造的标志；2—钢筋混凝土井圈；3—井盖；4—土丘；5—井圈保护层。

图 6-2-1　地表岩石标志（单位：mm）

覆盖层较厚的平坦地区，采用钻孔穿过上层和风化岩层达到基岩埋设钢管标志。这种钢管式基岩标志如图 6-2-2 所示，对于冲积层地区，覆盖层深达几百米，这时钢管内部不充填水泥砂浆，为防止钢管弯曲。可用钢丝索（即钢管内穿入钢丝束），钢丝索下端固定住钢管底部地面，用平衡锤平衡，使钢丝索处于伸张状态，使钢管处于被钢管底部的基岩上。上端高出为避免钢管受土层的影响，外面套以比钢管直径稍大的保护管。在城市建筑区，亦可利用稳固的永久建筑物设置墙脚水准标志，如图 6-2-3 所示。

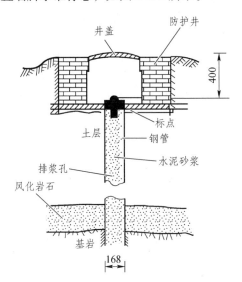

图 6-2-2 钢管式基岩标志（单位：mm）

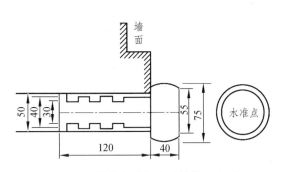

图 6-2-3 墙脚水准标志（单位：mm）

2. 高程基准点的观测

高程基准点应在每期沉降观测时进行检测，并定期进行复测。复测周期应视基准点所在位置的稳定情况确定，在建筑施工过程中宜 1~2 月复测一次，施工结束后宜每季度或每半年复测一次。当某期检测发现基准点有可能变动时，应立即进行复测。当某期多数监测点观测成果出现异常，或当测区受到地震、洪水、爆破等外界因素影响时，应及时进行复测，复测后对基准点的稳定性进行分析。

高程基准点的观测采用水准测量方法，其中一个基准点的高程可自行假定，或由国家水准点引测而来，作为高程起算点。按闭合水准路线或往返水准路线进行观测，基准点及工作基点水准测量的精度级别应不低于沉降观测的精度级别。水准测量的限差要求见表 6-2-2，表中 n 为测站数。

表 6-2-2 高程基准网的主要技术要求　　　　　　　　　　　单位：mm

沉降观测等级	水准仪等级（最低）	两次读数所测高差之差	往返较差及附合或环线闭合差	单程双测站所测高差较差	检测已测测段高差之差
一等	DS_{05}	0.5	$\leq 0.3\sqrt{n}$	$\leq 0.2\sqrt{n}$	$\leq 0.45\sqrt{n}$
二等	DS_1	0.7	$\leq 1.0\sqrt{n}$	$\leq 0.7\sqrt{n}$	$\leq 1.5\sqrt{n}$
三等	DS_3	3.0	$\leq 3.0\sqrt{n}$	$\leq 2.0\sqrt{n}$	$\leq 4.5\sqrt{n}$
四等	DS_3	5.0	$\leq 6.0\sqrt{n}$	$\leq 4.0\sqrt{n}$	$\leq 8.5\sqrt{n}$

注：n 为测站数。

6.2.2 沉降监测点的布置

沉降监测点应布设在所待观测的建筑物、建筑场地或者基坑边坡上，其数量和位置应能全面反映建筑、场地或者边坡的变形特征，并顾及建筑物基础的地质条件、建筑结构、内部应力的分布情况。还要考虑便于观测等，埋设时注意观测点与建筑物的连接要牢靠，使得观测点的变化能真正反映建筑物的沉降情况。点位宜选设在下列位置：

（1）建筑物的四角、大转角处及沿外墙每 10～12 m 处或每隔 2～3 根柱基上。

（2）高低层建筑物，新旧建筑物、纵横墙等交接处的两侧。

（3）建筑物裂缝和沉降缝两侧、基础埋深悬殊处、人工地基与天然地基接壤处、不同结构的分界处及挖填方分界处。

（4）宽度大于等于 12 m 或小于 12 m 而地质复杂以及膨胀土地区的建筑物，在承重内隔墙中部设内墙点，在室内地面中心及四周设地面点。

（5）临近堆置重物处、受振动有显著影响的部位及基础下的暗浜（沟）处。

（6）框架结构建筑物的每个或部分柱基上或沿纵、横轴线设点。

（7）片筏基础、箱形基础底板或接近基础的结构部分的四角及其中部位置。

（8）重型设备基础和动力设备基础的四角、基础形式或埋深改变处，以及地质条件变化处两侧。

（9）电视塔、烟囱、水塔、油罐、炼油塔、高炉等高耸建筑物，沿周边在与基础轴线相交的对称位置上布点，点数不少于 4 个。

图 6-2-4 所示为某建筑沉降监测点的布置示意图。

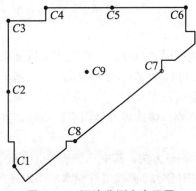

图 6-2-4　沉降监测点布置图

6.2.3　监测点的标志与埋设

对于工业与民用建筑物，常采用图 6-2-5 所示的各种监测标志。其中，图 6-2-5（a）为钢筋混凝土基础上的监测标志，它是埋设在基础面上的直径为 20 mm、长为 80 mm 的铆钉；图 6-2-5（b）为钢筋混凝土柱上的监测标志，它是一根截面为 30 mm×30 mm×5 mm、长 120 mm 的角钢，以 60°的倾斜角埋入混凝土内；图 6-2-5（c）为钢柱上的监测标志，它是在角钢上焊一个铜头后再焊到钢柱上的；图 6-2-5（d）为隐藏式的监测标志，观测时将球形标志旋入孔洞内，用后即将标志旋下，用罩盖上。

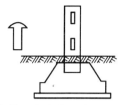

（a）钢筋混凝土基础上的监测标志

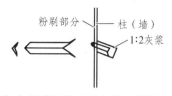

（b）钢筋混凝土柱上的监测标志

（c）钢柱上的监测标志

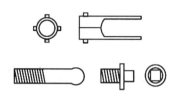

（d）隐藏式监测标志

图 6-2-5 各种监测标志

沉降监测的标志，可根据不同的建筑结构类型和建筑材料，采用墙（柱）标志、基础标志和隐蔽式标志（用于宾馆等高级建筑物）等形式。各类标志的立尺部位应加工成半球形或有明显的突出点，并涂上防腐剂。标志的埋设位置应避开雨水管、窗台线、暖气片、暖气管、电气开关等有碍设标与观测的障碍物，并应视立尺需要离开墙（柱）面和地面一定距离。普通监测点标志的埋设如图 6-2-6 所示，隐蔽式沉降监测点标志的形式如图 6-2-7 所示。

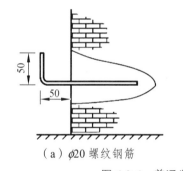

（a）ϕ20 螺纹钢筋

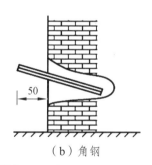

（b）角钢

图 6-2-6 普通监测点标志的埋设（单位：mm）

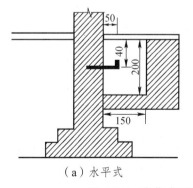

（a）水平式

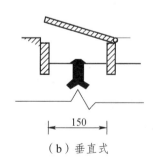

（b）垂直式

图 6-2-7 隐蔽式沉降监测点标志的形式（单位：mm）

6.2.4 沉降观测的要求与方法

1. 沉降观测周期时间

（1）建筑施工阶段的观测，应随施工进度及时进行。一般建筑，可在基础完工后或地下室砌完后开始观测，大型、高层建筑，可在基础垫层或基础底部完成后开始观测。观测次数与间隔时间应视地基与加载情况而定，民用建筑可每加高 1 ~ 2 层观测一次；工业建筑可按不同施工阶段（如回填基坑、安装柱子和屋架、砌筑墙体、设备安装等）分别进行观测。如建筑均匀增高，应至少在增加荷载的 25%、50%、75% 和 100% 时各测一次。施工过程中如暂时停工，在停工时、重新开工时应各观测一次。停工期间，可每隔 2 ~ 3 月观测一次。

（2）建筑使用阶段的观测次数，应视地基土类型和沉降速度大小而定。有特殊要求者除外，一般情况下，要在第一年观测 4 次，第二年监测 3 次，第三年后每年 1 次，直至稳定为止。观测期限一般不少于如下规定：砂土地基 2 年，膨胀土地基 3 年，黏土地基 5 年，软土地基 10 年。

（3）在观测过程中，如有基础附近地面荷载突然增减、基础四周大量积水长时间降雨等情况，均应及时增加监测次数。当建筑物突然发生大量沉降、不均匀沉降或严重裂缝时，应立即进行 2 ~ 3 天一次，或逐日或一天几次的连续监测。

（4）沉降是否进入稳定阶段，可由以下几种方法进行判断：①根据沉降量和时间关系曲线来定；②对于重点监测和科研监测工程，若最后二期观测中，每期沉降量均不大于 $2\sqrt{2}$ 倍测量中误差，则可认为已进入稳定阶段；③对于一般监测工程，若沉降速度小于 0.01 mm/d，可认为已进入稳定阶段，具体取值宜根据各地区地基土的压缩性确定。

2. 观测方法与要求

沉降监测点观测的精度要求，也与工程性质及沉降速度等情况有关，沉降观测按其等级，应符合表 6-2-2 所示的水准测量限差要求。每期沉降观测均按相同的观测路线、采用相同的仪器工具，并尽量由同一个观测员观测，以保证观测结果的精度和各期观测成果的可比性。超出限差的成果，均应先分析原因再进行重测。当测站观测限差超限时，应立即重测；当迁站后发现超限时，应从稳固可靠的固定点开始重测。

使用的水准仪、水准尺在项目开始前和结束后应进行检验，项目进行中也应定期检验。当观测成果出现异常，经分析与仪器有关时，应及时对仪器进行检验与校正。对用于一、二等沉降观测的仪器，i 角不得大于 15″；对用于三、四等沉降观测的仪器，i 角不得大于 20″。

观测应选在成像稳定、清晰的时间进行，一般将各沉降监测点组成闭合水准路线、从水准点开始，逐点观测，最后回到水准点，高程闭合差应在规定范围之内。每测段往测与返测的测站数均应为偶数，否则应加入标尺零点差改正。由往测转向返测时，两标尺应互换位置，并应重新整置仪器。在同一测站上观测时，不得两次调焦。转动仪器的倾斜螺旋和测微鼓时，其最后旋转方向，均应为旋进。

二等、三等和四等沉降观测，除建筑转角点、交接点、分界点等主要变形特征点外，允许使用间视法进行观测，即在后视和前视之间观测若干个一般沉降监测点，但视线长度不得大于相应等级规定的长度。观测时，仪器应避免安置在有空压机、搅拌机、卷扬机、起重机等振动影响的范围内。每次观测应记载施工进度、荷载量变动、建筑倾斜裂缝等各种影响沉降变化和异常的情况。

3．沉降量的计算

定期地测量观测点相对于稳定的水准点的高差以计算观测点的高程，并将不同时间所得同一观测点的高程加以比较，从而得出观测点在该时间段内的沉降量。

$$\Delta H = H_i^{(j+1)} - H_i^j \qquad\qquad （6-2-1）$$

式中　ΔH——第 i 监测点的沉降量，mm；

$\quad\quad H_i^j$——第 i 监测点第 j 期的高程，mm；

$\quad\quad H_i^{(j+1)}$——第 i 监测点第 $j+1$ 期的高程，mm；

$\quad\quad i$——观测点点号；

$\quad\quad j$——观测期数。

6.2.5　沉降观测的成果整理

1．观测数据处理

每次沉降观测之后，应及时整理和检查外业观测数据，若观测高差闭合差超限，应重新观测。若闭合差合格，则将闭合差按测站平均分配，然后计算各沉降监测点的高程。各点本次观测的高程减上次观测的高程，便是该点在两次观测时间间隔内的沉降量，称作本次沉降量，而各次沉降量累加即为从首次观测至本次观测期间的累计沉降量。表 6-2-3 所示为沉降观测的成果表，内容有各沉降点的高程、沉降量及累计沉降量等，并注明了观测日期和荷载吨数（或建筑物层数），该表每次观测填写一行，并提交有关部门。

表 6-2-3　沉降观测的成果表

观测周期	观测日期	各观测点的沉降情况						工程施工及实际情况	荷载情况
		1			1				
		高程（m）	本次下沉（mm）	累计下沉（mm）	高程（m）	本次下沉（mm）	累计下沉（mm）		
1	2020.8.12	98.134			98.132			底层楼板	4.6
2	2020.9.12	98.124	－10	－10	98.117	－15	－15	第二层楼板	8.1
3	2020.10.13	98.114	－10	－20	98.103	－14	－29	第三层楼板	11.4
4	2020.11.14	98.106	－8	－28	98.091	－12	－41	第四层楼板	15.0
5	2020.12.16	98.100	－6	－34	98.00	－11	－52	封顶	19.2
6	2021.3.14	98.097	－3	－37	98.074	－6	－58	竣工	19.6
7	2021.6.15	98.096	－1	－38	98.070	－4	－62	使用	20.1
8	2021.12.17	98.094	－2	－40	98.068	－2	－64		
9	2022.6.15	98.093	－1	－41	98.066	－2	－66		
10	2023.6.16	98.093	0	－41	98.065	－1	－67		

一个阶段的沉降观测（例如测至建筑物主体封顶）完成后，以及完成所有的沉降观测后，应汇总每次观测的成果，并绘出各沉降点的"荷载（层数）-时间-沉降"关系曲线图以及建筑物等沉降曲线图，供分析研究使用。

如图 6-2-8（a）所示，荷载与时间曲线图是以荷载为纵轴，时间为横轴，根据每次观测日期和每次荷载画出各点，然后用曲线相连。时间与沉降曲线图是以沉降量为纵轴，时间为横轴，根据每次观测日期、累计沉降量画出各点，然后用曲线相连，并在曲线的末端注明点号。两种曲线绘在同一张图上，以便能更清楚地表明各点在一定的时间内，所受到的荷载及沉降量。

图 6-2-8（b）所示为某建筑物的等沉降曲线图，是根据各沉降监测点的总沉降量，内插绘出等沉降曲线，等高距一般取 1 mm。通过该图可以直观地看到整个建筑物各处的沉降量，以便判断是否属于较均匀的沉降状态。

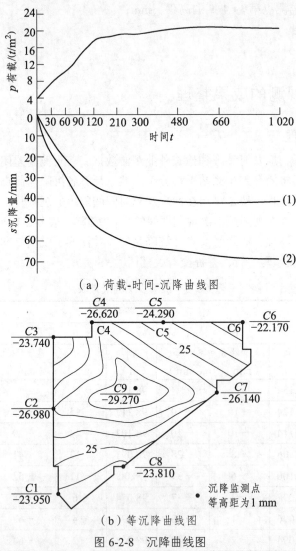

（a）荷载-时间-沉降曲线图

（b）等沉降曲线图

图 6-2-8　沉降曲线图

2. 沉降观测中常遇到的问题及处理方法

1）曲线在首次观测后即发生回升现象

在第二次监测时即发现曲线上升，至第三次后，曲线又逐渐下降。发生此种现象一般都是由于首次监测成果存在较大误差所引起的。如周期较短，可将第一次监测成果作废，而采用第二次监测成果作为首次成果。因此，为避免发生此类现象，建议首次监测应适当提高测量精度。

第一次应更加认真施测，或进行两次观测，以资比较，确保首次监测成果可靠。

2）曲线在中间某点突然回升

发生此种现象的原因，多半是水准基点或沉降监测点有变动。如水准基点被压低，或沉降监测点被撬高，此时，应仔细检查水准基点和沉降监测点的外形有无损伤，如果众多沉降监测点出现此种现象，则水准基点被压低的可能性很大，此时可改用其他水准点作为水准基点来继续监测，并再埋设新水准点，以保证水准点个数不少于三个，如果只有一个沉降监测点出现此种现象，则多半是该点被撬高（如果采用隐蔽式沉降监测点，则不会发生此现象），如监测点被撬后已活动，则需另行埋设新点，若点位尚牢固，则可继续使用，对于该点的沉降量计算，则应进行合理处理。

3）曲线自某点起渐渐回升

产生此种现象，一般是由于水准基点下沉所致。此时，应根据水准点之间的高差来判断出最稳定的水准点，以此作为新水准基点，将原来下沉的水准基点废除。另外，埋在裙楼上的沉降监测点，由于受主楼的影响，有可能会出现属于正常的渐渐回升的现象。

4）曲线的波浪起伏现象

曲线在后期呈现微小波浪起伏现象，一般是由测量误差所造成的。曲线在前期波浪起伏之所以不突出，是因下沉量大于测量误差；但到后期，由于建筑物下沉极微或已接近稳定，因此在曲线上就出现测量误差比较突出的现象，此时，可将波浪曲线改成水平线，后期测量宜提高测量精度等级，并适当地延长监测的间隔时间。

3. 沉降观测项目需提交成果

（1）沉降观测成果表；

（2）沉降监测点位分布图及各周期沉降展开图；

（3）*v-t-s*（沉降速度、时间、沉降量）曲线图；

（4）*p-t-s*（载荷、时间、沉降量）曲线图（视需要提交）；

（5）建筑物等沉降曲线图（如监测点数量较少可不需提交）；

（6）沉降观测结果分析报告。

任务 6.3　水平位移观测

水平位移观测是指对建筑物或构筑物水平方向移动量的观测，一般通过在不同时间测量水平角、水平距离或者平面坐标的方法，得到点的水平位置变化量和变化速度。建筑工程在施工阶段的水平位移观测，主要是基坑支护结构的水平位移观测，以便监测基坑边坡是否处于安全状态。

6.3.1　水平位移基准点的布设与测量

1. 水平位移基准点的布网形式与精度要求

水平位移观测基准网可采用 GNSS 网、三角网、导线网和视准轴线形式。当采用视准轴线形式时，在轴线上或轴线两端要设立校核点。

水平位移观测基准网，宜采用独立坐标系，并与国家坐标系联测，狭长形建筑物的主轴线或平行线，应纳入网内，如大坝的轴线，根据工程设计坐标，在坝轴延长线上，选择稳定可靠的点位，建立基准网点。

基准网的等级按测量精度一般分为一、二、三、四等，按现行的《工程测量标准》（GB 50026—2020）规定，各项主要技术要求如表6-3-1。

表6-3-1 水平位移观测基准网测量的主要技术要求

等级	相邻基准点点位中误差（mm）	平均边长（m）	测角中误差（"）	测边相对中误差	水平角观测测回数		
					0.5"级仪器	1"级仪器	2"级仪器
一等	1.5	≤300	0.7	≤1/300 000	9	12	—
		≤200	1.0	≤1/200 000	6	9	—
二等	3.0	≤400	1.0	≤1/200 000	6	9	—
		≤200	1.8	≤1/100 000	4	6	9
三等	6.0	≤450	1.8	≤1/100 000	4	6	9
		≤350	2.5	≤1/80 000	2	4	6
四等	12.0	≤600	2.5	≤1/80 000	—	4	6

注：（1）水平位移监测基准网的相关指标，是基于相应等级相邻基准点的点位中误差要求进行确定的；
（2）具体作业时，也可根据监测项目的特点在满足相邻基准点 的点位中误差要求前提下，进行专项设计；
（3）卫星定位测量（GNSS）基准网，不受测角中误差和水平角观测测回数指标的限制。

2. 水平位移基准点的布设

水平位移基准点与高程基准点一样，应布设在安全和稳定的地方，并且不应少于3个，另外根据水平位移观测现场作业的需要，可设置若干个位移工作基点。由于测量的对象和方法不同，水平位移基准点的位置还应满足以下要求：便于埋设标石或建造观测墩[见图6-3-1（a）]；便于安置仪器设备；便于观测人员作业；若采用卫星定位测量方法观测，应位于比较开阔的地方。

水平位移基准点和工作基点的照准标志应具有明显的几何中心或轴线，并应符合图像反差大、图案对称、相位差小和本身不变形等要求。应根据点位不同情况，选择重力平衡球式标[见图6-3-1（b）]、旋入式杆状标、直插式规牌、屋顶标和墙上标等形式的标志。

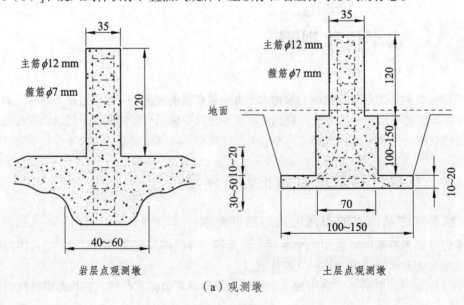

（a）观测墩

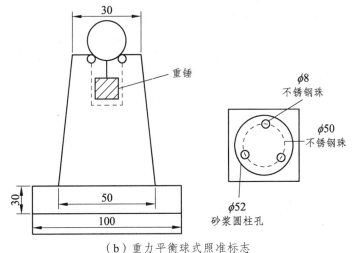

（b）重力平衡球式照准标志

图 6-3-1　观测墩与照准标志（单位：mm）

3. 水平位移基准点的测量

水平位移基准点的测量可采用全站仪边角测量或卫星定位测量等方法，位移工作基点的测量可采用全站仪边角测量、边角后方交会以及卫星导航定位测量等方法。当需要连同高程一起测量即测量三维坐标时，可采用卫星定位测量方法或采用全站仪边角测量、水准测量或三角高程测量组合方法。测量精度需符合表 6-3-1 的规定。

4. 水平位移监测点的布设

基坑边坡顶部水平变形监测点应沿基坑周边布置，在周边中部、拐角处、受力变形较大处应设点；监测点间距不宜大于 20 m，关键部位应适当加密，且每侧边不宜少于 3 个；如果同时观测竖向位移量，水平和竖向的监测点宜共用同一点。

5. 水平位移观测的方法

基坑支护结构水平位移观测的方法应根据基坑类别、现场条件、设计要求等进行选择，可采用激光准直、视准线、前方交会、导线测量法、极坐标、卫星定位测量或测斜仪等方法进行水平位移观测。其中对一级基坑，应采用自动化监测方式；如果同时进行竖向位移观测，可采用水准测量、三角高程测量或静力水准测量方法进行测量。

6.3.2　激光经纬仪准直法

采用激光经纬仪准直时，活动觇牌法中的觇牌是由中心装有两个圆的硅光电池组成的光电探测器，两个硅光电池各连接在检流表上，如激光束通过觇牌中心时，硅光电池左右两半圆上接收相同的激光能量，检流表指针在零位，反之，检流表反指针就偏离零位。这时，移动光电探测器使检测表指针指零，即可在读数尺上读取读数，为了提高读数精度，通常利用游标卡尺，可读到 0.1 mm。当采用测微器时，可直接读到 0.1 mm。

激光经纬仪准直法的操作要点如下：

（1）将激光经纬仪安置在端点 A 上，在另一端 B 上安置光电探测器，将光电探测器的读数安置在零上，调整经纬仪水平度盘微动螺旋，移动激光束的方向，使在 B 点的光电探测器的检流表指针指零，这时，基准面即已确定，经纬仪水平度盘就不能再动。

（2）依次在每个观测点处安置光电探测器，将望远镜的激光束投射到光电探测器上，移动光束探测器，使检流表指针指零，就可以读取每个测点相对于基准面的偏离值。

为了提高观测精度，在每一观测点上，控测器的探测需进行多次。

6.3.3 视准线法

1. 测小角法

测小角法是视准线法测定水平位移的常用方法。测小角法是利用精密经纬仪精确地测出基准线与置镜点到观测点（P_i）视线所夹的微小角度 β_i（见图 6-3-2），并按下式计算偏离值：

$$\Delta P_i = \frac{\beta_i}{\rho} D_i \qquad\qquad (6\text{-}3\text{-}1)$$

式中 D_i ——端点 A 到观测点 P_i 的水平距离；

ρ ——$\rho = 206265''$。

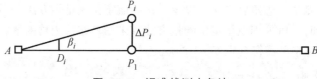

图 6-3-2 视准线测小角法

2. 活动觇牌法

活动觇牌法是视准线法的另一种方法。观测点的位移值是直接利用安置于观测点的活动觇牌（见图 6-3-3）直接读数来测算，活动觇牌读数尺上最小分划为 1 mm，采用游标可以读数到 0.1 mm。

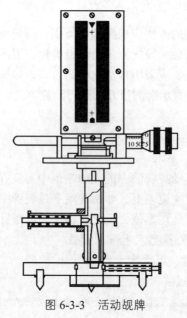

图 6-3-3 活动觇牌

观测过程如下：在 A 点安置精密经纬仪，精确照准 B 点目标（觇标）后，基准线就已经建立好了，此时，仪器就不能左右旋转了；然后，依次在各观测点上安置活动觇牌，观测者在 A 点用精密经纬仪观看活动觇牌（注：仪器不能左右旋转），并指挥活动觇牌操作人员利用觇牌上的微动螺旋左右移动活动觇牌，使之精确对准经纬仪的视准线，此时在活动觇牌上直接读数，同一观测点各期读数之差即为该点的水平位移值。

6.3.4 前方交会法

1. 测量原理

图 6-3-4 所示为双曲线拱坝变形观测图。

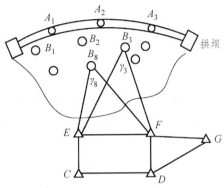

图 6-3-4 双曲线拱坝变形监测图

为精确测定 B_1、B_2、$\cdots$、B_n 等观测点的水平位移，首先在大坝的下游面合适位置处选定供变形观测用的两个工作基准点 E 和 F；为对工作基准点的稳定性进行检核，需根据地形条件和实际情况，设置一定数量的检核基准点（如 C、D、G 等），并组成良好图形条件的网形。用于检核控制网中的工作基点（如 E、F 等）。各基准点上应建立永久性的观测墩，并且利用强制对中设备和专用的照准觇牌，对 E、F 两个工作基点，除满足上面的这些条件外，还必须满足以下条件：用前方交会法观测各变形观测点时，交会角 γ（见图 6-3-4）不得小于 $30°$，且不得大于 $150°$。

变形观测点应预先埋设好合适的、稳定的照准标志，标志的图形和式样应考虑在前方交会中观测方便、照准误差小。此外，在前方交会观测中，最好能在各观测周期由同一观测人员以同样的观测方法，使用同一台仪器进行。

利用前方交会法测量水平位移的原理如下：如图 6-3-5 所示，A、B 两点为工作基准点，P 为变形观测点，假设测得两水平夹角为 α 和 β，则由 A、B 两点的坐标值和水平角 α、β 可求得 P 点的坐标。

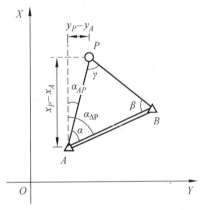

图 6-3-5 前方交会法测量原理示意图

$$x_P - x_A = D_{AP} \cos \alpha_{AP} = \frac{D_{AB} \sin \beta}{\sin(\alpha + \beta)} \cos(\alpha_{AB} - \alpha)$$

$$y_P - y_A = D_{AP} \sin \alpha_{AP} = \frac{D_{AB} \sin \beta}{\sin(\alpha + \beta)} \sin(\alpha_{AB} - \alpha)$$

（6-3-2）

其中 D_{AB}、α_{AB} 可由 A、B 两点的坐标值通过"坐标反算"求得，经过对式（6-3-2）的整理可得：

$$x_P = \frac{x_A \cot \beta + x_B \cot \alpha - y_A + y_B}{\cot \alpha + \cot \beta}$$

$$y_P = \frac{y_A \cot \beta + y_B \cot \alpha + x_A - x_B}{\cot \alpha + \cot \beta}$$

（6-3-3）

第一次观测时，假设测得两水平夹角为 α_1 和 β_1，由式（6-3-3）求得 P 点坐标值为 (x_{P_1}, y_{P_1})，

第二次观测时，假设测得的水平夹角为 α_2 和 β_2，则 P 点坐标值变为 (x_{P_2}, y_{P_2})，那么在此两期变形观测期间，P 点的位移可按下式解算：

$$\Delta x_P = x_{P_2} - x_{P_1}, \quad \Delta y_P = y_{P_2} - y_{P_1}$$
$$\Delta P = \sqrt{\Delta x_P^2 + \Delta y_P^2} \tag{6-3-4}$$

P 点的位移方向 $\alpha_{\Delta P}$ 为：

$$\alpha_{\Delta P} = \arctan \frac{\Delta y_P}{\Delta x_P} \tag{6-3-5}$$

2. 前方交会法测量注意事项

（1）各期变形观测应采用相同的测量方法，固定测量仪器，固定测量人员。

（2）应对目标觇牌图案进行精心设计。

（3）采用角度前方交会法时，应注意交会角 γ 要大于 30°，且不得大于 150°。

（4）仪器视线应离开建筑物一定距离（防止由于热辐射而引起旁折光影响）。

（5）为提高测量精度，有条件时最好采用边角交会法。

6.3.5　导线测量法

对于非直线型建筑物，如重力拱坝、曲线型桥梁以及一些高层建筑物的位移观测，宜采用导线测量法、前方交会法以及地面摄影测量等方法。

与一般测量工作相比，由于变形测量是通过重复观测，由不同周期观测成果的差值而得到观测点的位移，因此，用于变形观测的精密导线在布设、观测及计算等方面都具有其自身的特点。

1. 导线的布设

应用于变形观测中的导线，是两端不测定向角的导线。可以在建筑物的适当位置（如重力拱坝的水平廊道中）布设，其边长根据现场的实际情况确定，导线端点的位移在拱坝廊道内可用倒垂线来控制，在条件许可的情况下，其倒垂点可与坝外三角点组成适当的联系图形，定期进行观测以验证其稳定性。图 6-3-6 所示为在某拱坝水平廊道内进行位移观测而采用的精密导线布置形式示意图。

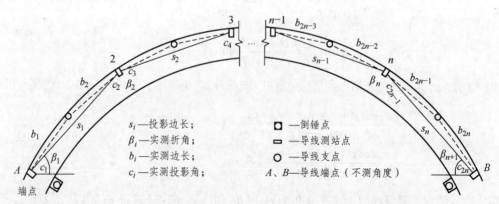

图 6-3-6　某拱坝水平廊道内水平位移监测的精密导线布设形式示意图

导线点的装置，在保证建筑物位移观测精度的情况下，应稳妥可靠。它由导线点装置（包括槽钢支架、特制滑轮拉力架、底盘、重锤和微型觇标等）及拉线装置（为引张的因瓦丝，其端头均有刻划供读数用。固定因瓦丝的装置，越牢固则其读数越方便且读数精度越稳定）等组成，其布置形式如图 6-3-7（a）所示。图中微型觇标供观测时照准用，当测点要架设仪器，微型觇标可取下微型觇标顶部刻有中心标志供边长丈量使用，如图 6-3-7（b）所示。

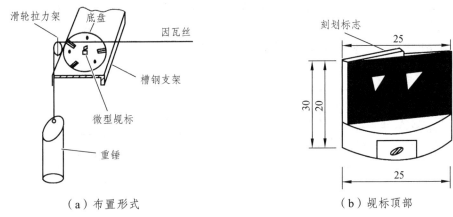

（a）布置形式　　　　　　　　　　　（b）觇标顶部

图 6-3-7　导线测量用的微型觇标示意图（单位：mm）

2. 导线测量

在拱坝廊道内，由于受条件限制，一般布设的导线边长较短，为减少导线点数，使边长较长，可由实测边长（b_i）计算投影边长（s_i），如图 6-3-6 所示。实测边长（b_i）应用特制的基线尺来测定两导线点间（即两微型觇标中心标志刻划间）的长度。为减少方位角的传递误差，提高测角效率，可采用隔点设站的办法，即实测转折角（β_i）和投影角（c_i），如图 6-3-6 所示。

3. 导线的平差与位移值的计算

由于导线两端不观测定向角 β_i、β_{n+1}（见图 6-3-6），因此导线点坐标计算相对要复杂一些。假设首次观测精密地测定了边长 S_1，S_2，…，S_n 与转折角 β_2，β_3，…，β_n，则可根据无定向导线平差，计算出各导线点的坐标作为基准值。以后各期观测各边边长 S_1'，S_2'，…，S_n' 及转折角 β_2'、β_3'，…，β_n'，同样可以求得各点的坐标，各点的坐标变化值即为该点的位移值。值得注意的是，端点 A、B 同其他导线点一样，也是不稳定的，每期观测均要测定 A、B 两点的坐标变化值（δ_{x_A}、δ_{y_A}、δ_{x_B}、δ_{y_B}），端点的变化对各导线点的坐标值均有影响。

任务 6.4　裂缝观测

6.4.1　裂缝观测的内容

裂缝观测应测定建筑物上的裂缝分布位置，以及裂缝的走向、长度、宽度及其变化程度。观测的裂缝数量视需要而定，主要的或变化大的裂缝应进行观测。

6.4.2   裂缝观测点的布设

对需要观测的裂缝，应统一进行编号。每条裂缝至少应布设两组观测标志，一组在裂缝最宽处，另一组在裂缝末端，每组标志由裂缝两侧各一个标志组成。

裂缝观测标志应具有可供量测的明晰端或中心，如图 6-4-1 所示。观测期较长时，可采用镶嵌式或埋入墙面的金属标志、金属杆标志或楔形板标志；观测周期较短或要求不高时可采用油漆平行线标志或用建筑胶粘贴的金属片标志；当要求较高、需要测出裂缝纵横向变化值时，可采用坐标方格网板标志。使用专用仪器设备观测的标志，可按具体要求另行设计。

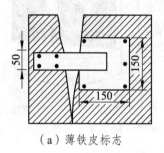

（a）薄铁皮标志　　　　　　　　　　（b）金属杆标志

图 6-4-1   裂缝观测标志

6.4.3   裂缝观测方法

对于数量不多、易于量测的裂缝，可视标志形式不同，用比例尺、小钢尺或游标卡尺等工具定期量出标志间距离，求得裂缝变化值；或用方格网板定期读取"坐标差"计算裂缝变化值；对于较大面积且不便于人工量测的众多裂缝，宜采用近景摄影测量方法；当需连续观测裂缝变化时，还可采用裂缝计或传感器自动测记方法。

裂缝观测中，裂缝宽度数据应量取至 0.1 mm，每次观测应绘出裂缝的位置、形态和尺寸，并注明日期，附上必要的照片资料。

6.4.4   裂缝观测的周期

裂缝观测的周期应视裂缝变化速度而定。通常开始可半月测一次，以后一月左右测一次。当发现裂缝加大时，应增加观测次数，以至几天或逐日一次地连续观测。

6.4.5   提交成果

（1）裂缝分布位置图。
（2）裂缝观测成果表。
（3）观测成果分析说明资料。
（4）当建筑裂缝和基础沉降同时观测时，可选择典型剖面绘制两者的关系曲线。

任务 6.5 倾斜观测

6.5.1 倾斜观测一般要求

建筑主体倾斜观测可直接测定建筑顶部监测点相对于底部固定点或上层相对于下层监测点的倾斜度、倾斜方向及倾斜速率。对刚性建筑的整体倾斜，也可通过测量顶面或基础的差异沉降来间接确定。这里主要介绍直接观测法。

当从建筑外部观测时，测站点的点位应选在与倾斜方向成正交的方向线上，距照准目标 1.5 ~ 2.0 倍目标高度的固定位置。当利用建筑内部竖向通道观测时，可将通道底部中心点作为测站点。建筑顶部和墙体上的监测点标志可采用埋入式照准标志。不便埋设标志的塔形、圆形建筑以及竖直构件，可粘贴反射片标志，也可以照准视线所切同高边缘确定的位置或用高度角控制的位置作为监测点位。

位于地面的测站点和定向点，可根据不同的观测要求，使用带有强制对中装置的观测墩或混凝土标石；对于一次性倾斜观测项目，监测点标志可采用标记形式或直接利用符合位置与照准要求的建筑特征部位，测站点可采用小标石或临时性标志。

建筑的顶部水平位移和全高垂直度偏差等建筑整体变形的测定中误差，不应超过其变形允许值分量的 1/10；高层建筑层间相对位移、竖直构件的挠度、垂直偏差等结构段变形的测定中误差，不应超过其变形允许值分量的 1/6。

6.5.2 矩形建筑物的倾斜观测

当从建筑或构件的外部观测主体倾斜时，宜用经纬仪观测法。在观测之前，要用经纬仪在建筑物同一个竖直面的上、下部位，各设置一个监测点，图 6-5-1 所示，M 为上监测点、N 为下监测点。如果建筑物发生倾斜，则 MN 连线随之倾斜。观测时，在距离大于建筑物高度的地方安置经纬仪，照准上监测点 M，用盘左、盘右分中法将其向下投测得 N' 点，如 N' 与 N 点不重合，则说明建筑物产生倾斜，N' 与 N 点之间的水平距离 d 即为建筑物的倾斜值。若建筑物高度为 H，则建筑物的倾斜度为：

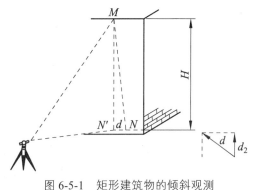

图 6-5-1 矩形建筑物的倾斜观测

$$i = \frac{d}{H} \tag{6-5-1}$$

矩形高层建筑物和构筑物的倾斜观测，应分别在相互垂直的两个墙面上进行，如图 6-5-1 所示，d_1 和 d_2 为建筑物分别沿相互垂直的两个墙面方向的倾斜值，则两个方向的总倾斜值为：

$$d = \sqrt{d_1^2 + d_2^2} \qquad\qquad (6\text{-}5\text{-}2)$$

用总倾斜值代入式（6-5-1）计算倾斜度。

6.5.3 塔形建（构）筑物的倾斜观测

对于烟囱、水塔和电视塔等高宽比差异较大的高耸建（构）筑物来说，其倾斜变形较之沉降变形更为明显。例如，设烟囱筒身高为 150 m，底部外径为 15 m，则其高宽比为 150∶15 = 10∶1，若底部某点沉降 1 mm，其顶部倾斜即达 10 mm，因此倾斜观测的对象主要是塔形高耸建（构）筑物。

视频：DJ6 经纬仪竖直角观测（一测回）

视频：DJ6 经纬仪视距测量

这些高耸建（构）筑物的主体截面一般为圆形，其倾斜观测是在两个垂直方向上测定顶部中心点和底部中心点的偏心距。方法如下：

如图 6-5-2 所示，在离烟囱（1.5～2.0）H 的地方，于互相垂直的方向上，选定两个固定标志作为测站。在烟囱顶部和底部分别标出 1、2、3、…、8 点，同时，选择通视良好的远方点 M_1 和 M_2，作为后视目标。然后，在测站 1 测得水平角（1）、（2）、（3）和（4），并计算两角和的平均值 $\dfrac{(2)+(3)}{2}$ 和 $\dfrac{(1)+(4)}{2}$，它们分别表示烟囱上部中心。和勒脚部分中心 b 的方向差，可计算偏离分量 a_1。

同样，在测站 2 上观测水平角（5）、（6）、（7）和（8），重复前述计算，得到另一偏离分量 a_2，根据分量 a_1 和 a_2 按矢量相加的方法求得合量 a 即得烟囱上部相对于勒脚部分的偏离值。然后，利用式（6-5-1）可算出烟囱的倾斜度。

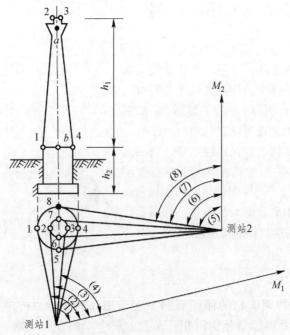

图 6-5-2　截面锥形建筑物的倾斜观测

6.5.4 建筑物基础倾斜观测

建筑物基础倾斜观测主要通过对沉降监测点的观测，计算这些点的相对沉降量，获得基础倾斜的资料。测定基础倾斜常用的方法如下：

1. 精密水准测量法

建筑物的基础倾斜观测一般采用精密水准测量的方法，定期测出基础两端点的沉降量差值 Δh，如图 6-5-3 所示，再根据两点间的距离 L，即可计算出基础的倾斜度 i 为

$$i = \frac{\Delta h}{L} \tag{6-5-3}$$

对整体刚度较好的建筑物的倾斜观测，也可采用基础沉降量差值推算主体偏移值。如图 6-5-4 所示，用精密水准测量测定建筑物基础两端点的沉降量差值 Δh，根据建筑物的宽度 L 和高度 H，推算出该建筑物主体的偏移值 ΔD 为

$$\Delta D = \frac{\Delta h}{L} H \tag{6-5-4}$$

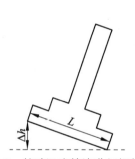
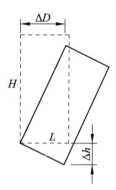

图 6-5-3　基础沉降差法进行倾斜观测　　　　图 6-5-4　基础倾斜观测测定建筑物的偏移值

2. 液体静力水准测量法

液体静力水准测量的原理，就是在相连接的两个容器中，盛有同类并具有同样参数的均匀液体，液体的表面处于同一水平面上，利用两容器内液体的读数可求得两监测点的高差，其与两点间距离之比，即为倾斜度。要测定建筑物倾斜度的变化，可进行周期性地观测。这种仪器不受倾斜度的限制，并且距离越长，测定倾斜度的精度越高。

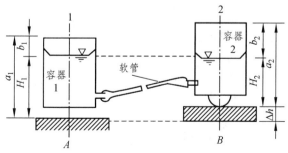

图 6-5-5　液体静力水准测量原理图

如图 6-5-5 所示，容器 1 与容器 2 由软管连接，分别安置在需测的平面 A 与 B 上，高差 Δh 可用液面的高度 H_1 与 H_2 计算：

$$\Delta h = H_1 - H_2 \qquad\qquad (6\text{-}5\text{-}5)$$

或
$$\Delta h = (a_1 - a_2) - (b_1 - b_2) \qquad\qquad (6\text{-}5\text{-}6)$$

式中　a_1、a_2——容器的高度或读数零点相对于工作底面的位置；

$\quad\quad\quad$ b_1、b_2——容器中液面位置的读数值，亦即读数零点至液面的距离。

把测出的高差 Δh 代入式（6-5-3）即可求得建筑物基础的倾斜度，用目视法读取零点至液面距离的精度为 ±1 mm。我国国家地震局地震仪器厂制造的 KSY-1 型液体静力水准遥测仪，采用自动监测法来测定液面位置，也可采用目视接触法来测定液面位置。用目视接触法观测，转动测微圆环，使水位指针移动当显微镜内所观测到的指针实像尖端与虚像尖端刚好接触时，即停止转动圆环，进行读数。每次连续观测 3 次取其平均值，其误差不应大于 0.04 mm。每次观测完毕，应随即把分尖退到水面以下，目视接触法的仪器，能高精度地确定液面位置，精度可达 ±0.01 mm。

3. 倾斜仪监测法

常见的倾斜仪有水准管式倾斜仪、气泡式倾斜仪、滑动式测斜仪和电子倾斜仪等。倾斜仪一般具有能连续读数、自动记录和数字传输等特点，有较高的观测精度，因而在倾斜观测中得到广泛应用。下面简单介绍气泡式倾斜仪。

气泡式倾斜仪由一个高灵敏度的气泡水准管和一套精密的测微器组成，如图 6-5-6 所示。气泡水准管固定在架 A 上，A 可绕 c 点转动，A 下装一弹簧片，在底板下有置放装置。测微器中包括测微杆、读数盘和指标。观测时将倾斜仪安置在需要观测的位置上以后，转动读数盘，使测微杆向上（向下）移动，直至水准气泡居中为止。此时，在读数盘上读数，即可得出该位置的倾斜度。

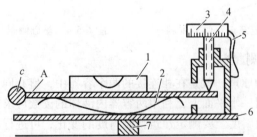

1—气泡水准管；2—弹簧片；3—读数盘；4—测微杆；5—指标；6—底板；7—置放装置。

图 6-5-6　气泡式倾斜仪

我国制造的气泡式倾斜仪，灵敏度为 2″，总的监测范围为 1°。气泡式倾斜仪适用于监测较大的倾斜角或量测局部地区的变形，例如测定设备基础和平台的倾斜。

6.5.5　倾斜观测的其他方法

当利用建筑或构件的顶部与底部之间的竖向通视条件进行主体倾斜观测时，宜用下列观测方法：

1. 吊垂球法

在顶部或所需高度处的监测点位置上，直接或支出一点悬挂适当重量的垂球，在垂线下的底部固定毫米格网读数板等读数设备，直接读取或量出上部监测点相对底部监测点的水平位移量和位移方向。

2. 激光铅垂仪观测法

在顶部适当位置安置接收靶，在其垂线下的地面或地板上安置激光铅垂仪或激光经纬仪，按一定周期观测，在接收靶上直接读取或量出顶部的水平位移量和位移方向。作业中仪器应严格置平、对中，应旋转180°观测两次取其中数。对超高层建筑，当仪器设在楼体内部时，应考虑大气湍流影响。

3. 激光位移计自动记录法

位移计宜安置在建筑底层或地下室地板上，接收装置可设在顶层或需要观测的楼层，激光通道可利用未使用的电梯井或楼梯间隔，测试室宜选在靠近顶部的楼层内。当位移计发射激光时，从测试室的光线示波器上可直接获取位移图像及有关参数，并自动记录成果。

4. 正、倒垂线法

垂线宜选用直径 $\phi 0.6 \sim 1.2$ mm 的不锈钢丝或因瓦丝，并采用无缝钢管保护。采用正垂线法时，垂线上端可锚固在通道顶部或所需高度处设置的支点上。采用倒垂线法时，垂线下端可固定在锚块上，上端设浮筒，用来稳定重锤、浮子的油箱中应装阻尼液。观测时，由观测墩上安置的坐标仪、光学垂线仪、电感式垂线仪等量测设备，按一定周期测出各测点的水平位移量。

任务 6.6 竣工测量和竣工总图编绘

建筑竣工测量是指建筑物和构筑物竣工、验收时所进行的测绘工作。建筑竣工测量是验收和评价建筑工程是否按图施工的基本依据，更是建筑工程交付使用后进行管理、维修、改建及扩建的依据。

建筑竣工测量的最终成果就是建筑竣工总图，它包括反映建筑工程竣工时的地形现状、地上与地下各种建（构）筑物及管线平面位置与高程的总现状地形图、各类专业图等。建筑竣工总图的编绘包括竣工测量（室外实测）和资料编绘两方面内容。

6.6.1 竣工测量

竣工测量的坐标和高程系统宜与设计图上的施工坐标与高程系统一致，其控制网应利用原有场区控制网点成果资料。

1. 竣工测量的内容

（1）工业厂房及一般建筑物。测定各房角坐标、几何尺寸，各种管线进出口的位置和高程，室内地坪及房角标高，并附注房屋结构层数、面积和竣工时间。

（2）地下管线。测定检修井、转折点、起终点的坐标，井盖、井底、沟槽和管顶等的高程，附注管道及检修井的编号、名称、管径、管材、间距、坡度和流向。

（3）架空管线。测定转折点、节点、交叉点和支点的坐标，支架间距、基础面标高等。

（4）交通线路。测定线路起终点、转折点和交叉点的坐标，路面、人行道、绿化带界线等。

（5）特种构筑物。测定沉淀池的外形和四角坐标，圆形构筑物的中心坐标，基础面标高，构筑物的高度或深度等。

2. 竣工测量的方法与特点

竣工测量的基本测量方法与地形测量相似，区别在于以下几点。

（1）图根控制点的密度。一般竣工测量图根控制点的密度要大于地形测量图根控制点的密度。

（2）碎部点的实测。地形测量一般采用视距测量的方法测定碎部点的平面位置和高程；而竣工测量一般采用经纬仪测角、钢尺量距的极坐标法测定碎部点的平面位置，采用水准仪或经纬仪视线水平测定碎部点的高程，亦可用全站仪进行测量。

（3）测量精度。竣工测量的测量精度要高于地形测量的测量精度。地形测量的测量精度要求满足图解精度，而竣工测量的测量精度一般要满足解析精度，应精确至厘米。

（4）测绘内容。竣工测量的内容比地形测量的内容丰富。竣工测量不仅测地面的地物和地貌，还要测底下各种隐蔽工程，如上下水及热力管线等。

6.6.2　竣工总图的编绘

竣工总图编绘应在收集汇总、整理图纸资料和外业实测数据的基础上进行，真实反映竣工区域内的地上、地下建筑物和管线的平面位置与高程以及其他地物、周围地形，并加上相应的文字说明。

竣工总图上应包括建筑方格网点，水准点、厂房、辅助设施、生活福利设施、架空及地下管线、铁路等建筑物或构筑物的坐标和高程，以及厂区内空地和未建区的地形。

1. 编绘竣工总图的依据

（1）设计总平面图，单位工程平面图，纵、横断面图，施工图及施工说明。

（2）施工放样成果、施工检查成果及竣工测量成果。

（3）更改设计的图样、数据、资料（包括设计变更通知单）。

2. 竣工总图的编绘方法

（1）在图纸上绘制坐标方格网。绘制坐标方格网的方法、精度要求，与地形测量绘制坐标方格网的方法、精度要求相同。

（2）展绘控制点。坐标方格网画好后，将施工控制点按坐标值展绘在图纸上。展点对所临近的方格而言，其容许误差为 ± 0.3 mm。

（3）展绘设计图。根据坐标方格网，将设计图的图面内容按其设计坐标用铅笔展绘于图纸上，作为底图。

（4）展绘竣工总图。对凡按设计坐标进行定位的工程，应以测量定位资料为依据，按设计坐标（或相对尺寸）和标高展绘；对原设计进行变更的工程，应根据设计变更资料展绘；对凡有竣工测量资料的工程，若竣工测量成果与设计值之比差不超过所规定的定位容许误差，按设计值展绘，否则按竣工测量资料展绘。

3. 竣工总图的整饰

（1）竣工总图的符号应与原设计图的符号一致，有关地形图的图例应使用国家地形图图示符号。

（2）对于厂房，应使用黑色墨线绘出该工程的竣工位置，并应在图上注明工程名称、坐标、高程及有关说明。

（3）对于各种地上、地下管线，应使用各种不同颜色的墨线，绘出其中心位置，并应在图上注明转折点及井位的坐标、高程及有关说明。

（4）对于没有进行设计变更的工程，用墨线绘出的竣工位置与按设计原图用铅笔绘出的设计位置应重合，但其坐标及高程数据与设计值比较可能稍有出入。随着工程的进展，逐渐在底图上将铅笔线都绘成墨线。

注意：对于直接在现场指定位置进行施工的工程、以固定地物定位施工的工程及多次变更设计而无法查对的工程等，只能进行现场实测，这样测绘出的竣工总图，称作实测竣工总图。

思政阅读

红旗渠精神历久弥新，永远不会过时

20 世纪 60 年代，河南省林县（今林州市）人民为改善恶劣的生产生活条件，摆脱水源匮乏状况，在太行山的悬崖峭壁上修建了举世闻名的大型水利灌溉工程——红旗渠，培育形成了"自力更生、艰苦创业、团结协作、无私奉献"的红旗渠精神。2019 年 9 月，习近平总书记在河南考察时强调"焦裕禄精神、红旗渠精神、大别山精神等都是我们党的宝贵精神财富"，指出"要让广大党员、干部在接受红色教育中守初心、担使命，把革命先烈为之奋斗、为之牺牲的伟大事业奋力推向前进"。

图 1　红旗渠纪念碑

图 2　红旗渠总干渠

河南省林县位于太行山东麓，历史上属于严重干旱地区。新中国成立后，党和政府十分关心林县的缺水问题。1959 年夏天，林县县委提出，从林县穿越太行山到山西，斩断浊漳河，将水引进林县，彻底改变林县的缺水状况，这个计划得到了河南省委和山西省委的支持。从 1960 年 2 月红旗

渠修建正式开工，到1974年8月工程全部竣工，10万英雄儿女在党的领导下，靠着一锤、一铲、两只手，逢山凿洞、遇沟架桥，顶酷暑、战严寒，克服了难以想象的困难，削平1250个山头，凿通211个隧洞，架设152座渡槽，在万仞壁立、千峰如削的太行山上建成了全长1500km的"工天河"，被誉为"新中国建设史上的奇迹"。红旗渠的建成，形成了引、蓄、灌、提相结合的水利网，结束了林县"十年九旱、水贵如油"的苦难历史，从根本上改变了林县人民生产生活条件，创造出巨大的经济和社会效益，至今仍然发挥着不可替代的重要作用，被称为"生命渠""幸福渠"。

"劈开太行山，漳河穿山来，林县人民多壮志，誓把河山重安排"。红旗渠是自力更生、艰苦奋斗的典范，不仅给后人留下了浇灌几十万亩田园的水利工程，更留下了宝贵的红旗渠精神。红旗渠工程1960年开始施工时，面对困扰人民群众生产生活的紧迫问题，全县干部和群众宁愿苦干也不苦熬，宁愿眼前吃苦也要换来长久幸福，宁愿自力更生、群策群力也不等靠要、单纯依赖国家。面对资金缺乏、物资紧张和险恶的施工条件等困难，修建红旗渠的石灰自己烧、水泥自己产，每一分钱、一袋水泥、一个钢筋头、一根锤把子都做到了物尽其用。面对十分艰苦的条件，建设者们自带工具、自备口粮，干部和群众心往一处想、劲往一处使、汗往一处流，涌现出像马有金、路银、任羊成、王师存、李改云、郭秋英、张买江、韩用娣等一大批红旗渠建设模范。同困难作斗争，是物质的角力，也是精神的对垒。"自力更生、艰苦创业、团结协作、无私奉献"的红旗渠精神，是中华民族伟大精神的生动体现，是我们党的宝贵精神财富，是中国共产党人精神谱系的重要组成部分，激励着中华儿女为社会主义现代化建设忘我奋斗。正如习近平同志指出的："红旗渠精神是我们党的性质和宗旨的集中体现，历久弥新，永远不会过时。"

当今世界正经历百年未有之大变局，我国正处于实现中华民族伟大复兴的关键时期，国家强盛、民族复兴需要物质文明的积累，更需要精神文明的升华。习近平总书记强调："前进道路不可能是一片坦途，我们必然要面对各种重大挑战、重大风险、重大阻力、重大矛盾，决不能丢掉革命加拼命的精神，决不能丢掉谦虚谨慎、戒骄戒躁、艰苦奋斗、勤俭节约的传统，决不能丢掉不畏强敌、不惧风险、敢于斗争、敢于胜利的勇气。"全党同志要用党在百年奋斗中形成的伟大精神滋养自己、激励自己，以昂扬的精神状态做好党和国家各项工作，要结合实际把红旗渠精神不断发扬光大，使之成为激励干部群众推进新时代中国特色社会主义事业的强大精神力量。要深刻认识到自力更生是中华民族自立于世界民族之林的奋斗基点，走一条更高水平的自力更生之路；要永葆艰苦创业的作风，一茬接着一茬干，一棒接着一棒跑，知重负重、攻坚克难，以赶考的清醒和坚定答好新时代的答卷；要发扬团结协作的精神，团结一切可以团结的力量、调动一切可以调动的积极因素，汇聚起实现民族复兴的磅礴力量；要砥砺无私奉献的品格，把许党报国、履职尽责作为人生目标，坚持不懈为群众办实事做好事，一心一意为百姓造福，努力创造无愧于党、无愧于人民、无愧于时代的业绩。

从红旗渠建成通水，到三峡工程的成功建成和运转，再到当今世界在建规模最大、技术难度最高的水电工程金沙江白鹤滩水电站首批机组投产发电，新中国成立70多年来，我们创造出一个又一个举世瞩目的工程建设奇迹。实践充分表明，社会主义是干出来的，新时代是奋斗出来的。在新的伟大征程上开拓奋进，大力弘扬红旗渠精神，从中国共产党人精神谱系中汲取不竭力量，保持"越是艰险越向前"的英雄气概，保持"敢教日月换新天"的昂扬斗志，埋头苦干、攻坚克难，团结一心、英勇奋斗，就一定能创造出令世界刮目相看的新奇迹，不断夺取全面建设社会主义现代化国家新胜利！

资料来源：《人民日报》(2021年11月11日01版)

一、选择题

1. 建筑变形测量点可分为（   ）。
   A. 控制点与观测点
   B. 基准点与观测点
   C. 联系点与观测点
   D. 定向点与观测点

2. 沉降观测宜采用（   ）方法。
   A. 三角高程测量
   B. 水准测量或三角高程测量
   C. 水准测量
   D. 等外水准测量

3. 位移观测是在（   ）的基础上进行。
   A. 高程控制网
   B. 平面控制网
   C. 平面与高程控制网
   D. 不需要控制网

4. 变形观测最大的特点是（   ）。
   A. 可靠性
   B. 随机性
   C. 一次性
   D. 周期性

5. 变形测量精度要求的确定主要取决于（   ）。
   A. 业主要求
   B. 施工工期和施工方法
   C. 监测单位
   D. 变形测量的目的和允许变形值的大小

6. 变形观测时，必须以稳定不动的点为依据，这些稳定点称为（   ）。
   A. 变形点
   B. 工作基点
   C. 基准点
   D. 基岩点

7. 沉降观测时，为了保证观测成果精度，下列要求不正确的是（   ）。
   A. 固定测站和转点
   B. 固定仪器和工具
   C. 固定观测时间
   D. 固定观测人员

8. 一般来说一个测区沉降观测基准点的埋设数分别不得少于（   ）个。
   A. 1
   B. 2
   C. 3
   D. 4

9. 以下（   ）不属于变形观测的目的。
   A. 安全监测
   B. 积累资料
   C. 为科学试验服务
   D. 避免设计错误

10. 根据《建筑变形测量规范》的规定，变形测量的测量等级划分为（   ）个等级。
    A. 2
    B. 3
    C. 4
    D. 5

二、简答题

1. 建筑变形测量中水平位移观测的主要方法有哪些？
2. 建筑变形测量中倾斜观测的主要方法有哪些？
3. 如何整编沉降观测数据？有哪些注意事项？

选择题答案：1. B   2. B   3. B   4. D   5. D   6. C   7. C   8. C   9. D   10. D

参考文献

[1] 速云中，吴献文. 工程测量[M]. 北京：北京交通大学出版社，2021.

[2] 李少元，梁建昌. 工程测量[M]. 北京：机械工业出版社，2021.

[3] 周海峰，李向民. 道路工程测量[M]. 北京：机械工业出版社，2021.

[4] 徐兴彬，喻怀义. 测量基础与实训[M]. 武汉：华中科技大学出版社，2021.

[5] 李金生. 工程测量[M]. 武汉：武汉大学出版社，2020.

[6] 李向民. 建筑工程测量[M]. 北京：机械工业出版社，2019.

[7] 任晓春. 高速铁路精密工程测量技术[M]. 成都：西南交通大学出版社，2018.

[8] 张坤宜. 交通土木工程测量[M]. 北京：人民交通出版社. 2013

[9] 张坤宜. 测量技术基础[M]. 武汉：武汉大学出版社，2011.

[10] 覃辉. 土木工程测量[M]. 重庆：重庆大学出版社，2011.

[11] 张保民，等. 工程测量技术[M]. 北京：中国水利水电出版社，2011.

[12] 周建东，谯生有. 高速铁路施工测量[M]. 成都：西南交通大学出版社，2011.

[13] 张正禄，等. 工程测量学[M]. 武汉：武汉大学出版社，2010.

[14] 卢满堂，等. 建筑工程测量[M]. 北京：中国水利水电出版社，2010.

[15] 周建郑. 工程测量[M]. 郑州：黄河水利出版社，2010.

[16] 林玉祥，等. 控制测量[M]. 北京：测绘出版社，2009.

[17] 朱颖. 客运专线无砟轨道铁路工程测量技术[M]. 北京：中国铁道出版社，2009.

[18] 周启鸣，刘学军. 数字地形分析[M]. 北京：科学出版社，2008.

[19] 黄文元，等. 公路勘测手册[M]. 北京：人民交通出版社，2007.

[20] 刘绍堂，等. 控制测量[M]. 郑州：黄河水利出版社，2007.

[21] 唐保华，等. 工程测量技术[M]. 北京：中国电力出版社，2007.

[22] 李强，秦雨航，李桂芳. 工程测量[M]. 西安：西北工业大学出版社，2006.

[23] 中国有色金属工业总公司. 工程测量标准（GB 50026—2020）[S]. 北京：中国计划出版社，2020.

[24] 国家测绘地理信息局测绘标准化研究所. 国家基本比例尺地图图式第一部分：1∶500 1∶1000 1∶2000 地形图图式（GB/T 20257—2017）[S]. 北京：中国标准出版社，2018.

[25] 中铁二院工程集团有限责任公司. 铁路工程测量规范（TB 10101—2018）[S]. 北京：中国铁道出版社，2018.

[26] 北京测绘学会、中国建筑股份有限公司. 建筑施工测量标准（JGJ/T 408—2017）[S]. 北京：中国建筑工业出版社，2017.

[27] 建设综合勘察研究设计院有限公司. 建筑变形测量规范（JGJ 8—2016）[S]. 北京：中国建筑工业出版社，2016.

[28] 国家测绘地理信息局测绘标准化研究所. 国家三、四等水准测量规范（GB/T 12898—2009）[S]. 北京：中国标准出版社，2009.

[29] 国家测绘地理信息局测绘标准化研究所. 全球定位系统（GPS）测量规范（GB/T 18314—2009）[S]. 北京：中国标准出版社，2009.

[30] 中交第一公路勘察设计研究院. 公路勘测规范（JTG C10—2007）[S]. 北京：人民交通出版社，2007.

[31] 国家测绘地理信息局测绘标准化研究所. 国家一、二等水准测量规范（GB/T 12897—2006）[S]. 北京：中国标准出版社，2006.

国家"双高"建设项目系列教材

工程测量实训手册

主　编　吴献文

副主编　阳德胜　黄炯荣　孙照辉

西南交通大学出版社
·成都·

图书在版编目（CIP）数据

工程测量：含实训手册. 2，工程测量实训手册 /
吴献文主编. —成都：西南交通大学出版社，2023.11
国家"双高"建设项目系列教材
ISBN 978-7-5643-9597-1

Ⅰ. ①工… Ⅱ. ①吴… Ⅲ. ①工程测量－高等职业教
育－教材 Ⅳ. ①TB22

中国国家版本馆 CIP 数据核字（2023）第 219456 号

　　工程测量是一门专业性、实践性都很强的专业必修课。为了真正体现"在学中做，在做中学"的教育理念，我们编写了与《工程测量》教材相配套的《工程测量实训手册》，把教材中的每个知识点转化为一个个具体的实训项目，通过一个个实训项目的训练，达到理论与实践的有机结合，使学习更有针对性和有效性，从而提高学习者的学习兴趣，增强学习者的动手能力，强化学习者的能力素养。

　　本实训手册具体编写分工如下：广东工贸职业技术学院吴献文编写实训1~实训5，广州全成多维信息技术有限公司孙照辉编写实训6、实训7，广东工贸职业技术学院阳德胜编写实训8、实训9和实训10，河南省航空物探遥感中心马道鸣编写实训20~实训22，广东省揭阳市华维测绘有限公司刘武编写实训23、实训24，广东工贸职业技术学院黄炯荣编写实训11~实训16，广东工贸职业技术学院段芸杉编写实训17、实训18和实训19。

　　本实训手册在编写过程中参考了许多相关类书籍、规范和文献，在此向各位作者表示衷心感谢。由于编者的水平有限，书中难免存在不足之处，恳请广大读者批评指正。

编　者

2023年5月于广州

目 录
CONTENTS

经纬仪极坐标法放样

一、实训目的

（1）掌握经纬仪极坐标法放样数据的计算方法。

（2）掌握用经纬仪和钢尺进行极坐标法放样的基本过程。（DJ6 光学经纬仪放样、电子经纬仪放样）

（3）练习直接放样的基本步骤，同时思考精确放样的基本方法。

（4）掌握检核放样点位的精度。（钢尺检查对角线、经纬仪检查角度）

二、实训仪器及设备

DJ6 经纬仪 1 台，三脚架 1 个，测钎若干根，钢尺 1 把，锤子 1 把，铁钉若干，计算器等。

三、任务目标

（1）能计算极坐标法放样数据（测设的水平角和水平距离）。

（2）完成矩形建筑物变长检查（几何尺寸）和点位坐标精度检查（绝对位置）。

四、实训要求

（1）每组完成一个建筑物的放样。

（2）根据《工程测量标准》（GB 50026—2020）、《建筑施工测量标准》（JGJ/T 408—2017）中的规定，结合本次实训任务，确定平面点位的放样精度限差为 ± 10 mm。

（3）使用彩色粉笔或者钢钉在地面做好放样点位标志。

（4）小组协作，共同完成放样任务，并完成组内自查和组间互查。

五、实训内容

若无真实坐标，可以用如图 1-1 所示的假定坐标（单位：m），图上给出了设计建筑物四角 1、2、3、4 点的设计坐标，A、B 为已知控制点。注意设计建筑物四个角点之间无遮挡，地势平坦。实际练习中最好使用学校当地的真实坐标，并且各组在同一坐标系统下完成实训，以方便各组互检及老师抽检。

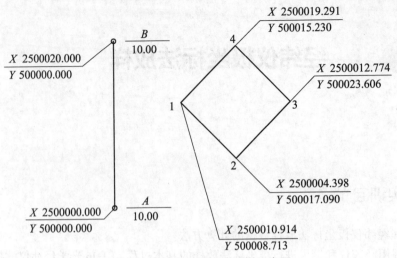

图 1-1　经纬仪极坐标法放样示意图

六、实训步骤

1. 计算各组对应的极坐标法放样数据

要求：实训课前完成。计算方法可使用：

（1）普通计算器计算法；

（2）可编程计算器计算法；

（3）Excel 表格计算法；

（4）CAD 图解计算法；

（5）VB 编程计算法。

极坐标放样计算见表 1-1。

表 1-1　极坐标放样计算表

点名	方向线	坐标方位角	应测设水平角	应测设水平距离

2. 完成矩形建筑物放样

要求：实训课中完成。

（1）选择一个控制点，架设经纬仪定向。如图 1-1 所示，在测站点 A 点上安置经纬仪，完成对中整平。瞄准 B 点上的目标（测钎或其他照准标志）定向，配盘（置数）为 $0°00'00''$。

（2）以放样建筑物角点 1 为例，根据已知坐标，利用经纬仪极坐标法反算出放样所需的角度（$\angle BA1$）和距离（$A1$）。

（3）打开水平制动，逆时针转动望远镜拨 $\angle BA1$ 的角度值，定出 $A1$ 方向，固定水平制动螺旋。

（4）顺着 $A1$ 视线方向使用钢尺量取距离 $A1$。在量距的过程中，不断指挥量距人员左右移动钢尺，使钢尺上 $A1$ 距离对应的点位与望远镜十字丝的中心重合，确定 1 点的平面位置。

（5）重复上述步骤，依次放样出 2、3、4 点。

（6）放样完成之后，使用经纬仪测量矩形的 4 个内角，看是否满足限差要求，使用钢尺测量建筑物四边长度，判断是否满足限差要求，如果超限了，需重新放样。

3. 检查放样结果

要求：实训课中完成。

（1）小组自检：各小组完成本组矩形建筑物 4 个角点放样，先完成组内自检（现场用钢尺检查长度、宽度、对角线长度）。

（2）组间互检：各小组间互相检查对方放样的建筑物尺寸（长度、宽度、对角线）是否正确。

（3）老师抽检：老师可以用钢尺抽检矩形建筑物的几何尺寸（长度、宽度、对角线）。

表 1-2　距离、角度精度检查表

检查要素	检查性质	设计值	实际测量值（cm）	差值（理论－实际）（cm）	检查人员签字
建筑物长 12	自检（组内检查）				
建筑物宽 13					
建筑物对角线 14					
建筑物对角线 23					
建筑物长 12	互检（组间互检）				
建筑物宽 13					
建筑物对角线 14					
建筑物对角线 23					
抽检某条边	抽检（老师抽检）				
抽检某条对角线					

七、注意事项

（1）在计算放样数据之前，要先确定经纬仪所立控制点位，以免所计算放样数据错误。

（2）在放样角度过程中，先判断好是顺时针旋转还是逆时针旋转望远镜。

（3）在放样距离过程中，钢尺要水平拉直，读数要准确。

八、自我评价与小组互评表

实训项目				实训日期	
小组编号		实训场地		实训者	
序号	评价项目	分值	评价指标		评价分值
1	训练纪律	15	不迟到、不早退、不在课堂做与实训无关的事情		
2	团队协作	15	主动领仪器、还仪器，轮流观测，乐于助人		
3	熟练程度	20	安置仪器快、观测速度快		
4	规范程度	15	操作仪器程序规范、基本功扎实		
5	爱护仪器	15	理解训练目的、掌握操作方法、效果良好		
6	完成情况	20	在规定时间、规定地点按要求完成任务		
			自评得分		
			最后得分		

自我总结和反思：

小组其他成员评价得分： _____ _____ _____ _____

九、教师评价表

实训项目					
小组编号		实训场地		实训者	
序号	评价项目	分值	评价指标		评价分值
1	测量精度	30	精度符合规范要求		
2	数据记录	20	数据记录格式规范、无转抄、涂改、抄袭		
3	数据计算	20	计算准确、精度符合规范要求		
4	数据书写	15	书写认真、工整，没有错漏		
5	训练效果	15	理解训练目的、掌握操作方法、效果良好		
			合计分值		
			最后总得分		

存在问题：

指导老师： 　　　　　　　　　　　　　　　　　　评价时间：

经纬仪直角坐标法放样

一、实训目的

（1）掌握用经纬仪和钢尺进行直角坐标法放样的基本过程。

（2）练习直角放样的基本步骤，同时思考精确放样的基本方法。

（3）掌握检核放样点位的精度（钢尺检查距离、经纬仪检查角度）。

二、实训仪器及设备

DJ2 级光学经纬仪（或电子经纬仪）1 台，三脚架 1 个，测钎 6 根，钢尺 1 把，红蓝色铅笔各 1 支，锤子 1 把，铁钉若干，木桩 3 ~ 4 个。

三、任务目标

（1）能利用直角坐标法放样设计矩形建筑物。

（2）能计算放样数据（测设的水平角和水平距离）。

（3）检查矩形的 4 个内角是否分别等于 90°，4 条边长是否等于设计边长。

四、实训要求

（1）每组完成一个建筑物的放样，每名同学完成一个平面点位的放样。

（2）根据《工程测量标准》（GB 50026—2020）、《建筑施工测量标准》（JGJ/T 408—2017）中的规定，结合本次实训任务，确定平面点位的放样精度限差为 ± 10 mm。

（3）使用彩色粉笔或者钢钉在地面做好平面点位标志。

（4）小组协作，共同完成放样任务，并完成组内自查和组间互查。

五、实训内容

若无真实坐标，可以用如图 2-1 所示的假定坐标，图上给出了设计建筑物四角中 a 和 c 两点的设计坐标，A、B 为已知控制点，并给出了 4 点的坐标。注意设计建筑物四个角点之间无遮挡，地势平坦。实际练习中最好使用学校当地的真实坐标，并且各组在同一坐 标系统下完成实训，以方便各组互检及老师抽检。图 2-1 中数据较大，实训中建筑物边长选择应小一些，以避免场地不够。

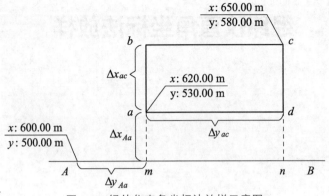

图 2-1　经纬仪直角坐标法放样示意图

六、实训步骤

1. 计算测设数据

要求：实训课前完成。

（1）A 点和 a 点的纵坐标差：$\Delta x_{Aa} = x_a - x_A = 620 - 600 = 20$ m；

（2）A 点和 a 点的横坐标差：$\Delta y_{Aa} = y_a - y_A = 530 - 500 = 30$ m；

（3）建筑物的长：$\Delta y_{ac} = y_c - y_a = 580 - 530 = 50$ m；

（4）建筑物的宽：$\Delta x_{ac} = x_c - x_a = 650 - 620 = 30$ m。

2. 完成直角坐标法放样

要求：实训课中完成。

（1）首先利用直角坐标法计算放样数据，包括 A 和 a 两点的纵、横坐标差 Δx_{Aa} 和 Δy_{Aa}，建筑物的长和宽（a 和 c 两点的纵、横坐标差 Δx_{ac} 和 Δy_{ac}）。

（2）在 A 点安置仪器，在 B 点竖立测钎，盘左（正镜）照准 B 点作为后视进行定向，精确照准 B 点后水平制动和水平微动螺旋不要再转动。

（3）司尺员将钢尺零点紧贴于 A 点，另一端在 AB 方向线上。观测者上下旋转望远镜和竖直微动螺旋，指挥司尺员让钢尺位于视线方向上，然后从 A 点量取 Δy_{Aa} 并精确投点，得到 m 点，再从 m 点量取建筑物的长 Δy_{ac}，并精确投点，得到 n 点。

（4）将仪器安置在 m 点上，瞄准 B 点定向，逆时针旋转 90°，用同样的方法从 m 点开始量取 Δx_{Aa}，并精确投点，得到 a 点，再量取 Δx_{ac} 得到 b 点。

（5）将仪器安置在 n 点上，瞄准 A 点定向，顺时针旋转 90°，用同样的方法从 n 点开始量取 Δx_{Aa} 并精确投点，得到 d 点，再量取 Δx_{ac} 得到 c 点。

（6）检核测设建筑物各边长和各角是否满足放样的精度要求。

3. 检查放样结果

要求：实训课中完成。

（1）小组自检：各小组完成本组矩形建筑物 4 个主轴线点放样，先完成组内自检（现场用钢尺检查长度、宽度、对角线长度）。

（2）组间互检：各小组间互相检查对方放样的建筑物轴线尺寸（长度、宽度、对角线）是否正确。

（3）老师抽检：老师可以用钢尺抽检矩形建筑物的几何尺寸（长度、宽度、对角线）。

表 2-1　距离、角度精度检测表

数据检测元素	已知值	实际测量	差值（理论－实际）
ab 距离	30 m		
bc 距离	50 m		
cd 距离	30 m		
da 距离	50 m		
$\angle a$	90°00′00″		
$\angle b$	90°00′00″		
$\angle c$	90°00′00″		
$\angle d$	90°00′00″		

七、注意事项

（1）在放样角度过程中，判断好是正拨还是反拨。

（2）在放样距离过程中，钢尺要水平拉直，读数要准确。

八、自我评价与小组互评表

实训项目				实训日期		
小组编号		实训场地		实训者		
序号	评价项目	分值	评价指标			评价分值
1	训练纪律	15	不迟到、不早退、不在课堂做与实训无关的事情			
2	团队协作	15	主动领仪器、还仪器，轮流观测、乐于助人			
3	熟练程度	20	安置仪器快、观测速度快			
4	规范程度	15	操作仪器程序规范、基本功扎实			
5	爱护仪器	15	理解训练目的、掌握操作方法、效果良好			
6	完成情况	20	在规定时间、规定地点按要求完成任务			
			自评得分			
			最后得分			
自我总结和反思：						
小组其他成员评价得分：＿＿＿＿＿＿＿＿＿＿＿＿＿＿＿＿＿＿＿＿＿＿＿＿＿						

九、教师评价表

实训项目					
小组编号		实训场地		实训者	
序号	评价项目	分值	评价指标		评价分值
1	测量精度	30	精度符合规范要求		
2	数据记录	20	数据记录格式规范、无转抄、涂改、抄袭		
3	数据计算	20	计算准确、精度符合规范要求		
4	数据书写	15	书写认真、工整，没有错漏		
5	训练效果	15	理解训练目的、掌握操作方法、效果良好		
合计分值					
最后总得分					

存在问题：

指导老师：　　　　　　　　　　　　　　　　　　评价时间：

全站仪坐标法点位放样

一、实训目的

（1）掌握全站仪坐标法点位放样的基本原理。

（2）掌握全站仪坐标法点位放样的具体流程。

（3）掌握检核放样点位精度的步骤。

二、实训仪器及设备

2″级全站仪 1 台，专用三脚架 1 个，对中杆 1 根，小棱镜 1 个，锤子 1 把，铁钉若干，彩色粉笔若干。

三、任务目标

（1）各小组利用全站仪测设出校园内设计建筑物的平面位置。

（2）检查放样点精度是否满足测量规范中的限差要求。

四、实训要求

（1）每人独立完成测站设置工作并完成 2 个以上平面点位的放样。

（2）根据《工程测量标准》（GB 50026—2020）、《建筑施工测量标准》（JGJ/T 408—2017）中的规定，结合本次实训任务，确定平面点位的放样精度限差为 ± 25 mm。

（3）小组协作，共同完成放样任务，并完成组内自查和组间互查。

五、实训内容

若无真实坐标，可以用如图 3-1 所示的假定坐标（单位：m），图上给出了设计建筑物 1、2、3、4 四个角点的设计坐标，A、B 为两个已知控制点。实际练习中，最好使用学校当地的真实坐标，并且各组在同一坐标系统下完成实训，以方便各组互检及老师抽检。

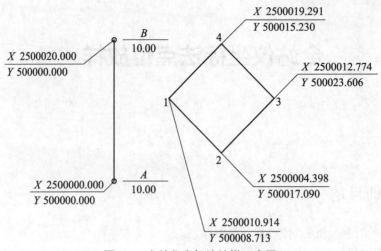

图 3-1 全站仪坐标法放样示意图

六、实训步骤

1.提取对应的建筑物角点设计坐标及控制点坐标

要求：实训课前完成。

使用 CASS 软件提取矩形建筑物各角点坐标及控制点坐标，处理成*.dat 格式的坐标数据文件并上传到全站仪中。

2.完成矩形建筑物角点放样

要求：实训课中完成。

1）安置仪器

在测站点上安置仪器，完成对中整平，对中误差控制在 3 mm 之内，开机选择放样功能。

2）建立或选择工作文件

工作文件是存储当前测量数据的文件，文件名要简洁、易懂，便于区分不同时间或地点的数据，一般可用测量时的日期作为工作文件的文件名。

3）测站设置

如果事先上传了控制点坐标数据文件，可从文件中选择测站点点号来设置测站，否则需手工输入测站点坐标来设置测站。

4）后视定向

从仪器中调入或手工输入后视点坐标，也可直接输入后视方位角，然后照准后视点，按确认键进行定向。

5）定向检查

找到另外一个已知控制点，竖立棱镜并测量其坐标，将测出来的坐标与已知坐标比较，通常要求 X、Y 坐标差都应该在 2 cm 之内。

6）点位放样

（1）现场输入或从内存文件中选择（当放样点数量较多时通常预先上传坐标数据文件）待放样点的点号，仪器会自动计算出极角（待放样点方向和定向方向的夹角）和极距（测站点到放样点的距离），并显示出来，此时点击确认。

（2）仪器首先显示当前找准方向和正确方向之间的夹角$\Delta\beta$，此时旋转照准部使得$\Delta\beta$为零（当差值很小时，水平制动，用水平微动调），然后锁定水平制动，则正确方向已经找到。

（3）在此方向线上指挥司镜员移动，并测距离，仪器会显示当前距离和正确距离的差值Δd，当Δd为零时，放样目标点即找到。通常情况下，当显示为 1 m 以内的数后，用小钢尺配合棱镜找到点位，并钉木桩，然后精确投测小钉。

用以上方法放样出本组建筑物 4 个角点的位置。

3．检查放样结果

要求：实训课中完成。

（1）小组自检：各小组完成本组矩形建筑物 4 个角点放样，先完成组内自检（现场用钢尺检查长度、宽度、对角线长度）。

（2）组间互检：各小组间使用全站仪放样对方的某一个点，检查其是否正确。

（3）老师抽检：老师可以用钢尺抽检矩形建筑物的几何尺寸，如长度、宽度、对角线（相对精度）。

表 3-1　距离、角度精度检查表

检查要素	检查性质	设计值	实际测量值（cm）	差值（理论－实际）（cm）	检查人员签字
建筑物长 12	自检（组内检查）				
建筑物宽 13					
建筑物对角线 14					
建筑物对角线 23					
建筑物长 12	互检（组间互检）				
建筑物宽 13					
建筑物对角线 14					
建筑物对角线 23					
抽检某条边	抽检（老师抽检）				
抽检某条对角线					

七、注意事项

（1）全站仪完成后视定向后，要检查定向是否正确，检查点最好是另外一个控制点。

（2）确定好放样方向后，望远镜水平方向不可再动，竖直方向可以动。

（3）当跟踪杆大概到达待放样点位时，倒立跟踪杆小棱镜朝向下方，或者用小卷尺量距。

八、自我评价与小组互评表

实训项目				实训日期		
小组编号		实训场地		实训者		
序号	评价项目	分值	评价指标			评价分值
1	训练纪律	15	不迟到、不早退、不在课堂做与实训无关的事情			
2	团队协作	15	主动领仪器、还仪器，轮流观测、乐于助人			
3	熟练程度	20	安置仪器快、观测速度快			
4	规范程度	15	操作仪器程序规范、基本功扎实			
5	爱护仪器	15	理解训练目的、掌握操作方法、效果良好			
6	完成情况	20	在规定时间、规定地点按要求完成任务			
			自评得分			
			最后得分			

自我总结和反思：

小组其他成员评价得分：_____ _____ _____ _____ _____

九、教师评价表

实训项目				实训者		
小组编号		实训场地		实训者		
序号	评价项目	分值	评价指标			评价分值
1	测量精度	30	精度符合规范要求			
2	数据记录	20	数据记录格式规范、无转抄、涂改、抄袭			
3	数据计算	20	计算准确、精度符合规范要求			
4	数据书写	15	书写认真、工整，没有错漏			
5	训练效果	15	理解训练目的、掌握操作方法、效果良好			
			合计分值			
			最后总得分			

存在问题：

指导老师：　　　　　　　　　　　　　　　　评价时间：

普通高程放样

一、实训目的

（1）掌握水准仪视线高法放样高程的基本思想和原理。
（2）掌握使用水准仪进行高程放样的操作流程。
（3）掌握水准仪高程放样的记录及计算。
（4）培养学生的小组协作能力，注重学生工匠精神的培养。

二、实训仪器及设备

DS3 水准仪 1 台，水准仪专用三脚架 1 个，水准尺 1 对，自备铅笔、小刀、计算器等。

三、任务目标

根据已知水准点 A 的高程 $H_A = 56.368$ m，测设某设计地坪标高 $H_B = 66.000$ m 的位置，如图 4-1 所示。

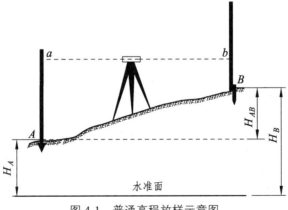

图 4-1　普通高程放样示意图

四、实训要求

（1）每名同学独立完成一个高程值的放样。

（2）根据《工程测量标准》（GB 50026—2020）、《建筑施工测量标准》（JGJ/T 408—2017）中的规定，结合本次实训任务，确定高程放样精度限差为 ± 10 mm。

（3）小组协作，立尺员与画线员密切合作，准确完成画线。

（4）实训数据计算准确，记录清晰。

五、实训步骤

（1）先在 B 点打一长木桩，将水准仪安置在 A、B 之间，尽量使得前后视距相等，在 A 点立水准尺，后视 A 处水准尺并读数 a，则可求得视线高 $H_i = H_A + a$。

（2）B 点水准尺尺底为设计高程时的前视读数 $b_应 = (H_A + a) - H_b$。

（3）靠 B 点木桩侧面竖立水准尺，上下移动水准尺，当水准仪在尺上的读数恰好为 $b_应$ 时，在木桩侧面紧靠尺底画一横线，此横线即为设计高程的位置。

（4）升高或降低三脚架，采用变换仪器高的方法放样两次，并取其平均位置作为最终的放样位置。

（5）检核。用普通水准测量的方法，测量出放样位置的高程值，然后与设计高程值进行比较，检查是否满足限差要求。

六、注意事项

（1）在放样高程中，只用水准尺黑面即可。

（2）若计算得到的 $b_应$ 为正值，则放样的标高位置在视线以下，尺正立找到位置，反之若 $b_应$ 为负值，则放样的标高位置在视线以上，则应将尺倒立找到位置。

（3）若向下窜尺时尺底端已到达地面，而中丝读数仍然小于 $b_应$，则说明欲放样的位置低于地面，应读出该中丝读数，并计算下挖值 $\Delta h_挖 = b_应 - b$，并写于墙上。

七、高程放样记录表格

表 4-1 高程放样计算表

待放样点高程 $H_设$（m）	后视点高程 H（m）	后视读数 a（m）	视线高程 H_i（m）	前视应该读数 $b_应$（m）

表 4-2 高程放样记录表

放样次数	视线高程 H_i（m）	前视尺中丝读数 $b_{应}$（m）

表 4-3 高程放样检核表

设计高程（m）	实测高程（m）	误差（mm）

八、自我评价与小组互评表

实训项目				实训日期	
小组编号		实训场地		实训者	
序号	评价项目	分值	评价指标		评价分值
1	训练纪律	15	不迟到、不早退、不在课堂做与实训无关的事情		
2	团队协作	15	主动领仪器、还仪器，轮流观测、乐于助人		
3	熟练程度	20	安置仪器快、观测速度快		
4	规范程度	15	操作仪器程序规范、基本功扎实		
5	爱护仪器	15	理解训练目的、掌握操作方法、效果良好		
6	完成情况	20	在规定时间、规定地点按要求完成任务		
			自评得分		
			最后得分		

自我总结和反思：

小组其他成员评价得分：＿＿＿＿＿＿＿＿＿＿＿＿＿＿＿＿＿＿＿＿＿＿＿＿＿＿

九、教师评价表

实训项目					
小组编号		实训场地		实训者	
序号	评价项目	分值	评价指标		评价分值
1	测量精度	30	精度符合规范要求		
2	数据记录	20	数据记录格式规范、无转抄、涂改、抄袭		
3	数据计算	20	计算准确、精度符合规范要求		
4	数据书写	15	书写认真、工整，没有错漏		
5	训练效果	15	理解训练目的、掌握操作方法、效果良好		
合计分值					
最后总得分					

存在问题：

指导老师：　　　　　　　　　　　　　　　　　　评价时间：

实训 5　　**填挖高度测量**

一、实训目的

（1）掌握填挖高度测量的目的。

（2）掌握使用水准仪进行填挖高度测量的流程。

（3）掌握使用水准仪进行填挖高度测量的记录及计算。

二、实训仪器及设备

DS3 水准仪 1 台，水准仪专用三脚架 1 个，水准尺 1 对，自备铅笔、小刀、计算器等。

三、任务目标

根据已知高程的水准点 A，测量另一点 B 处的地面实际高程 $H_{实}$。现欲在 B 点处放样高程为 $H_B = 45.368$ m 的位置，计算 B 点处的填挖高度。实际工作中通常是在地面上钉一木桩，将尺立于木桩顶上，实测木桩顶部的高程，并将计算得到的填挖高度用记号笔标注于木桩侧面，以供施工队伍施工时使用。

本次实训课要完成平整场地训练，在训练场内埋设若干木桩，然后在木桩上标注填挖数值。

四、实训要求

（1）每名同学独立完成一个木桩的标定。

（2）换人操作时，要求变换仪器高。

（3）根据《工程测量标准》（GB 50026—2020）、《建筑施工测量标准》（JGJ/T 408—2017）中的规定，结合本次实训任务，确定填挖高度精度限差为 ± 20 mm。

五、实训步骤

（1）以 A 点为后视点，B 点木桩顶部为前视点，在 A、B 两点之间安置水准仪，测得后视读数为 a，前视读数为 b；A 点的已知高程 $H_A = 45.368$ m，放样点的设计高程 $H_{设} = 44.832$ m。

（2）计算 B 点木桩顶部实际高程，可以采用两种方法：

① 高差法：$H_B = H_A + (a - b)$；

② 视线高法：$H_i = H_A + a$，$H_B = H_i - b$。

（3）采用变换仪器高的方法测量两次，求得 B 点木桩顶部高程的平均值。

（4）挖、填高度为地面实际高程与设计高程之差，正号为挖深，负号为填高。将计算出的数值标注在木桩上。

（5）教师或者课代表对标注进行检查。

六、注意事项

（1）"填方"或"挖方"的判定主要依据木桩顶部实际高程和设计高程的关系，若实际高程大于设计高程则为"挖方"，反之则为"填方"。

（2）若用电子水准仪（数字水准仪）放样，则系统会提示类似于"FILL"或"CUT"的符号，其对应的意义为"填高"或"挖低"。

七、完成下表剩余部分的计算

已知后视已知 A 点高程 $H_A = 58.436$ m，设计高程 $H_设 = 58.000$ m，，完成表 5-1 的计算。

表 5-1　填挖高度测量计算示例

放样次数	后视读数 a（m）	前视读数 b（m）	视线高程 H_i（m）	B 点木桩顶部高程 $H_实$（m）	B 点木桩顶部高程的平均值（m）	填挖高度（m）
第一次测量	1.465	1.698	59.901	58.203	58.202	0.202
第二次测量	1.518	1.753	59.954	58.201		
根据符号判断 B 点处应填方还是挖方				该点应_____（"填方"或"挖方"）		
放样次数	后视读数 a（m）	前视读数 b（m）	视线高程 H_i（m）	B 点木桩顶部高程 $H_实$（m）	B 点木桩顶部高程的平均值（m）	填挖高度（m）
第一次测量	1.044	1.579	59.480	57.901	57.900	−0.100
第二次测量	1.118	1.656	59.554	57.898		
根据符号判断 B 点处应填方还是挖方				该点应_____（"填方"或"挖方"）		

八、将实训数据记录到下表中

已知后视点 A 高程 $H_A = $ _____ m，设计高程其 $H_设 = $ _____ m，完成表 5-2 的观测与计算。

表 5-2　填挖高度测量记录表

放样次数	后视读数 a（m）	前视读数 b（m）	视线高程 H_i（m）	B 点木桩顶部高程 $H_实$（m）	B 点木桩顶部高程的平均值（m）	填挖高度（m）
第一次测量						
第二次测量						
根据符号判断 B 点处应填方还是挖方				该点应_____（"填方"或"挖方"）		
第一次测量						
第二次测量						
根据符号判断 B 点处应填方还是挖方				该点应_____（"填方"或"挖方"）		
第一次测量						
第二次测量						
根据符号判断 B 点处应填方还是挖方				该点应_____（"填方"或"挖方"）		
第一次测量						
第二次测量						
根据符号判断 B 点处应填方还是挖方				该点应_____（"填方"或"挖方"）		

九、自我评价与小组互评表

实训项目				实训日期	
小组编号		实训场地		实训者	
序号	评价项目	分值	评价指标		评价分值
1	训练纪律	15	不迟到、不早退、不在课堂做与实训无关的事情		
2	团队协作	15	主动领仪器、还仪器，轮流观测、乐于助人		
3	熟练程度	20	安置仪器快、观测速度快		
4	规范程度	15	操作仪器程序规范、基本功扎实		
5	爱护仪器	15	理解训练目的、掌握操作方法、效果良好		
6	完成情况	20	在规定时间、规定地点按要求完成任务		
			自评得分		
			最后得分		

自我总结和反思：

小组其他成员评价得分：　_____　_____　_____　_____

十、教师评价表

实训项目					
小组编号		实训场地		实训者	
序号	评价项目	分值	评价指标		评价分值
1	测量精度	30	精度符合规范要求		
2	数据记录	20	数据记录格式规范、无转抄、涂改、抄袭		
3	数据计算	20	计算准确、精度符合规范要求		
4	数据书写	15	书写认真、工整，没有错漏		
5	训练效果	15	理解训练目的、掌握操作方法、效果良好		
合计分值					
最后总得分					

存在问题：

指导老师：   评价时间：

水准仪水平视线法放样坡度线

一、实训目的

（1）掌握坡度测设的原理和目的。

（2）掌握水准仪水平视线法测设坡度的方法。

二、实训仪器及设备

DS3 水准仪 1 台，三脚架 1 个，水准尺 1 对，自备铅笔、小刀、计算器等。

三、任务目标

使用水准仪水平视线法，测设坡度适当（根据实地情况确定）的坡度线。如图 6-1 所示，已知水准点 $BM5$ 的高程为 $H_{BM5} = 56.200$ m，设计高程点 A 的高程为 $H_A = 56.350$ m，A、B 间的水平距离为 $D = 80$ m，今欲从 A 点沿 AB 方向测设出坡度为 $i = 0.75\%$ 的直线。

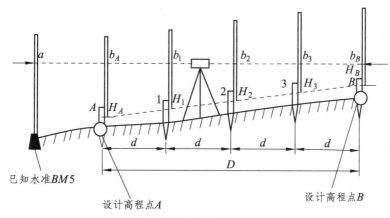

图 6-1 水平视线法坡度放样示意图

四、实训要求

（1）每组完成一条坡度线的测设，每名同学测设的坡度不能与同组其他同学相同。

（2）用彩色粉笔，将测设的坡度线标定出来。

（3）坡度线应为一条直线，不能为折线。

（4）小组内成员应相互协作，合作完成立尺、画线工作。

（5）根据《工程测量标准》（GB 50026—2020）中的规定，结合本次实训任务，确定坡度测设精度限差为 20 mm。

五、实训步骤

（1）测设时，先根据 i 和 D 计算 B 点的设计高程为：$H_B = H_A + iD$。

（2）将水准仪置于 A、B 的中点处，在 $BM5$ 点上立尺，读出 $BM5$ 的读数 a，计算出水准仪的视线高程 $H_i = H_{BM5} + a$，由公式 $b_A = H_{BM5} + a - H_A$ 可得 b_A 的读数。

（3）从坡脚点 A 或者坡顶点 B 开始，隔一段固定水平距离 d（如 20 m），钉下一个木桩。

（4）根据坡度公式 $i = h/D$，可得 $h = i \times D$。第 j 点的设计高程 $H_{j设} = H_A + i_{AB} \times j \times d$（$j = 1$、2、3、$B$）。

（5）计算前尺应该读数 $b_应 = H_i - H_j$。

（6）依次测设出 1、2、3、B 点的高程位置。

实际工作中通常是依次测量并计算出 1、2、3、B 点的实地高程值。$H_{j实} = H_A + b_j$（$j = 1$、2、3、B）。再依次计算出 1、2、3、B 点的填挖高度并用记号笔标注于木桩侧面，以便指导施工。填挖高度 $\triangle = H_{j实} - H_{j设}$，正值为挖，负值为填。

表 6-1　坡度线测量计算示例

点名	水平距离 d（m）	视线高（m）	高程（m）	前视尺读数 $b_应$（m）
A		57.525	56.350	1.175
	20			
1		57.525	56.500	1.025
	20			
2		57.525	56.650	0.875
	20			
3		57.525		
	20			
B		57.525		

六、实训数据记录

将实训数据记录到表 6-2 中，实际实训时可以按照场地情况调整坡度和点间距。

已知水准点 $BM5$ 高程 $H_{BM5} = \underline{50.000}$ m，后视尺读数 $a = \underline{1.235}$ m，坡脚点 A 高程 $H_A = \underline{50.150}$ m，坡度 $i = \underline{1}$ %。

表 6-2　坡度线测量记录表

点名	水平距离 d（m）	视线高（m）	高程（m）	前视尺读数 $b_{应}$（m）
A	20			
1	20			
2	20			
3	20			
B				

七、注意事项

（1）在水平视线法中，需要量取的是水平距离，而不是斜距。

（2）水平视线法通常适用于坡度较小时，坡度较大时视线会超越尺顶或尺底而无法测设。

八、自我评价与小组互评表

实训项目				实训日期	
小组编号		实训场地		实训者	
序号	评价项目	分值	评价指标		评价分值
1	训练纪律	15	不迟到、不早退、不在课堂做与实训无关的事情		
2	团队协作	15	主动领仪器、还仪器，轮流观测、乐于助人		
3	熟练程度	20	安置仪器快、观测速度快		
4	规范程度	15	操作仪器程序规范、基本功扎实		
5	爱护仪器	15	理解训练目的、掌握操作方法、效果良好		
6	完成情况	20	在规定时间、规定地点按要求完成任务		
			自评得分		
			最后得分		
自我总结和反思：					
小组其他成员评价得分：					

九、教师评价表

实训项目					
小组编号		实训场地		实训者	
序号	评价项目	分值	评价指标		评价分值
1	测量精度	30	精度符合规范要求		
2	数据记录	20	数据记录格式规范、无转抄、涂改、抄袭		
3	数据计算	20	计算准确、精度符合规范要求		
4	数据书写	15	书写认真、工整，没有错漏		
5	训练效果	15	理解训练目的、掌握操作方法、效果良好		
合计分值					
最后总得分					

存在问题：

指导老师：　　　　　　　　　　　　　　　　　　　　评价时间：

水准仪倾斜视线法放样坡度线

一、实训目的

（1）掌握坡度测设的原理和目的。

（2）掌握水准仪倾斜视线法测设坡度的方法。

二、实训仪器及设备

DS3 水准仪 1 台，三脚架 1 个，水准尺 1 对，自备铅笔、小刀、计算器等。

三、任务目标

使用水准仪倾斜视线法，测设坡度适当（根据实地情况确定）的坡度线。如图 7-1 所示，已知水准点 A 的高程为 $H_A = 56.200\,m$，设计高程点 B 的高程为 $H_B = 52.000\,m$，A、B 间的水平距离为 $D = 140\,m$，今欲从 A 点沿 AB 方向每隔距离 d（如 20 m）测设出坡度为 $i = -3\%$ 的直线。使用水准仪和水准尺完成该工作。

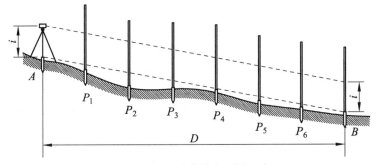

图 7-1 倾斜视线法坡度放样示意图

四、实训要求

（1）每组完成一条坡度线的测设，每名同学测设的坡度不能与同组其他同学相同。

（2）用彩色粉笔，将测设的坡度线标定出来。

（3）坡度线应为一条直线，不能为折线。

（4）小组内成员应相互协作，合作完成立尺、画线工作。

（5）根据《工程测量标准》（GB 50026—2020）中的规定，结合本次实训任务，确定坡度测设精度限差为 20 mm。

五、实训步骤

（1）测设 A、B 点设计高程。用式 $H_{B设} = H_A + D \times (-3\%)$ 计算 B 点设计高程，然后通过附近水准点，用测设已知高程方法，把 A 点和 B 点的设计高程测设到地面上。

（2）用水准仪测设时，在 A 点安置水准仪，使一个脚螺旋在 AB 方向线上，而另两个脚螺旋的连线垂直于 AB 方向线，量取仪高 i。用望远镜瞄准 B 点上的水准尺，旋转 AB 方向线上的脚螺旋，让视线倾斜，使水准尺上读数为仪器高 i 值，此时仪器的视线即平行于设计的坡度线。

（3）在 AB 间的 P_1、P_2、P_3、…木桩处立尺，贴靠木桩上下移动水准尺，使水准仪的中丝读数均为 i，此时水准尺底部即为该点的设计高程，沿尺子底面在木桩侧面画一标志线。各木桩标志线的连线，即为已知坡度线。

（4）实际工作中是在 AB 连线上每隔一定距离（如 20 m）打桩，并将水准尺依次放置在桩顶，读取经纬仪中丝在水准尺上的读数，计算桩顶实际高程，再计算填挖高度并用记号笔标定于木桩侧面，以指导施工。

第 j 点的设计高程 $H_{j设} = H_A + i_{AB} \times j \times d$（j = 1、2、3、4、5、6、B）。再依次计算出 1、2、3、4、5、6、B 点的填挖高度并用记号笔标注于木桩侧面，以便指导施工。填挖高度 $\Delta = i - b_j$，正值为挖，负值为填。

验证方法：第 j 点的桩顶实际高程 $H_{j实} = H_{j设} + i - b_j$，$\Delta = H_{j实} - H_{j设}$。

表 7-1　坡度线测量计算示例

已知点高程 H（m）	仪器高 i（m）	点号	起点距（m）	设计高程 $H_{设}$（m）	水准仪中丝读数 b_i（m）	填挖高度 $\Delta = i - b_j$（m）	实际高程 $H_{实}$（m）	验证填挖高度 $\Delta = H_{j实} - H_j$（m）
56.2	1.562	A	0	56.2	1.685	−0.123	56.077	−0.123
		P_1	20	55.6	1.982	−0.420	55.180	−0.420
		P_2	40	55.0	1.834	−0.272	54.728	−0.272
		P_3	60		1.725			
		P_4	80		1.676			
		P_5	100	53.2	1.796	−0.234	52.966	−0.234
		P_6	120	52.6	1.843	−0.281	52.319	−0.281
		B	140	52.0	1.562	0	52.000	0

六、实训数据记录

将实训数据记录到表 7-2 中，实际实训时可以按照场地情况调整坡度和点间距。

表 7-2 坡度线测量记录表

已知点高程 H（m）	仪器高 i（m）	点号	起点距（m）	设计高程 $H_设$（m）	水准仪中丝读数 b_i（m）	填挖高度 $\Delta = i - b_j$（m）	实际高程 $H_实$（m）	验证填挖高度 $\Delta = H_{j实} - H_j$（m）

七、注意事项

（1）在倾斜视线法中，水准仪要安置于 A 点上。

（2）水准仪倾斜视线设置好之后，视线不要再上下移动。

（3）水准视线法通常适用于坡度较小时的测设，坡度较大时视线会超越尺顶或尺底而无法测设，可以采用经纬仪倾斜视线法测设。

八、自我评价与小组互评表

实训项目				实训日期	
小组编号		实训场地		实训者	
序号	评价项目	分值	评价指标		评价分值
1	训练纪律	15	不迟到、不早退、不在课堂做与实训无关的事情		
2	团队协作	15	主动领仪器、还仪器，轮流观测、乐于助人		
3	熟练程度	20	安置仪器快、观测速度快		
4	规范程度	15	操作仪器程序规范、基本功扎实		
5	爱护仪器	15	理解训练目的、掌握操作方法、效果良好		
6	完成情况	20	在规定时间、规定地点按要求完成任务		
	自评得分				
	最后得分				
自我总结和反思：					
小组其他成员评价得分： _____					

九、教师评价表

实训项目					
小组编号		实训场地		实训者	
序号	评价项目	分值	评价指标		评价分值
1	测量精度	30	精度符合规范要求		
2	数据记录	20	数据记录格式规范、无转抄、涂改、抄袭		
3	数据计算	20	计算准确、精度符合规范要求		
4	数据书写	15	书写认真、工整，没有错漏		
5	训练效果	15	理解训练目的、掌握操作方法、效果良好		
合计分值					
最后总得分					
存在问题：					
指导老师：			评价时间：		

实训 8　经纬仪极坐标法放样圆曲线

本任务内容在目前实际工作中已经不是主流常用方法，主要用作检验其他放样方法得到的结果，实训教学时可以选择性地使用。

一、实训目的

（1）掌握使用 Excel 计算曲线要素和主点里程的方法。
（2）掌握使用 Excel 计算曲线细部点偏角值的方法。
（3）了解使用经纬仪极坐标法放样圆曲线主点的方法。
（4）了解使用经纬仪偏角法放样圆曲线细部点的方法。

二、实训仪器及设备

J2 经纬仪 1 台，三脚架 1 个，50 m 钢尺 1 把，投点工具若干。

三、任务目标

（1）使用 Excel 计算出本组所对应曲线的要素、主点里程、细部点偏角值。
（2）使用经纬仪、钢尺放样出本组所对应曲线的主点和细部点。

四、实训要求

（1）各小组需要独立完成计算和放样。
（2）模拟实训两级检查一级验收制度（组内自检、组间互检、老师抽检验收）。

五、实训内容

1. 经纬仪极坐标法放样圆曲线主点

1）计算曲线要素表及主点里程
要求：实训课前完成。
各组的曲线要素、主点里程均使用相同的数据，只是放样到实地的位置不同。

（1）请同学们依据表 8-1 中黑体字显示的已知数据使用计算器计算（或者在教材中扫码下载 Excel 表格）四个曲线要素（切线长、曲线长、外矢距、切曲差）和三个主点（直圆点 ZY、曲中点 QZ、圆直点 YZ）里程并完成里程检核，验证表 8-1 中数据是否正确。

表 8-1　圆曲线要素及里程计算表

圆曲线要素计算表								
转向角			转向角	转向角	半径 R	切线长 T	曲线长 L	外矢距 E	切曲差 q
度	分	秒	α（度）	α（弧度）	m	m	m	m	m
30	**25**	**0**	30.416 666 67	0.530 870 972	**200.000**	54.370	106.174	7.259	2.566

圆曲线里程计算表		
JD		**3 319.800**
ZY	$= JD - T$	3 265.430
QZ	$= ZY + L/2$	3 318.517
YZ	$= ZY + L$	3 371.604
检查 YZ	$= JD + T - q$	3 371.604

注：如果实训场地面积较小，可以将曲线半径改为 100 m，具体数据如表 8-2 所示。

表 8-2　圆曲线要素及里程计算表（变换半径）

圆曲线要素计算表								
转向角			转向角	转向角	半径 R	切线长 T	曲线长 L	外矢距 E	切曲差 q
度	分	秒	α（度）	α（弧度）	m	m	m	m	m
30	**25**	**0**	30.416 666 67	0.530 870 972	100.000	27.185	53.087	3.629	1.283

圆曲线里程计算表		
JD		**3 319.800**
ZY	$= JD - T$	3 292.615
QZ	$= ZY + L/2$	3 319.159
YZ	$= ZY + L$	3 345.702
检查 YZ	$= JD + T - q$	3 345.702

（2）计算正确性检验。各小组完成本组圆曲线要素、主点里程、细部点偏角值的计算，组内成员完成自检，两小组之间使用 Excel 进行互检，验证计算数据是否正确，老师使用 Excel 随机进行检查。

2）完成圆曲线主点放样

要求：实训课中完成。

各组使用经纬仪和钢尺完成圆曲线主点的放样。

（1）在各组对应的 JD 上安置经纬仪，照准 ZY 点定向配盘。

（2）拨角（180° $-\alpha$）/2，在此方向上量取外矢距 E 得到 QZ 点。

（3）拨角 180° $-\alpha$，在此方向上量取切线长得到 YZ 点。

2. 经纬仪偏角法放样圆曲线细部点

1）计算圆曲线细部点偏角值

要求：实训课前完成。

各组的圆曲线细部点偏角均使用相同的数据，只是放样到实地的位置不同。请同学们依据表 8-3 中黑体字显示的已知数据使用计算器（或者在教材中扫码下载 Excel 表格）计算圆曲线的 11 个细部点偏角值，验证表中数据是否正确。

表 8-3　圆曲线细部点偏角计算表

点号	里程 /m	里程	/m	各细部点到起点的弧长 /m	偏角 β /度	偏角 β			各细部点到曲线起点的弦长 /m
						度	分	秒	
ZY	3 265.43	K3+	265.43	0.000	0	0	0	0	0.000
1	3 270	K3+	270.00	4.570	0.654 604 292	0	39	16	4.570
2	3 280	K3+	280.00	14.570	2.086 998 804	2	5	13	14.567
3	3 290	K3+	290.00	24.570	3.519 393 317	3	31	9	24.555
4	3 300	K3+	300.00	34.570	4.951 787 829	4	57	6	34.527
5	3 310	K3+	310.00	44.570	6.384 182 341	6	23	3	44.478
QZ	3 318.517	K3+	318.52	53.087	7.604 152 747	7	36	14	52.931
6	3 320	K3+	320.00	54.570	7.816 576 853	7	48	59	54.401
7	3 330	K3+	330.00	64.570	9.248 971 366	9	14	56	64.290
8	3 340	K3+	340.00	74.570	10.681 365 88	10	40	52	74.139
9	3 350	K3+	350.00	84.570	12.113 760 39	12	6	49	83.941
10	3 360	K3+	360.00	94.570	13.546 154 9	13	32	46	93.691
11	3 370	K3+	370.00	104.570	14.978 549 41	14	58	42	103.383
YZ	3 371.604	K3+	371.60	106.174	15.208 305 49	15	12	29	104.932

2）完成圆曲线细部点的放样

要求：实训课中完成。

各组使用经纬仪和钢尺完成圆曲线细部点的放样，建议使用短弦偏角法，长弦偏角法量距较大时不便于伸缩钢尺。

（1）在各组对应的 ZY 点上安置经纬仪，照准 JD 点定向配盘。

（2）拨角 β_1，在此方向上量取 10 m 得到 1#细部点。

（3）拨角 β_2，钢尺起点固定在 1#细部点，另一人将钢尺 10 m 处置于视线方向上，交会得到 2#细部点。

（4）用相同的方法依次放样出 3#，4#，…，11#细部点。

（5）再分别拨角 $\alpha/4$、$\alpha/2$，量取 52.931 m 和 104.932 m 得到 QZ 点，与主点放样阶段得到的点位进行验证。

3）检查细部点放样结果

（1）小组自检：各小组完成本组曲线主点放样、细部点放样，先完成组内自检（可使用点间的坐标反算距离，现场用钢尺检查）。

（2）组间互检：各小组间互相检查对方放样的细部点间的距离是否正确，也可检查本组点位和对方点位间的距离。

（3）老师抽检：老师可以采用一台 RTK 抽检各小组细部点放样结果（老师事先计算所有主点坐标，直接输入对应点的坐标放样检查学生的放样精度）。

六、检查放样结果记录表格

（1）完成小组互检记录见表 8-4。

表 8-4　小组互检记录表

检查者所在小组组号		检查对方小组组号		检查对方点位（点号）	
检查者姓名		检查使用仪器及型号		检查使用仪器精度描述	
检查方法描述					
检查结果描述					
检查结论					

（2）完成教师抽检记录见表 8-5。

表 8-5　教师抽检记录表

检查日期		检查学生小组组号		检查点位（点号）	
教师签字		检查使用仪器及型号		检查使用仪器精度描述	
检查方法描述					
检查结果描述					
检查结论					

七、自我评价与小组互评表

实训项目				实训日期		
小组编号		实训场地		实训者		
序号	评价项目	分值		评价指标		评价分值
1	训练纪律	15		不迟到、不早退、不在课堂做与实训无关的事情		
2	团队协作	15		主动领仪器、还仪器，轮流观测、乐于助人		
3	熟练程度	20		安置仪器快、观测速度快		
4	规范程度	15		操作仪器程序规范、基本功扎实		
5	爱护仪器	15		理解训练目的、掌握操作方法、效果良好		
6	完成情况	20		在规定时间、规定地点按要求完成任务		
			自评得分			
			最后得分			
自我总结和反思：						
小组其他成员评价得分： _____ _____ _____ _____						

八、教师评价表

实训项目						
小组编号		实训场地		实训者		
序号	评价项目	分值		评价指标		评价分值
1	测量精度	30		精度符合规范要求		
2	数据记录	20		数据记录格式规范、无转抄、涂改、抄袭		
3	数据计算	20		计算准确、精度符合规范要求		
4	数据书写	15		书写认真、工整，没有错漏		
5	训练效果	15		理解训练目的、掌握操作方法、效果良好		
			合计分值			
			最后总得分			
存在问题：						
指导老师：				评价时间：		

全站仪坐标法放样圆曲线

一、实训目的

（1）掌握使用 Excel 计算曲线细部点坐标的方法。
（2）掌握使用全站仪放样曲线细部点的方法。

二、实训仪器及设备

全站仪 1 台，三脚架 1 副，对中杆 1 根，小棱镜 1 个，投点工具若干。

三、任务目标

（1）使用 Excel 计算出本组所对应曲线的细部点坐标。
（2）使用全站仪放样出本组所对应曲线的细部点。

四、实训要求

（1）各小组需要独立完成计算和放样。
（2）模拟实训两级检查一级验收制度（组内自检、组间互检、老师抽检验收）。

五、实训步骤

1．计算圆曲线细部点坐标值

要求：实训课前完成。

各组的圆曲线细部点坐标均使用不同的数据（数据由老师根据场地准备），放样到实地的位置不同，但弧线全部平行。请同学们依据表 9-1 黑体字显示的已知数据使用计算器（或者在教材中扫码下载 Excel 表格）计算圆曲线的 11 个细部点坐标，验证表中数据是否正确。

表 9-1　圆曲线细部点坐标计算表

点号	里程	细部点至 ZY 点距离（m）	独立坐标		线路坐标	
	m		X_i（m）	Y_i（m）	X_i（m）	Y_i（m）
ZY	3 265.43	0	0.000	0.000	4 635 960.209	550 486.537
1	3 270	4.57	4.570	0.052	4 635 962.113	550 490.691
2	3 280	14.57	14.557	0.530	4 635 965.944	550 504.082
3	3 290	24.57	24.508	1.507	4 635 969.309	550 526.888
4	3 300	34.57	34.398	2.980	4 635 972.200	550 559.266
5	3 310	44.57	44.202	4.946	4 635 974.608	550 601.348
QZ	3 318.517	53.087	52.466	7.004	4 635 976.275	550 651.782
6	3 320	54.57	53.895	7.399	4 635 976.528	550 703.678
7	3 330	64.57	63.454	10.333	4 635 977.956	550 765.470
8	3 340	74.57	72.854	13.74!	4 635 978.887	550 837.217
9	3 350	84.57	82.072	17.615	4 635 979.319	550 918.954
10	3 360	94.57	91.085	21.945	4 635 979.252	551 010.690
11	3 370	104.57	99.871	26.720	4 635 978.685	551 112.409
YZ	3 371.604	106.174	101.257	27.527	4 635 978.548	551 215.726
备注	独立坐标系和线路坐标系夹角					
	64.726 677 74（十进制度数）		1.129 693 621（弧度数）			

2. 使用全站仪完成圆曲线细部点的放样

要求：实训课中完成。

各组使用全站仪和棱镜完成圆曲线细部点的放样。

（1）在任意已知坐标的点上安置全站仪完成测站设置和后视定向。

（2）输入 1# 细部点的坐标并完成放样。

（3）用相同的方法依次放样出 2#、3#、…、11# 细部点。

（4）再放样出 ZY、QZ、YZ 点的位置，与主点放样阶段放样的位置进行比较。

3. 检查细部点放样结果

（1）组内自检：自己用经纬仪、全站仪的结果互相检查。

（2）小组互检：各小组之间互相用全站仪检查对方的一个细部点。

（3）老师抽检：使用 RTK 抽查每组中各一个细部点。

六、检查细部点放样结果记录表格

（1）完成小组互检记录，见表 9-2。

表 9-2　小组互检记录表

检查者所在小组组号		检查对方小组组号		检查对方点位（点号）	
检查者姓名		检查使用仪器及型号		检查使用仪器精度描述	
检查方法描述					
检查结果描述					
检查结论					

（2）完成教师抽检记录，见表 9-3。

表 9-3　教师抽检记录表

检查日期		检查学生小组组号		检查点位（点号）	
教师签字		检查使用仪器及型号		检查使用仪器精度描述	
检查方法描述					
检查结果描述					
检查结论					

七、自我评价与小组互评表

实训项目				实训日期		
小组编号		实训场地		实训者		
序号	评价项目	分值	评价指标			评价分值
1	训练纪律	15	不迟到、不早退、不在课堂做与实训无关的事情			
2	团队协作	15	主动领仪器、还仪器，轮流观测、乐于助人			
3	熟练程度	20	安置仪器快、观测速度快			
4	规范程度	15	操作仪器程序规范、基本功扎实			
5	爱护仪器	15	理解训练目的、掌握操作方法、效果良好			
6	完成情况	20	在规定时间、规定地点按要求完成任务			
			自评得分			
			最后得分			
自我总结和反思：						
小组其他成员评价得分： ＿＿＿＿ ＿＿＿＿ ＿＿＿＿ ＿＿＿＿ ＿＿＿＿						

八、教师评价表

实训项目				实训者		
小组编号		实训场地		实训者		
序号	评价项目	分值	评价指标			评价分值
1	测量精度	30	精度符合规范要求			
2	数据记录	20	数据记录格式规范、无转抄、涂改、抄袭			
3	数据计算	20	计算准确、精度符合规范要求			
4	数据书写	15	书写认真、工整，没有错漏			
5	训练效果	15	理解训练目的、掌握操作方法、效果良好			
			合计分值			
			最后总得分			
存在问题：						
指导老师： 评价时间：						

RTK 坐标法放样圆曲线

一、实训目的

（1）掌握使用 Excel 计算曲线细部点坐标的方法。
（2）掌握使用 RTK 放样曲线细部点的方法。

二、实训仪器及设备

（1）共用设备：RTK 基准站 1 台，若使用 CORS 信号则可不架设基站。
（2）小组设备：RTK 流动站及手簿 1 套，投点工具若干。

三、任务目标

（1）使用 Excel 计算出本组所对应曲线的细部点坐标。
（2）使用 RTK 放样出本组所对应曲线的细部点。

四、实训要求

（1）各小组需要独立完成计算和放样。
（2）模拟实训两级检查一级验收制度（组内自检、组间互检、老师抽检验收）。

五、实训步骤

指导教师在实训课前，可以参考图 10-1 再用 CAD 制作曲线细部点图。

1. 提取圆曲线细部点坐标

要求：实训课前完成。

前面已经练习了使用计算器和 Excel 完成曲线细部点偏角值计算，本实训环节练习使用 CASS 软件提取曲线上各细部点的坐标。

使用 CASS 软件"工程应用"菜单下的"指定点生成数据文件功能"，依次提取实训用图各个细部点的坐标，生成*.dat 格式坐标数据文件。

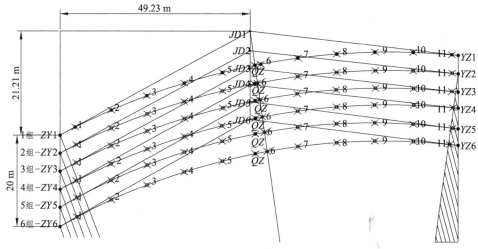

图 10-1 曲线细部点参考示意图

2. 将放样数据文件传输到 RTK 手簿中

要求：实训课前完成。

取下 RTK 手簿中的 SD 卡，将前面提取得到的 *.dat 格式坐标数据文件传输到手簿的内存中，以便在放样时使用。

3. 使用 RTK 完成圆曲线细部点放样

要求：实训课中完成。

各组使用 RTK 流动站完成圆曲线细部点的放样

（1）架设一台基准站，各组启动流动站和手簿连接移动站蓝牙，设置电台通道，直到手簿中得到固定解。若使用 CORS 信号，则略去此步。

（2）新建工程，选择坐标系统，设置中央子午线等。

（3）各组采集本组 ZY 点和 QZ 点的 WGS-84 坐标，使用四参数解算软件完成四参数的解算，大部分的 RTK 手簿软件都有四参数解算功能，如图 10-2、10-3 所示。实训要求四参数解算结果的比例因子 k 位于 0.9999 ~ 1.0000。

图 10-2 录入控制

图 10-3 四参数解算结果

（4）再到任意一个控制点上使用点测量功能采集坐标，检查是否正确。

（5）在点放样功能下导入放样点坐标数据文件。

（6）在点放样界面下调出 1#细部点的坐标并完成放样，如图 10-4 所示。

开始放样时，界面会显示当前点与放样点之间的距离，并提示向北或向东的距离，可根据提示进行移动放样。

在放样过程中，当前点移动到离目标点 1 m 的距离以内时（提示范围的距离可以点击"选项"按钮进入点放样选项里面对相关参数进行设置），软件会进入局部精确放样界面，同时软件会给控制器发出声音提示指令，控制器会有"嘟"的一声长鸣音提示，点击"选项"按钮，出现如图 10-5 所示"点放样设置"界面，可以根据需要选择或输入相关的参数。

图 10-4　工程之星点放样界面

图 10-5　点放样设置

如果放样点多的话，建议"所有放样点"选项选择"不显示"。

有时候在放样中一片区域内会有很多的点需要放样，这个时候自动选择离我们所处的地方最近的点就显得很方便了，可以通过"选择放样点"选项里的"自动选择最近点"来实现。

在放样界面下还可以同时进行测量，按下保存键 A 按钮即可以存储当前点坐标。

在点位放样时选择与当前点相连的点放样时，可以不用进入放样点库，点击"上点"或"下点"，根据提示选择即可。

（7）用相同的方法依次放样出 2#，3#，…，11#。

（8）再放样出 ZY 点、QZ 点、YZ 点的位置，和主点放样阶段放样的位置进行比较。

4．检查细部点放样结果

（1）组内自检：用经纬仪、全站仪、RTK 的结果互相检查。

（2）小组互检：各小组之间互相用 RTK 检查一个对方的细部点。

（3）老师抽检：使用 RTK 抽查每组中各个细部点。

六、检查细部点放样结果记录表格

（1）完成小组互检记录，见表 10-1。

表 10-1　小组互检记录表

检查者所在 小组组号		检查对方 小组组号		检查对方点位 （点号）	
检查者姓名		检查使用仪器 及型号		检查使用仪器 精度描述	
检查方法描述					
检查结果描述					
检查结论					

（2）完成教师抽检记录，见表 10-2。

表 10-2　教师抽检记录表

检查日期		检查学生 小组组号		检查点位 （点号）	
教师签字		检查使用 仪器及型号		检查使用仪器 精度描述	
检查方法描述					
检查结果描述					
检查结论					

七、自我评价与小组互评表

实训项目				实训日期		
小组编号		实训场地		实训者		
序号	评价项目	分值	评价指标			评价分值
1	训练纪律	15	不迟到、不早退、不在课堂做与实训无关的事情			
2	团队协作	15	主动领仪器、还仪器、轮流观测、乐于助人			
3	熟练程度	20	安置仪器快、观测速度快			
4	规范程度	15	操作仪器程序规范、基本功扎实			
5	爱护仪器	15	理解训练目的、掌握操作方法、效果良好			
6	完成情况	20	在规定时间、规定地点按要求完成任务			
			自评得分			
			最后得分			
自我总结和反思：						
小组其他成员评价得分：_____ _____ _____ _____						

八、教师评价表

实训项目						
小组编号		实训场地		实训者		
序号	评价项目	分值	评价指标			评价分值
1	测量精度	30	精度符合规范要求			
2	数据记录	20	数据记录格式规范、无转抄、涂改、抄袭			
3	数据计算	20	计算准确、精度符合规范要求			
4	数据书写	15	书写认真、工整，没有错漏			
5	训练效果	15	理解训练目的、掌握操作方法、效果良好			
			合计分值			
			最后总得分			
存在问题：						
指导老师：				评价时间：		

水准仪放样竖曲线

本内容在目前实际工作中大部分使用 RTK 完成，但在精度较高的道路工程中要求使用水准仪完成竖曲线放样，特别是在路面施工阶段。

一、实训目的

（1）掌握使用 Excel 计算竖曲线要素的方法。
（2）掌握使用 Excel 计算竖曲线细部点里程和高程的方法。
（3）掌握使用水准仪放样竖曲线各细部点高程的方法。

二、实训仪器及设备

DS3 水准仪 1 台，三脚架 1 副，水准尺 1 对，尺垫 1 对，投点工具若干。

三、任务目标

（1）使用 Excel 计算出本组所对应竖曲线的要素、主点里程、细部点高程。
（2）使用水准仪和水准尺放样出本组所对应竖曲线的细部点的高程。

四、实训要求

（1）各小组需要独立完成计算和放样。
（2）模拟实训两级检查一级验收制度（组内自检、组间互检、老师抽检验收）。

五、实训步骤

1. 计算竖曲线要素及细部点高程
要求：实训课前完成。
1）计算竖曲线要素
各组的圆曲线细部点偏角均使用相同的数据，只是放样到实地的位置不同。

请同学们依据表 11-1 中黑体字显示的已知数据使用计算器（或自行设计 Excel 表格）计算竖曲线的要素，验证表中数据是否正确。

表 11-1　竖曲线要素计算表

i_1	i_2	R	$H_{变}$	$K_{变}$	切线长	曲线长	外矢距
3.5	**−2**	**2 000**	66.45	3 330	m	m	m
					55	110.000	0.756

2）计算竖曲线上各细部点的里程和高程

请同学们依据表 11-2 中黑体字显示的已知数据使用计算器（或自行设计 Excel 表格）计算竖曲线的细部点里程和高程，验证表中数据是否正确。

表 11-2　竖曲线细部点高程计算表

点号	里程	L_i	$T-L_i$	坡段高程	y_i	竖曲线高程
	m	m	m	m	m	m
起点	**3 265**	0	55	64.525	0.000	64.525
	3 270	5	50	64.700	0.006	64.694
	3 275	10	45	64.875	0.025	64.850
	3 280	15	40	65.050	0.056	64.994
	3 285	20	35	65.225	0.100	65.125
	3 290	25	30	65.400	0.156	65.244
	3 295	30	25	65.575	0.225	65.350
	3 300	35	20	65.750	0.306	65.444
	3 305	40	15	65.925	0.400	65.525
	3 310	45	10	66.100	0.506	65.594
	3 315	50	5	66.275	0.625	65.650
变坡点	**3 320**	55	0	66.450	0.756	65.694
	3 325	50	5	66.350	0.625	65.725
	3 330	45	10	66.250	0.506	65.744
	3 335	40	15	66.150	0.400	65.750
	3 340	35	20	66.050	0.306	65.744
	3 345	30	25	65.950	0.225	65.725
	3 350	25	30	65.850	0.156	65.694
	3 355	20	35	65.750	0.100	65.650
	3 360	15	40	65.650	0.056	65.594
	3 365	10	45	65.550	0.025	65.525
	3 370	5	50	65.450	0.006	65.444
终点	**3 375**	0	55	65.350	0.000	65.350

2．使用水准仪完成曲线上各点高程放样

要求：实训课中完成。

（1）已知：变坡点里程 $K_变$、变坡点高程 $H_变$、变坡点两侧坡度 i_1 和 i_2、竖曲线半径 R。

（2）计算竖曲线要素：切线长 $T = \dfrac{R(i_1 - i_2)}{2}$，曲线长 $L = 2T$，外矢距 $E = \dfrac{T^2}{2R}$。

（3）推算竖曲线上各点的里程桩号。$K_{起点} = K_变 - T$，$K_{终点} = K_变 + T$。

（4）根据竖曲线上各细部点至曲线起点（或终点）的弧长 x，求相应的 y 值。$y_i = \dfrac{x_i^2}{2R}$。

（5）求竖曲线上各点的坡道高程 $H_坡$。$H_坡 = H_变 \pm (T - x)i$，若细部点在变坡点下方则取减号，反之取加号。

（6）求竖曲线上各点的设计高程 $H_设$。$H_设 = H_坡 \pm y_i$，当竖曲线为凸形竖曲线则取减号，反之取加号。

（7）从变坡点向前和向后各量取切线长 T，得曲线起点和终点。

（8）从竖曲线起点（或终点）起，沿切线方向每隔固定距离（如 5 m、10 m）设置竖曲线桩。

（9）测设竖曲线上各细部点处的竖曲线桩的高程，在木桩上标注地面实际高程与设计高程之差，即为该点处的填挖高度。

3．检查细部点放样结果

（1）组内自检：自己用水准仪检查。

（2）小组互检：各小组之间互相检查一个对方的细部点高程。

（3）老师抽检：使用水准仪抽查每组中各一个细部点高程。

六、自我评价与小组互评表

实训项目				实训日期	
小组编号		实训场地		实训者	
序号	评价项目	分值	评价指标		评价分值
1	训练纪律	15	不迟到、不早退、不在课堂做与实训无关的事情		
2	团队协作	15	主动领仪器、还仪器、轮流观测、乐于助人		
3	熟练程度	20	安置仪器快、观测速度快		
4	规范程度	15	操作仪器程序规范、基本功扎实		
5	爱护仪器	15	理解训练目的、掌握操作方法、效果良好		
6	完成情况	20	在规定时间、规定地点按要求完成任务		
			自评得分		
			最后得分		
自我总结和反思：					
小组其他成员评价得分：_____					

七、教师评价表

实训项目					
小组编号		实训场地		实训者	
序号	评价项目	分值	评价指标		评价分值
1	测量精度	30	精度符合规范要求		
2	数据记录	20	数据记录格式规范、无转抄、涂改、抄袭		
3	数据计算	20	计算准确、精度符合规范要求		
4	数据书写	15	书写认真、工整，没有错漏		
5	训练效果	15	理解训练目的、掌握操作方法、效果良好		
合计分值					
最后总得分					
存在问题：					
指导老师：				评价时间：	

水准仪间视法纵断面测量

一、实训目的

（1）掌握利用水准仪间视法进行纵断面测量的基本思想和方法。

（2）掌握纵断面测量中断面点的采点密度、立尺位置的选择方法。

（3）掌握间视法纵断面测量的外业观测、记录计算、资料整理。

二、实训仪器及设备

DS3 水准仪 1 台，三脚架 1 个，水准尺 2 根，尺垫 2 个，纵断面测量记录纸若干，自备铅笔、小刀、记录板等。

三、任务目标

（1）水准仪间视法纵断面测量。

（2）纵断面测量内业数据整理。

四、实训要求

（1）每名同学独立完成一个测站的测量。

（2）根据《工程测量标准》（GB 50026—2020）、《公路勘测规范》（JTG C10—2007）中的规定，结合本次实训任务，确定水准仪间视法纵断面测量精度限差符合表 12-1。

表 12-1　中桩高程测量精度

公路等级	闭合差（mm）	两次测量之差（cm）
高速公路，一、二级公路	$\leq 30\sqrt{L}$	≤ 5
三级及三级以下公路	$\leq 50\sqrt{L}$	≤ 10

注：L 为高程测量的路线长度（km）。

（3）实训数据要按照格式书写，记录清晰。

（4）每组提交一份合格的实训成果。

五、实训步骤

1. 基平测量

（1）水准点的布设。根据实训场地大小选一条合适的路线（最好是有一定高低起伏的路线），如图 12-1 所示路线，沿线路每 100 m 左右在线路某一侧布设水准点（如 $BM1$、$BM2$、$BM3$），用木桩标定或选在固定地物上用油漆标记，并注明里程（如 K1 + 125.3 的形式）。

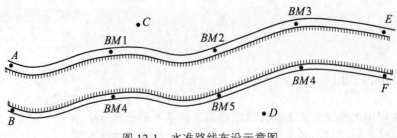

图 12-1 水准路线布设示意图

（2）四等水准施测。用 DS3 自动安平水准仪按四等水准测量要求，进行往返观测或单程双仪器高法测量水准点之间的高差，并求得各个水准点的高程。注意检核四项测站限差（视距差、视距差累积值、$K + $ 黑 $-$ 红、黑红面高差之差），四等水准记录表格见表 12-2。

（3）测量精度要求。每组往返观测或单程双观测高差不符值 $f_h = \pm 20\sqrt{L}$ mm（式中，L 为路线长度，以 km 为单位）。

2. 中平测量

（1）在路线和已知水准点附近安置水准仪，后视已知水准点（如 $BM1$），读取后视读数至毫米并记录于表 12-3，计算仪器视线高程（仪器视线高程 = 后视点高程 + 后视读数）。

（2）沿着线路方向前进，根据坡度变化点选择各间视点，分别在各间视点处立尺，读取相应的标尺读数（称间视读数）至厘米，记录各间视点桩号及其相应的标尺读数，计算各中桩的高程（间视点高程 = 本站仪器视线高程 $-$ 各间视点中丝读数）。

（3）当中桩距仪器较远或高差较大，无法继续测定其他中桩高程时，可在适当位置选定转点，如 $ZD1$，用尺垫或固定点标志，在转点上立尺，读取前视读数，计算前视点即转点的高程（转点的高程 = 仪器视线高程 $-$ 前视读数）。

（4）将仪器移到下一站，重复上述步骤，后视转点 $ZD1$，读取新的后视读数，计算新一站的仪器视线高程，测量其他中桩的高程。

（5）依此方法继续施测，直至附合到另一个已知高程点（如 $BM2$）上。

（6）计算闭合差 f_h，当 $f_h = \pm 50\sqrt{L}$ mm（式中，L 为相应测段路线长度，以 km 为单位）时，则成果合格，且不分配闭合差。

（7）依此法完成整个路线中桩高程测量。

六、注意事项

（1）水准点要设置在点位稳定、便于保存、方便施测的地方。

（2）施测前需抄写各中桩桩号，以免漏测。施测中立尺员要报告桩号，以便核对。

（3）转点设置必须牢靠，若有碰动或改变，一定要重测。

（4）个别中桩点因过低，无法读取间视读数时，可以将尺子抬高一段距离后读数，量取抬高的距离值，加到间视读数中，但此种情况不宜过多。

（5）中桩高程测量应起闭于路线高程控制点上，高程测至桩标志处的地面。

（6）水准仪应进行检核，视准轴误差（i 角误差）应小于 20″。

七、记录表格

表 12-2　基平测量记录表（四等水准测量）

测站	后尺 上丝／下丝	前尺 上丝／下丝	方向及尺号	标尺读数		K+黑－红（mm）	高差中数（m）	备注
	后视距（m）	前视距（m）		黑面	红面			
	视距差 d（m）	$\sum d$（m）						
			后					$K_后=$
			前					
			后－前					$K_前=$
			后					$K_后=$
			前					
			后－前					$K_前=$
			后					$K_后=$
			前					
			后－前					$K_前=$
			后					$K_后=$
			刖					
			后－前					$K_前=$
			后					$K_后=$
			前					
			后－前					$K_前=$
			后					$K_后=$
			前					
			后－前					$K_前=$
			后					$K_后=$
			前					
			后－前					$K_前=$

表 12-3　中平测量记录表（间视法水准测量）

点号	后视（m）	视线高程（m）	中间点（m）	前视（m）	高程（m）

检核：

八、自我评价与小组互评表

实训项目				实训日期		
小组编号		实训场地		实训者		
序号	评价项目	分值	评价指标			评价分值
1	训练纪律	15	不迟到、不早退、不在课堂做与实训无关的事情			
2	团队协作	15	主动领仪器、还仪器，轮流观测，乐于助人			
3	熟练程度	20	安置仪器快、观测速度快			
4	规范程度	15	操作仪器程序规范、基本功扎实			
5	爱护仪器	15	理解训练目的、掌握操作方法、效果良好			
6	完成情况	20	在规定时间、规定地点按要求完成任务			
			自评得分			
			最后得分			
自我总结和反思：						
小组其他成员评价得分：＿＿＿＿＿＿＿＿＿＿＿＿＿＿＿＿＿＿＿＿＿＿						

九、教师评价表

实训项目				实训者		
小组编号		实训场地		实训者		
序号	评价项目	分值	评价指标			评价分值
1	测量精度	30	精度符合规范要求			
2	数据记录	20	数据记录格式规范、无转抄、涂改、抄袭			
3	数据计算	20	计算准确、精度符合规范要求			
4	数据书写	15	书写认真、工整，没有错漏			
5	训练效果	15	理解训练目的、掌握操作方法、效果良好			
			合计分值			
			最后总得分			
存在问题：						
指导老师：				评价时间：		

实训 13　经纬仪视距法横断面测量

一、实训目的

（1）掌握经纬仪视距法的基本思想和方法。

（2）掌握横断面测量中采点密度、立尺位置的选择方法。

（3）掌握视距法横断面测量的外业观测、记录计算、资料整理。

二、实训仪器及设备

DJ6 经纬仪 1 台，三脚架 1 个，水准尺 1 对，记录纸若干，自备铅笔、小刀、记录板等。

三、任务目标

（1）使用经纬仪完成横断面测量。

（2）正确完成内业数据整理计算。

（3）使用 Excel 绘制横断面图。

四、实训要求

（1）每名同学独立完成一个横断面的测量工作。

（2）根据《工程测量标准》（GB 50026—2020）、《公路勘测规范》（JTG C10—2007）中的规定，结合本次实训任务，确定经纬仪视距法横断面测量精度限差应符合表 13-1 的要求。

表 13-1　横断面检测互差限差

公路等级	距离（m）	高差（m）
高速公路，一、二级公路	$\leqslant L/100+0.1$	$\leqslant h/100+L/200+0.1$
三级及三级以下公路	$\leqslant L/50+0.1$	$\leqslant h/50+L/100+0.1$

注：① L 为测点至中桩的水平距离（m）；

　　② h 为测点至中桩的高差（m）。

（3）实训数据要按照格式书写，记录清晰。

（4）每组提交一份合格的实训成果。

五、实训步骤

（1）如图 13-1 所示，在线路的某个里程桩上（如图中的断面 K0＋000 处）安置经纬仪，量取仪器高 i，照准另一个相邻纵断面里程桩定向，水平旋转 90°，得到横断面方向。

（2）在横断面方向各个地形特征点处依次竖立水准尺，依次读取上丝读数、下丝读数、中丝读数、天顶距。断面特征点是指地形有明显变化的地方，或者和其他地物的交界处。如果一站无法测完，则需要搬站，如图 13-14 中可搬到了右岸的公路边上。

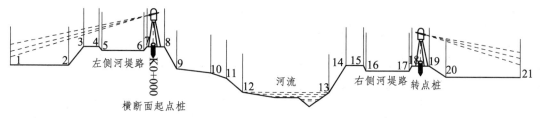

图 13-1　经纬仪视距法测量横断面

（3）用如下公式计算各横断面点的到测站平距及高程。

平距：$D = Kl(\sin Z)^2 = Kl(\cos\alpha)^2$；

高差：$\Delta h = D\tan Z + i - v = D\tan\alpha + i - v$；

高程：$H_{断} = H_{站} + \Delta h$。

式中，D 为平距，K 为视距乘常数（通常为 100），l 为上下丝读数差（以 m 为单位），Z 为天顶距，α 为竖直角，Δh 为测站点和断面点间的高差，i 为仪器高，v 为中丝读数，$H_{断}$ 为断面点高程，$H_{站}$ 为测站点高程。

（4）使用以上公式完成表格计算，如表 13-2 所示。

表 13-2　经纬仪视距法横断面测量计算

点号	距离（m）			竖直角		中丝读数	高差	高程
	视距	平距	左起点距	°	′	m	m	m
K0＋000			65.1	$i=$	1.72			**158.9**
左 1	65.1	63.1	0.0	93	6	2.5	− 3.4	154.7
2	40.6	37.1	26.0	95	10	2.5	− 3.4	154.7
3	31.6	30.6	32.5	90	45	1.5	− 0.4	158.7
4	25.4	24.0	39.1	90	35	1.5	− 0.2	158.8
5	24.8	22.8	40.3	91	30	1.5	− 0.6	158.5
6	10.8	4.1	59.0	98	50	1.5	− 0.6	158.4
7	8.6	2.8	60.3	92	12	1.5	− 0.1	159.0
右 8	9.4	4.9	68.0	91	12	1.5	− 0.1	159.0
9	20.0	10.1	73.2	115	43	1.5	− 4.9	154.2
10	31.2	24.9	88.0	101	42	1.5	− 5.2	153.9
11	38.1	31.8	94.9	102	10	1.5	− 6.9	152.2
12	47.2	39.0	102.1	102	38	1.5	− 8.7	150.3

点号	距离（m）			竖直角		中丝读数	高差	高程
	视距	平距	左起点距	°	'	m	m	m
13	81.4	76.8	139.9	96	30	1.5	− 8.8	150.3
14	85.6	84.3	147.4	92	5	1.5	− 3.1	156.0
15	93.1	91.9	155.0	91	55	1.5	− 3.1	156.0
16	94.7	93.1	156.2	92	2	1.5	− 3.3	155.8
17	112.9	111.6	174.7	91	44	1.5	− 3.4	155.7
18	113.8	112.8	175.9	91	30	1.5	− 3.0	156.1
ZD	117.8	116.7	179.8	91	25	1.5	− 2.9	156.2
ZD				$i =$	1.46			
19	14.0	14.0	193.8	90	10	1.5	0.0	156.1
20	21.0	21.0	200.8	96	9	1.5	− 2.3	153.9
21	28.0	28.0	207.8	94	34	1.5	− 2.2	153.9

六、注意事项

（1）领取完经纬仪后，要对经纬仪进行检核，J6 仪器竖盘指标差应该不超过 20″。

（2）在测量过程中，可以使用一些简便的方法，如等仪器高法，这样可以减少数据计算量。

（3）在测量过程中，水准尺只使用黑面即可。

（4）横断面点应选择在坡度变化的地方，平坦地貌点间距依据测量规范确定。

（5）本实训项目也可使用全站仪进行，直接可以得出起点距和高差，计算表格会简化很多。在计算过程中可以使用 Excel 的计算功能，输入公式进行计算。

七、记录表格

经纬仪视距法横断面测量计算见表 13-3。

表 13-3　经纬仪视距法横断面测量计算

点号	距离（m）			竖直角		中丝读数	高差	高程
	视距	平距	左起点距	°	'	m	m	m

点号	距离（m）			竖直角		中丝读数	高差	高程
	视距	平距	左起点距	°	′	m	m	m

八、自我评价与小组互评表

实训项目				实训日期		
小组编号		实训场地		实训者		
序号	评价项目	分值	评价指标			评价分值
1	训练纪律	15	不迟到、不早退、不在课堂做与实训无关的事情			
2	团队协作	15	主动领仪器、还仪器，轮流观测、乐于助人			
3	熟练程度	20	安置仪器快、观测速度快			
4	规范程度	15	操作仪器程序规范、基本功扎实			
5	爱护仪器	15	理解训练目的、掌握操作方法、效果良好			
6	完成情况	20	在规定时间、规定地点按要求完成任务			
			自评得分			
			最后得分			
自我总结和反思：						
小组其他成员评价得分： _____						

九、教师评价表

实训项目					
小组编号		实训场地		实训者	
序号	评价项目	分值	评价指标		评价分值
1	测量精度	30	精度符合规范要求		
2	数据记录	20	数据记录格式规范、无转抄、涂改、抄袭		
3	数据计算	20	计算准确、精度符合规范要求		
4	数据书写	15	书写认真、工整，没有错漏		
5	训练效果	15	理解训练目的、掌握操作方法、效果良好		
合计分值					
最后总得分					
存在问题：					
指导老师：			评价时间：		

全站仪坐标法纵横断面测量

一、实训目的

（1）了解全站仪的各项功能及基本使用方法。

（2）理解全站仪测量纵、横断面与经纬仪及水准仪的主要区别。

（3）掌握全站仪纵、横断面测量的方法。

二、实训仪器及设备

全站仪 1 台，三脚架 1 副，小钢尺 1 把，对中杆 1 根，单棱镜 1 个，记录板 1 个，自备小刀、铅笔等。

三、任务目标

（1）每组完成约 200 m 长的线路纵断面测量。

（2）在这条线路上，每名同学独立完成 2 个以上的横断面测量。

四、实训要求

（1）选择一条有坡度变化的线路。

（2）根据《工程测量标准》（GB 50026—2020）、《公路勘测规范》（JTG C10—2007）中的规定，结合本次实训任务，确定全站仪进行纵、横断面测量精度限差符合表 14-1 和表 14-2 的要求。

表 14-1 中桩高程测量精度

公路等级	闭合差（mm）	两次测量之差（cm）
高速公路，一、二级公路	$\leqslant 30\sqrt{L}$	$\leqslant 5$
三级及三级以下公路	$\leqslant 50\sqrt{L}$	$\leqslant 10$

注：L 为高程测量的路线长度（km）。

表 14-2　横断面检测互差限差

公路等级	距离（m）	高差（m）
高速公路，一、二级公路	$\leqslant L/100+0.1$	$\leqslant h/100+L/200+0.1$
三级及三级以下公路	$\leqslant L/50+0.1$	$\leqslant h/50+L/100+0.1$

注：① L 为测点至中桩的水平距离（m）；
　　② h 为测点至中桩的高差（m）。

（3）实训数据要按照格式书写，记录清晰。

（4）利用实训数据绘制纵、横断面图。

五、实训步骤

1. 安置仪器并进入数据采集界面

在测站点上安置仪器，包括对中和整平。大部分全站仪的数据采集功能是在菜单模式下选取的，如"菜单"→"数据采集"，或"MENU"→"DATA COLLECTION"。

2. 建立或选择工作文件

工作文件是存储当前测量数据的文件，文件名要简洁、易懂、便于区分不同时间或地点，一般可用测量时的日期作为工作文件的文件名。

3. 测站设置

测站设置通常需要输入图根控制点的点号、坐标（X、Y、H 或 N、E、H）。如果控制点数量众多，则可事先将编辑好的控制点坐标数据文件上传到仪器内存中，以节省外业时间并防止外业输错。

4. 后视定向

后视定向通常需要输入后视点的点号、坐标（X、Y 或 N、E）。不同仪器的定向过程不一样。大部分全站仪在输完测站点坐标和后视点坐标后会自动计算出后视边的方位角，并提示是否确认，此时应该精确瞄准后视棱镜中心后，按"确认"键。

5. 定向检查

在定向工作完成之后，再到附近的另外一个控制点上立棱镜，将测出来的坐标和已知坐标进行比较，从而判断定向结果的精度。

6. 碎部测量

定向检查结束之后，就可以进行碎部测量。如图 14-1 所示，在纵、横断面的断面地形特征点上立棱镜，依次采集并存储，适当绘制草图。

六、注意事项

（1）纵、横断面测量要注意前进的方向及前进方向的左右。

（2）当跟踪杆高度发生变化时，全站仪也要同时修改目标高。

（3）采点过程中跟踪杆应尽量保持垂直。

横断面上各个点应该在一条垂直于纵断面的直线上。

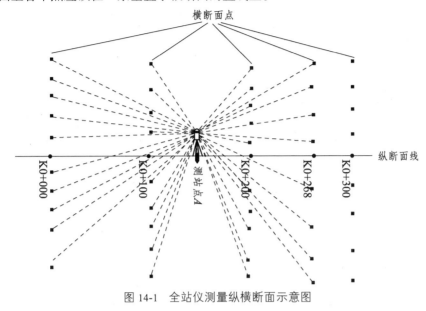

图 14-1　全站仪测量纵横断面示意图

七、数据传输

使用传输软件将断面测量数据文件传输到计算机中，检查数据文件是否有错误，保存好数据供内业绘图时使用。

八、自我评价与小组互评表

实训项目				实训日期	
小组编号		实训场地		实训者	
序号	评价项目	分值	评价指标		评价分值
1	训练纪律	15	不迟到、不早退、不在课堂做与实训无关的事情		
2	团队协作	15	主动领仪器、还仪器，轮流观测、乐于助人		
3	熟练程度	20	安置仪器快、观测速度快		
4	规范程度	15	操作仪器程序规范、基本功扎实		
5	爱护仪器	15	理解训练目的、掌握操作方法、效果良好		
6	完成情况	20	在规定时间、规定地点按要求完成任务		
		自评得分			
		最后得分			
自我总结和反思：					
小组其他成员评价得分：_____ _____ _____ _____ _____					

九、教师评价表

实训项目					
小组编号		实训场地		实训者	
序号	评价项目	分值	评价指标		评价分值
1	测量精度	30	精度符合规范要求		
2	数据记录	20	数据记录格式规范、无转抄、涂改、抄袭		
3	数据计算	20	计算准确、精度符合规范要求		
4	数据书写	15	书写认真、工整，没有错漏		
5	训练效果	15	理解训练目的、掌握操作方法、效果良好		
合计分值					
最后总得分					
存在问题：					
指导老师：				评价时间：	

全站仪对边测量法横断面测量

一、实训目的

（1）掌握全站仪对边测量功能横断面图测量的方法。

（2）掌握南方 CASS 软件绘制横断面图的方法。

二、实训仪器及设备

全站仪 1 台，三脚架 1 副，小钢尺 1 把，对中杆 1 根，单棱镜 1 个，记录板 1 个，自备小刀、铅笔等。

三、任务目标

（1）由老师指定中桩和中线方向，各小组根据指定的中桩和变坡点，依次测出各变坡点与中桩的距离和高差。

（2）利用记录的距离和高差绘制横断面图。

（3）每名同学完成 2 个以上横断面测量。

四、实训要求

（1）选择地面起伏较大，地势开阔的场地。

（2）根据《工程测量标准》（GB 50026—2020）、《公路勘测规范》（JTG C10—2007）中的规定，结合本次实训任务，确定全站仪进行横断面测量精度限差符合表 15-1 的要求。

表 15-1　横断面检测互差限差

公路等级	距离（m）	高差（m）
高速公路，一、二级公路	$\leqslant L/100+0.1$	$\leqslant h/100+L/200+0.1$
三级及三级以下公路	$\leqslant L/50+0.1$	$\leqslant h/50+L/100+0.1$

注：① L 为测点至中桩的水平距离（m）；

　　② h 为测点至中桩的高差（m）。

（3）实训数据要按照格式书写，记录清晰。

（4）利用实训数据绘制纵、横断面图。

五、实训步骤

（1）各小组在任意站安置全站仪，对中整平，设置仪器参数，输入仪器高、目标高。

（2）在"对边测量"模式下，在老师指定的中桩上立棱镜，瞄准棱镜中心，按测量功能键。

（3）各小组到垂直于中线方向的左或右边变坡点立棱镜（这些变坡点也由老师指定，有可比性），瞄准棱镜，按"对边测量"功能键，显示屏即显示出该变坡点与中桩的距离和高差，把该数据记录到表 15-2 中。

（4）继续立棱镜到下一个变坡点，同理按"测量"键，即可测出各个变坡点与中桩的距离和高差，分别记录到表 15-2 中，按照这样的方法测完左边再测右边（注意：要测另一个横断面，必须退出到"对边测量"模式，从中桩开始，方法与前面测量方法完全一样）。

表 15-2　全站仪对边测量记录表格

左边	中桩桩号	右边
	里　程： 观测者： 记录者：	
	里　程： 观测者： 记录者：	
	里　程： 观测者： 记录者：	
	里　程： 观测者： 记录者：	
	里　程： 观测者： 记录者：	
	里　程： 观测者： 记录者：	

（5）根据记录表数据，新建文本文件，建立 hdm 文件。

（6）打开南方 CASS 软件，单击"工程应用→绘断面图→根据里程文件"，即可按照提示绘出横断面图。

（7）精度检核：由于各组均共用一个中桩，各变坡点也是一样的，直接对比各小组的记录表格，检查各小组同一个变坡点的距离和高差，距离和高程误差不应超过相应规范要求，即成果合格。

六、注意事项

（1）横断面测量要注意前进的方向及前进方向的左右。

（2）当跟踪杆高度发生变化时，全站仪也要同时修改目标高。
（3）采点过程中跟踪杆应尽量保持垂直。

七、自我评价与小组互评表

实训项目				实训日期		
小组编号		实训场地		实训者		
序号	评价项目	分值	评价指标			评价分值
1	训练纪律	15	不迟到、不早退、不在课堂做与实训无关的事情			
2	团队协作	15	主动领仪器、还仪器，轮流观测、乐于助人			
3	熟练程度	20	安置仪器快、观测速度快			
4	规范程度	15	操作仪器程序规范、基本功扎实			
5	爱护仪器	15	理解训练目的、掌握操作方法、效果良好			
6	完成情况	20	在规定时间、规定地点按要求完成任务			
			自评得分			
			最后得分			
自我总结和反思：						
小组其他成员评价得分：＿＿＿＿＿＿＿＿＿＿＿＿＿＿＿＿＿						

八、教师评价表

实训项目				实训者		
小组编号		实训场地		实训者		
序号	评价项目	分值	评价指标			评价分值
1	测量精度	30	精度符合规范要求			
2	数据记录	20	数据记录格式规范、无转抄、涂改、抄袭			
3	数据计算	20	计算准确、精度符合规范要求			
4	数据书写	15	书写认真、工整，没有错漏			
5	训练效果	15	理解训练目的、掌握操作方法、效果良好			
			合计分值			
			最后总得分			
存在问题：						
指导老师：				评价时间：		

实训 16　RTK 坐标法纵横断面测量

一、实训目的

（1）熟悉 RTK 的各项功能及基本使用方法。

（2）理解 RTK 与全站仪进行纵横断面测量的主要区别。

（3）掌握使用 RTK 进行纵横断面测量的方法。

二、实训仪器及设备

RTK 1 台套，三脚架 1 副，小钢尺 1 把，记录板 1 个，自备小刀、铅笔等。

三、任务目标

（1）每组完成约 200 m 长的线路纵断面测量。

（2）在这条线路上，每名同学独立完成 2 个以上的横断面测量。

四、实训要求

（1）选择一条有坡度变化的线路，要求周围视野较为开阔，保证 RTK 有信号。

（2）断面测量精度要求同全站仪坐标法横断面测量。

（3）实训过程中要练习七参数的解算，所以应该有 3 个以上的已知控制点。

（4）利用实训数据绘制纵横断面图。

五、实训步骤

（1）完成 GNSS – RTK 的仪器设置，如果使用 CORS 则使用账号直接连接 CORS，否则先自行安置基准站，再安置流动站。

（2）设置基准站和流动站，连接蓝牙（工程之星中端口设置串口号必须与移动站蓝牙的串口号相同，串口号默认是 COM7，波特率为 115 200 bps），移动站解算精度水平选 HIGH，RTK

解算模式选 NORMAL，差分数据格式选 RTCM3，这些内容通常设置一次后不用再改变。设置电台通道或 GPRS 模式，启动手簿中的工程之星软件，直到出现固定解。

（3）进行工程设置，选择投影方式、坐标系统、设置中央子午线和 Y 坐标加常数，建立工作文件夹，设置流动站跟踪杆高度（注意区分直高、杆高和斜高）。

（4）选择测区内能够控制整个测区的控制点解算参数（七参数）。要求控制点的位置能控制整个测区，避免所有控制点位于测区的某一侧。

七参数是分别位于两个椭球内的两个坐标系之间的转换参数。软件中的七参数指的是 GNSS 测量坐标系和施工测量坐标系之间的转换参数。软件提供了一种七参数的计算方法，在"工具/坐标转换/计算七参数"中进行了具体的说明。七参数计算时至少需要三个公共的控制点，且七参数和四参数不能同时使用。七参数的控制范围可以达到 50 km² 左右。

七参数的基本项包括：三个平移参数、三个旋转参数和一个比例尺因子，需要三个已知点和其对应的大地坐标才能计算出来，如图 16-1、16-2 所示。

图 16-1　七参数解算过程

图 16-2　七参数解算结果

（5）操作：输入→求转换参数。首先点击右上角的设置按钮，将"坐标转换方法"改为"七参数"，点击"确定"，则可以开始七参数的设置。操作同四参数求法类似，只是七参数至少要添加 3 个已知点的工程坐标和原始坐标，添加完成后，点击"计算"，"应用"。将该参数应用到该工程以后，可以在"配置"，"转换参数设置"，"七参数"中查看三个坐标平移量、旋转角度以及尺度因子。

（6）七参数解算完毕并检验之后开始横断面测量，进入点测量菜单，使用 GNSS – RTK 逐个在横断面上打点，并适当绘制草图，碎部点的选择依据地形条件。

（7）对于卫星信号良好的地段，使用 GNSS – RTK 测量其横断面，对于卫星信号不好的地段，使用 GNSS – RTK 在地面上设置一对控制点，供全站仪设站和定向使用。

六、注意事项

（1）当 RTK 跟踪杆的高度发生变化时，在 RTK 手簿软件中也要同时修改目标高。

（2）横断面上各点应位于一条垂直于纵断面的直线上，可以事先将断面线设计好保存为 *.dxf 文件传输到 RTK 手簿中，外业测量时作为参照。

七、数据传输

使用传输软件将断面测量数据文件传输到计算机中，检查数据文件是否有错误，保存好数据供内业绘图时使用。

八、自我评价与小组互评表

实训项目				实训日期		
小组编号		实训场地		实训者		
序号	评价项目	分值		评价指标		评价分值
1	训练纪律	15		不迟到、不早退、不在课堂做与实训无关的事情		
2	团队协作	15		主动领仪器、还仪器，轮流观测、乐于助人		
3	熟练程度	20		安置仪器快、观测速度快		
4	规范程度	15		操作仪器程序规范、基本功扎实		
5	爱护仪器	15		理解训练目的、掌握操作方法、效果良好		
6	完成情况	20		在规定时间、规定地点按要求完成任务		
			自评得分			
			最后得分			
自我总结和反思：						
小组其他成员评价得分： _____						

九、教师评价表

实训项目						
小组编号		实训场地		实训者		
序号	评价项目	分值		评价指标		评价分值
1	测量精度	30		精度符合规范要求		
2	数据记录	20		数据记录格式规范、无转抄、涂改、抄袭		
3	数据计算	20		计算准确、精度符合规范要求		
4	数据书写	15		书写认真、工整，没有错漏		
5	训练效果	15		理解训练目的、掌握操作方法、效果良好		
			合计分值			
			最后总得分			
存在问题：						
指导老师：				评价时间：		

使用断面里程文件绘制断面图

此方法对应于水准仪间视法和经纬仪视距法采集的数据，外业获取的是断面点到测站的距离及断面点的高程。断面里程文件在一些工程中有时是被需要的，因此需要掌握此方法。

一、实训目的

（1）熟悉使用 CASS 软件"断面里程文件法"绘制断面图的方法。

（2）掌握横断面里程文件中各项数据的意义，能够生成正确的断面里程文件，并使用断面里程文件批量绘制断面图。

（3）掌握在同一断面上绘制两期断面图的方法，掌握计算两期断面间填挖方面积的方法。

（4）掌握使用坐标数据文件绘制断面的基本方法，能够按照要求设置断面图中的各项参数（纵横向比例尺、距离标注方式、里程和高程注记位数等、批量绘制横断面、断面图行列间距设置）。

二、实训仪器及设备

每小组一台计算机并安装 CASS10.1 软件。

三、任务目标

（1）将外业观测的数据生成断面里程文件。

（2）使用断面里程文件完成断面图的绘制。

（3）使用指导老师提供的实例数据绘制断面图。

四、实训要求

（1）各小组尽量使用本组外业采集阶段获取的数据完成断面图的绘制，通过绘图检查外业数据采集的质量（点位密度、点位采集合理性等）。

（2）如果外业实训环节采集的数据质量不高或者数据量太少不足以完成断面图绘制实训，则使用指导老师提供的真实数据，完成各项实训内容。

（3）实训完成后，按要求提交相应的断面图绘制成果。

五、实训步骤

1. 使用单个里程文件绘制单个断面图

断面里程文件的格式如图 17-1 所示，在 CASS 软件主菜单下选择"工程应用"→"绘断面图"→"根据里程文件"，在弹出的对话框里选择"断面里程文件名（*.hdm）"，在图 17-2 所示的对话框中进行如下设置：

```
BEGIN
0.000,181.400
2.401,181.179
6.791,179.681
11.484,178.156
13.674,178.137
15.724,178.004
19.277,179.995
21.727,180.217
25.296,180.120
28.971,180.180
```

图 17-1　断面里程文件示例

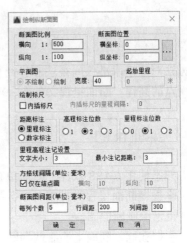

图 17-2　绘制断面图

（1）确定断面图的横向和纵向比例尺，默认比例尺分别为 1：500 和 1：100，纵向比例尺的选择通常断面高差越小选择的比例尺应越大，以方便使用断面图。

（2）确定断面图的绘制位置，可以输入坐标，也可以用鼠标捕捉位置，具体位置指的是断面图纵轴和横轴的交点位置，而不是下方表格的左下角点。

（3）距离标注可以选择里程标注形式（K1＋235.6），也可以选择数字标注形式（1235.6）。

（4）高程标注位数和里程标注位数通常按设计要求选择。

（5）里程和高程注记文字大小按要求设置字号和最小注记距离。

断面图绘制结果如图 17-3 所示。

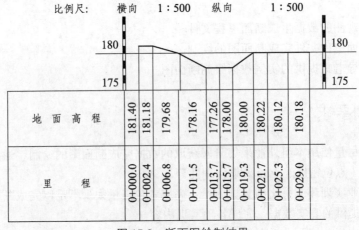

图 17-3　断面图绘制结果

2. 使用断面里程文件绘制先后两期断面（断面盖顶）

同一断面上的两期断面测量数据如图 17-4 所示，其两期断面图绘制结果如图 17-5 所示。

```
BEGIN
0.000,181.400
2.401,181.179
6.791,179.681
11.484,178.156
13.674,177.256
15.724,178.004
19.277,179.995
21.727,180.217
25.296,180.120
28.971,180.180
NEXT
0.000,181.400
0.000,181.600
1.401,182.835
3.791,182.853
11.484,178.156
13.674,178.137
15.724,178.004
19.277,177.995
24.727,182.867
27.296,182.846
28.971,181.610
28.971,180.180
```

图 17-4　同一断面两期里程文件

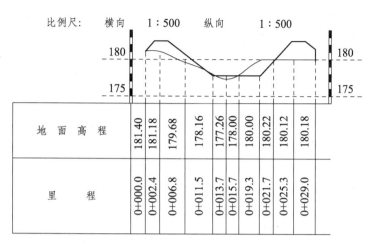

| 地 面 高 程 | 181.40 | 181.18 | 179.68 | 178.16 | 177.26 | 178.00 | 180.00 | 180.22 | 180.12 | 180.18 |
| 里　　　程 | 0+000.0 | 0+002.4 | 0+006.8 | 0+011.5 | 0+013.7 | 0+015.7 | 0+019.3 | 0+021.7 | 0+025.3 | 0+029.0 |

图 17-5　同一断面上的两期断面图绘制结果

3. 使用断面文件计算两期断面面积

在计算完两期断面之后再计算同一里程处两期断面间形成的填方面积和挖方面积，从而为断面法土方量计算提供基础数据。

在 CASS 软件主菜单下选择"工程应用"→"绘断面图"→"计算断面面积"，在弹出的对话框里选择"断面里程文件名（*.hdm）"，进行如下设置：输入纵向和横向比例尺，选择断面线，点击任一计算区域内部点，依次计算出两条断面线相交部分形成的断面面积。根据图 17-5 的断面图计算断面面积示例如图 17-6 所示。

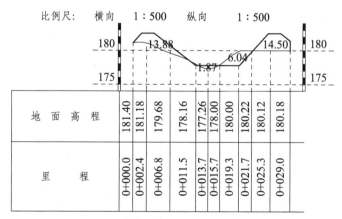

| 地 面 高 程 | 181.40 | 181.18 | 179.68 | 178.16 | 177.26 | 178.00 | 180.00 | 180.22 | 180.12 | 180.18 |
| 里　　　程 | 0+000.0 | 0+002.4 | 0+006.8 | 0+011.5 | 0+013.7 | 0+015.7 | 0+019.3 | 0+021.7 | 0+025.3 | 0+029.0 |

图 17-6　计算两期断面间的填挖方面积

4. 制作包含多个断面信息的断面里程文件（*.hdm）

将提供的多个横断面里程文件组合在一起，生成一个"包含多个断面信息"的断面里程文件。

注意：

（1）一条线状工程纵断面图通常是一个，所以一次绘制一个纵断面图。

（2）横断面图通常有很多个，所以尽可能一次批量地绘制多个，前提是将每个横断面对应的里程文件合并在一起生成一个断面里程文件。

（3）包含多个断面信息的里程文件，每个断面开始行用"BEGIN"开始，后面是该断面的纵断面里程，冒号后面是断面的序号，如图 17-7 所示。

BEGIN,000:1	BEGIN,078:3
0.000,188.036	0.000,185.434
3.525,187.966	4.184,190.295
6.927,187.801	9.843,185.091
10.249,188.371	13.224,184.901
18.101,186.265	16.155,184.545
20.099,185.715	18.954,183.260
21.577,185.831	20.288,183.829
25.567,187.876	22.280,185.178
28.313,187.876	26.358,183.725
32.138,188.146	28.343,184.179
BEGIN,032:2	30.581,185.568
0.000,187.131	34.283,185.488
2.758,186.981	37.834,185.859
6.553,186.770	39.345,185.822
9.365,187.113	BEGIN,148:4
13.636,184.688	0.000,183.934
16.359,184.962	3.764,182.573
23.545,187.055	4.524,181.841
26.650,187.101	7.257,181.248
31.184,187.048	9.647,181.580
BEGIN,078:3	11.484,182.586
	13.871,183.559
	17.118,183.554
	20.391,183.839
	22.854,183.796
	26.529,183.970

图 17-7　包含多个断面信息的断面里程文件

5. 使用断面里程文件批量生成断面图

使用步骤 4 中的断面里程文件（包含多个断面信息）批量生成断面图，如图 17-18 所示。

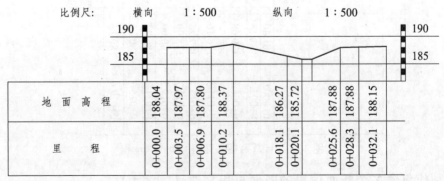

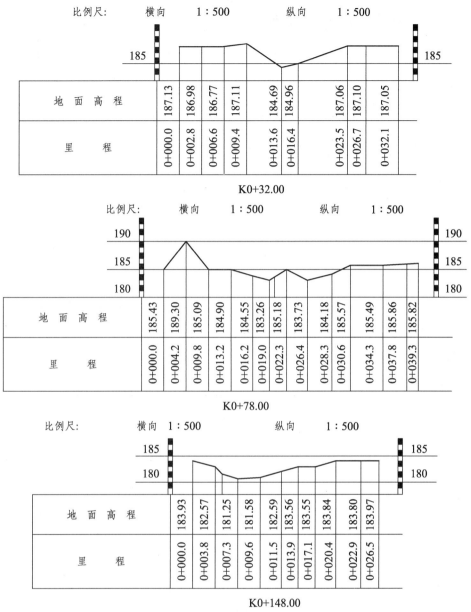

图 17-8　批量生成的断面图

注意：在一次批量绘制多个横断面图时，通常需要事先规划好断面图的排列顺序和位置，可以设置每列的个数，也可以设置各幅断面图之间的行间距和列间距，需要根据断面的实际大小和比例尺预估断面图大小从而确定行列间距，避免各行列断面图间距过大或过小。

六、注意事项

（1）爱护计算机机房软硬件设施，保持机房卫生状况。

（2）按要求完成所有实训内容，提交合格的绘图成果。

七、自我评价与小组互评表

实训项目				实训日期	
小组编号		实训场地		实训者	
序号	评价项目	分值	评价指标		评价分值
1	训练纪律	15	不迟到、不早退、不在课堂做与实训无关的事情		
2	团队协作	15	主动领仪器、还仪器，轮流观测、乐于助人		
3	熟练程度	20	安置仪器快、观测速度快		
4	规范程度	15	操作仪器程序规范、基本功扎实		
5	爱护仪器	15	理解训练目的、掌握操作方法、效果良好		
6	完成情况	20	在规定时间、规定地点按要求完成任务		
			自评得分		
			最后得分		
自我总结和反思：					
小组其他成员评价得分： ＿＿＿＿ ＿＿＿＿ ＿＿＿＿ ＿＿＿＿					

八、教师评价表

实训项目				实训者	
小组编号		实训场地		实训者	
序号	评价项目	分值	评价指标		评价分值
1	测量精度	30	精度符合规范要求		
2	数据记录	20	数据记录格式规范、无转抄、涂改、抄袭		
3	数据计算	20	计算准确、精度符合规范要求		
4	数据书写	15	书写认真、工整，没有错漏		
5	训练效果	15	理解训练目的、掌握操作方法、效果良好		
			合计分值		
			最后总得分		
存在问题：					
指导老师： 评价时间：					

实训 18　　**使用坐标数据文件绘制断面图**

一、实训目的

（1）熟悉使用 CASS 软件"坐标数据文件法"绘制断面图的方法。
（2）掌握坐标数据文件中各行数据的意义，能够使用坐标数据文件绘制断面图。
（3）掌握以断面线中间为零点向两侧绘制横断面图的方法。

二、实训仪器及设备

每小组一台计算机并安装 CASS10.1 软件。

三、任务目标

（1）将外业观测的数据绘制成断面线。
（2）使用坐标数据文件完成断面图的绘制。
（3）使用二维码中的实例数据绘制断面图。

四、实训要求

（1）各小组尽量使用本组外业采集阶段获取的数据完成断面图的绘制，通过绘图检查外业数据采集的质量（点位密度、点位采集合理性等）。
（2）如果外业实训环节采集的数据质量不高或者数据量太少不足以完成断面图绘制实训，则采用指导老师提供的真实数据，完成各项实训内容。
（3）实训完成后按要求提交相应的断面图绘制成果。

五、实训步骤

坐标数据文件法对应于全站仪和 RTK 坐标法采集的数据，外业获取的是各断面点的三维坐标，是实际工作中最常用的方法。
（1）将外业观测到的数据文件展点到 CASS 绘图界面中。

使用各小组外业横断面测量阶段采集的坐标数据文件（*.dat），也可采用指导老师提供的数据进行练习。

（2）使用复合线命令（PLINE）生成断面线。

注意：

① PLINE线的绘制方向决定了横断面图的起点，因此在绘制断面线之前要确定横断面图的绘制方向，使用PLINE线绘制断面线时一定要注意方向。

② 如果在外业数据采集中按每个断面固定方向采点并输入简编码，则可在内业执行"简码识别"功能，自动将每条断面线按照外业观测的顺序进行连接生成断面线。例如河流纵断面线通常选择深泓线，在横断面测量完毕之后，在图上人工连接深泓线费时费力，可在外业测量时给深泓线点加上特殊的编码，内业使用编码简码识别自动连线。

③ 绘制完成的PLINE线可以使用属性命令（PROPERTIES）中的顶点功能，判断PLINE线上各顶点的连接关系，即PLINE线的绘制方向。

（3）以横断面中间为零点向两侧绘制断面图。

如果横断面的零点在横断面线的中央，则应考虑左起点距和右起点距，如图18-1所示。

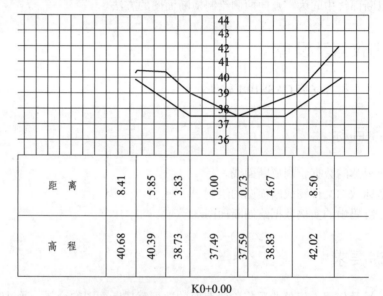

距 离	8.41	5.85	3.83	0.00	0.73	4.67	8.50
高 程	40.68	40.39	38.73	37.49	37.59	38.83	42.02

K0+0.00

图18-1 以横断面中间为零点生成的横断面图

（4）根据断面坐标数据文件绘制断面图。

在CASS软件主菜单下选择"工程应用"→"绘断面图"→"根据已知坐标"，在弹出的对话框里选择"坐标数据文件名（*.dat）"，在图18-2所示的对话框下进行必要的设置，绘制出对应的断面图。

注意：

① 根据已知坐标每次只能绘制一个横断面图。

② 绘制纵断面图和横断面图都用此功能。

③ 为了使横断面线和纵断面线垂直，可以事先在底图上规划好横断面线，并生成*.dxf文件导入RTK手簿中，测量过程中可参考设计断面线采集断面点，从而使外业采集的横断面点尽可能地位于同一条直线上。

图 18-2 断面坐标数据文件绘制断面图设置

六、注意事项

（1）爱护计算机房软硬件设施，保持机房清洁卫生。
（2）按要求完成所有实训内容，提交合格的绘图成果。

七、自我评价与小组互评表

实训项目				实训日期		
小组编号		实训场地		实训者		
序号	评价项目	分值	评价指标			评价分值
1	训练纪律	15	不迟到、不早退、不在课堂做与实训无关的事情			
2	团队协作	15	主动领仪器、还仪器，轮流观测、乐于助人			
3	熟练程度	20	安置仪器快、观测速度快			
4	规范程度	15	操作仪器程序规范、基本功扎实			
5	爱护仪器	15	理解训练目的、掌握操作方法、效果良好			
6	完成情况	20	在规定时间、规定地点按要求完成任务			
自评得分						
最后得分						
自我总结和反思： 小组其他成员评价得分：_____ _____ _____ _____						

八、教师评价表

实训项目					
小组编号		实训场地		实训者	
序号	评价项目	分值	评价指标		评价分值
1	测量精度	30	精度符合规范要求		
2	数据记录	20	数据记录格式规范、无转抄、涂改、抄袭		
3	数据计算	20	计算准确、精度符合规范要求		
4	数据书写	15	书写认真、工整，没有错漏		
5	训练效果	15	理解训练目的、掌握操作方法、效果良好		
合计分值					
最后总得分					
存在问题：					
指导老师：			评价时间：		

道路边桩测设

一、实训目的

（1）掌握水准仪和钢尺测设道路边桩
（2）利用趋近法确定路基边桩位置

二、实训仪器及设备

自动安平水准仪 1 台，塔尺 1 把，30 m 钢卷尺 1 把。

三、任务目标

通过本次实际操作训练，锻炼学生对边桩公式的应用及根据实测计算出来的距离与实际量出的距离，判断边桩应向内侧还是向外侧移动，用趋近法放出边桩的位置，具备独立测设边桩的能力。

四、实训要求

假设现场为左边高右边低的地形，根据指导老师提供的设计路基宽度为 10 m、挖深为 3 m、边沟宽为 0.5 m，坡度比为 1∶1，测设左边边桩。

五、实训步骤

（1）到实地估计左边边桩位置，用水准仪实测出该点与中桩的高差 $h_左$，计算出该点与中桩的实际距离 D，即

$$D = b/2 + 0.5 + 1 \times (3 + h_左)$$

（2）然后用钢尺从中桩丈量至该边桩的距离 D'，计算 $\triangle D = D - D'$，$\triangle D$ 为正数，则该边桩应向内侧移动；反之则向外侧移动。一般移动的距离应稍大于它们的差值；移动之后再实测出边桩与中桩的高差，继续刚才的动作，当 $\triangle D = D - D' < 0.1$ m，则该桩即为设计边桩位置，记录为合格。

（3）假设现场为左边低右边高的地形，按照上面设计数据，同样测设左边边桩。在现场估计一点为左边边桩位置，同样的方法测出该边桩与中桩的高差，按照公式计算实际距离 D，即

$$D = b/2 + 0.5 + 1 \times (3 - h_{左})$$

　　然后从中桩丈量至该边桩的距离 D'，计算 $\triangle D = D - D'$，$\triangle D$ 为正数，则该边桩应向外侧移动；反之则向内侧移动。一般移动的距离应稍大于它们的差值；移动之后再实测出边桩与中桩的高差，继续刚才的动作，当 $\triangle D = D - D' < 0.1$ m，则该桩即为设计边桩位置，记录为合格。以上计算、实量数据均记录到表 19-1 中。

表 19-1　路基边桩测设记录表

估计边桩	实测高差 $h_{左}$ 后计算 D 值	从中桩实量至估计边桩的距离 D'	$\triangle D = D - D'$	估计边桩应向内或向外移动
第一次				
第二次				
第三次				

　　（4）精度检核：从记录表检查，当趋近到 $\triangle D = D - D' < 0.1$ m 时，该小组测设成果合格。

六、注意事项

　　（1）钢尺丈量距离是要保持钢尺水平。
　　（2）水准仪应进行检核，视准轴误差（i 角误差）应小于 20″。
　　（3）从中桩丈量至该边桩的距离，计算差值后要注意移动方向。

七、自我评价与小组互评表

实训项目				实训日期	
小组编号		实训场地		实训者	
序号	评价项目	分值	评价指标		评价分值
1	训练纪律	15	不迟到、不早退、不在课堂做与实训无关的事情		
2	团队协作	15	主动领仪器、还仪器，轮流观测、乐于助人		
3	熟练程度	20	安置仪器快、观测速度快		
4	规范程度	15	操作仪器程序规范、基本功扎实		
5	爱护仪器	15	理解训练目的、掌握操作方法、效果良好		
6	完成情况	20	在规定时间、规定地点按要求完成任务		
			自评得分		
			最后得分		
自我总结和反思：					
小组其他成员评价得分：_____					

八、教师评价表

实训项目					
小组编号		实训场地		实训者	
序号	评价项目	分值	评价指标		评价分值
1	测量精度	30	精度符合规范要求		
2	数据记录	20	数据记录格式规范、无转抄、涂改、抄袭		
3	数据计算	20	计算准确、精度符合规范要求		
4	数据书写	15	书写认真、工整，没有错漏		
5	训练效果	15	理解训练目的、掌握操作方法、效果良好		
合 计 分 值					
最后总得分					
存在问题：					
指导老师：				评价时间：	

断面法土石方量测量与计算

一、实训目的

（1）掌握断面法土石方量测量的基本思想和原理。
（2）掌握断面法土石方量测量的操作流程。
（3）掌握使用 CASS 软件绘制断面图的方法。
（4）掌握使用 CASS 软件"断面法"计算土石方量。

二、实训仪器及设备

全站仪 1 台，全站仪专用三脚架 1 个，对中杆 1 根，小棱镜 1 个，绘图板 1 个，自备铅笔、小刀等。

三、任务目标

选择一个高低不平的实地区域，布设控制网，确定纵、横断面的方向、位置，完成纵、横断面的外业测量工作。

四、实训要求

（1）每名同学至少完成一个断面的测量。
（2）根据实地情况，设置横断面间距。
（3）纵、横断面测量时，测量的点数、位置一定要符合要求。
（4）按照《工程测量标准》（GB 50026—2020）中的技术要求，完成纵、横断面的测量。
① 仪器的对中偏差不应大于 5 mm，仪器高和反光镜高的量取应精确至 1 mm。
② 应选择较远的图根点作为测站定向点，并施测另一图根点的坐标和高程，作为测站。
③ 检核。检核点的平面位置较差不应大于图上 0.2 mm，高程较差不应大于基本等高距的 1/5。
（5）每组独立完成内业数据处理，提交合格成果。

五、实训步骤

（1）在测区周边布设控制网。

（2）根据设计测量纵断面。

（3）根据设计测量横断面。

（4）导出全站仪中的测量数据。

（5）通过 CASS 软件进行内业数据处理。

① 生成里程文件。一般选择由纵断面生成，在生成前需要先用复合线画出道路的纵断面线（也就是用复合线把断面的中桩连起来）。

② 选择土方计算类型。用鼠标点取"工程应用"→"断面法土方计算"→"道路断面"。点击后弹出对话框，道路断面的初始参数都可以在这个对话框中进行设置。

③ 选择里程文件：点击"确定"左边的按钮，弹出"选择里程文件名"对话框，选定第一步生成的里程文件。把实际设计参数填入相应的位置。注意：单位均为 m。

如果生成的部分断面参数需要修改，用鼠标点取"工程应用"菜单下的"断面法土方计算"子菜单中的"修改设计参数"。屏幕提示"选择断面线"，这时可用鼠标点取图上需要编辑的断面线，选设计线或地面线均可。选中后弹出一个对话框，可以非常直观地修改相应参数。

④ 计算工程量。用鼠标点取"工程应用"→"断面法土方计算"→"图面土方计算"。命令行提示：选择要计算土方的断面图，拖框选择所有参与计算的道路横断面图，指定土石方计算表左上角位置，在屏幕适当位置点击鼠标定点。系统自动在图上绘出土石方计算表。

六、注意事项

（1）每条横断面上的点，应尽量在一条直线上。

（2）纵、横断面上的点名，应该进行区分。

（3）当跟踪杆高度发生变化时，全站仪的目标高一定要同时更改。

七、自我评价与小组互评表

实训项目				实训日期		
小组编号		实训场地		实训者		
序号	评价项目	分值	评价指标			评价分值
1	训练纪律	15	不迟到、不早退、不在课堂做与实训无关的事情			
2	团队协作	15	主动领仪器、还仪器，轮流观测、乐于助人			
3	熟练程度	20	安置仪器快、观测速度快			
4	规范程度	15	操作仪器程序规范、基本功扎实			
5	爱护仪器	15	理解训练目的、掌握操作方法、效果良好			
6	完成情况	20	在规定时间、规定地点按要求完成任务			
			自评得分			
			最后得分			
自我总结和反思：						
小组其他成员评价得分：_____						

八、教师评价表

实训项目					
小组编号		实训场地		实训者	
序号	评价项目	分值	评价指标		评价分值
1	测量精度	30	精度符合规范要求		
2	数据记录	20	数据记录格式规范、无转抄、涂改、抄袭		
3	数据计算	20	计算准确、精度符合规范要求		
4	数据书写	15	书写认真、工整，没有错漏		
5	训练效果	15	理解训练目的、掌握操作方法、效果良好		
合计分值					
最后总得分					

存在问题：

指导老师：   评价时间：

实训 21　方格网法土石方量测量与计算

一、实训目的

（1）掌握方格网法土石方量测量的基本思想和原理。

（2）掌握方格网法土石方量测量的操作流程。

（3）掌握使用 CASS 软件完成方格网法土石方量计算。

二、实训仪器及设备

全站仪 1 台，全站仪专用三脚架 1 个，对中杆 1 根，小棱镜 1 个，绘图板 1 个，自备铅笔、小刀等。

三、任务目标

选择一个高低不平的实地区域布设控制网，根据设计，确定方格网大小。根据测区边界，确定每个方格网角度位置，然后使用全站仪完成外业的测量工作。

四、实训要求

（1）每名同学至少完成 2 个以上方格网角点的测量。

（2）将场地划分为边长 10～40 m 的正方形方格网，平坦地区宜采用 20 m×20 m 的方格网；地形起伏地区宜采用 10 m×10 m 的方格网。

（3）实地测量时，可以配合钢尺一起测量。

（4）根据《工程测量规范》(GB 50026—2020)、《建筑施工测量标准》(JGJ/T 408—2017)中的规定，结合本次实训任务，确定平面位置允许误差 ≤ ± 50 mm，高程允许误差 ≤ ± 20 mm。

（5）每组独立完成内业数据处理，提交合格成果。

五、实训步骤

（1）在测区周边布设控制网。

（2）根据设计和规范要求，完成正方形方格网的测量。

（3）导出全站仪中的测量数据。

（4）通过 CASS 软件进行内业数据处理。

① 确定计算区域："方格网法"→"确定计算范围"→"绘制区域"。

确定区域编号，绘制区域，选择区域是否划分为多个区块，区域绘制完成；可通过自由绘制、选择已有封闭线、自动搜索或者累加搜索等方法确定区域。

② 布置方格网："方格网法"→"自动布置方格网"。

点选要布置方格网的区域，在弹出的设置窗口中，设置方格网大小、方向等参数，单击"确定"按钮，布置出方格网。

③ 采集自然标高："方格网法"→"采集自然标高"。

点取要采集标高的区块/区域，程序读取该区域地形数据，并标注在方格点右下角。

④ 确定设计标高：设计标高可以手动输入或采集图上设计数据，此处以手动输入为例："方格网法"→"确定设计标高"→"输入设计标高"。

点取要输入标高的区块/区域，可通过等高度面、增减自然/设计标高、一点/二点坡度面、三点面、四点面这个方法确定设计标高，此处定义为等高度面。通过颜色区分填挖方范围。

⑤ 绘制零线："方格网法"→"绘制零线"。点取区域，程序自动绘制零线。

⑥ 挖填面积计算："方格网法"→"挖填面积计算"。可定位填挖方最高点，标注在图上。

⑦ 计算土石方量："方格网法"→"计算土石方量"。

指定松散系数（此处忽略），点取区域，土方量标注在每一个方格中，颜色区分填挖方。

⑧ 行列汇总："方格网法"→"土方行列汇总"。

其他汇总：横向为每一列的填方总量，竖向为每一行的挖方总量。

⑨ 土方量统计："方格网法"→"土方量统计表"。

可将汇总表绘制到图上或者导入 Word 文档中。

⑩ 绘制平土断面图："方格网法"→"绘制平土断面图"。

制定断面线位置，绘制断面；洋红色为自然地面线，黄色为平土地面线。

⑪ 土方三维模型：自然三角面模型生成→平土三角面模型生成→平土面自然面合并。

六、注意事项

（1）每条横断面上的点应尽量在一条直线上。

（2）纵、横断面上的点名应该进行区分表示。

（3）当跟踪杆高度发生变化时，全站仪的目标高一定要同时更改。

七、自我评价与小组互评表

实训项目				实训日期		
小组编号		实训场地		实训者		
序号	评价项目	分值	评价指标			评价分值
1	训练纪律	15	不迟到、不早退、不在课堂做与实训无关的事情			
2	团队协作	15	主动领仪器、还仪器，轮流观测，乐于助人			
3	熟练程度	20	安置仪器快、观测速度快			
4	规范程度	15	操作仪器程序规范、基本功扎实			
5	爱护仪器	15	理解训练目的、掌握操作方法、效果良好			
6	完成情况	20	在规定时间、规定地点按要求完成任务			
			自评得分			
			最后得分			

自我总结和反思：

小组其他成员评价得分：＿＿＿＿＿＿　＿＿＿＿＿＿　＿＿＿＿＿＿　＿＿＿＿＿＿

八、教师评价表

实训项目				实训者		
小组编号		实训场地		实训者		
序号	评价项目	分值	评价指标			评价分值
1	测量精度	30	精度符合规范要求			
2	数据记录	20	数据记录格式规范、无转抄、涂改、抄袭			
3	数据计算	20	计算准确、精度符合规范要求			
4	数据书写	15	书写认真、工整，没有错漏			
5	训练效果	15	理解训练目的、掌握操作方法、效果良好			
			合计分值			
			最后总得分			

存在问题：

指导老师：　　　　　　　　　　　　　　　　　　评价时间：

实训 22

DTM 法土石方量测量与计算

一、实训目的

（1）掌握 DTM 法土石方量测量的基本思想和原理。
（2）掌握 DTM 法土石方量测量的操作流程。
（3）掌握使用 CASS 软件完成 DTM 法土石方量计算。

二、实训仪器及设备

全站仪 1 台，全站仪专用三脚架 1 个，对中杆 1 根，小棱镜 1 个，绘图板 1 个，自备铅笔、小刀等。

三、任务目标

选择一个高低不平的实地区域，布设控制网，根据实际地貌的变化情况（可以按照测量等高线的方法测量），完成外业的测量工作。

四、实训要求

（1）每名同学最少完成 5 个特征点的测量。
（2）根据实地情况，设置碎部点位置。
（3）根据《工程测量标准》（GB 50026—2020）中的规定，结合本次实训任务，按照数字化测图 1∶500 地形图中等高线测量的要求，完成测量。
（4）每组独立完成内业数据处理，提交合格成果。

五、实训步骤

（1）在测区周边布设控制网。
（2）根据设计，进行设站、定向、碎部点测量。
（3）导出全站仪中的测量数据。

（4）通过 CASS 软件进行内业数据处理。

① 在图上绘制土石方量的计算范围（必须为闭合多段线）。

② 用 CASS 软件打开数据后，在菜单里点击"工程应用"→"DTM 法土方计算"→"根据坐标文件"。

③ 这时 CASS 软件提示选择计算区域边界线（该范围边界线必须为闭合的多段线）。

④ 选定计算范围区域后，弹出"输入高程点数据文件名"，找到对应的高程点文件打开。

⑤ 输入平场标高和边界采样间距（根据具体情况分析确定）。点击"确定"即可得到土方挖填方量。

⑥ 最后在空白处指定计算结果数据表格，最终得到计算结果。

六、注意事项

（1）当个别点位不通视时，可以向里面支站，但是不能连续支站超过两次。

（2）在地形变化复杂的地方，应适当加密碎部点的测量。

（3）当跟踪杆高度发生变化时，全站仪的目标高一定要同时更改。

七、自我评价与小组互评表

实训项目				实训日期		
小组编号		实训场地		实训者		
序号	评价项目	分值		评价指标		评价分值
1	训练纪律	15		不迟到、不早退、不在课堂做与实训无关的事情		
2	团队协作	15		主动领仪器、还仪器，轮流观测、乐于助人		
3	熟练程度	20		安置仪器快、观测速度快		
4	规范程度	15		操作仪器程序规范、基本功扎实		
5	爱护仪器	15		理解训练目的、掌握操作方法、效果良好		
6	完成情况	20		在规定时间、规定地点按要求完成任务		
自评得分						
最后得分						
自我总结和反思：						
小组其他成员评价得分：_____						

八、教师评价表

实训项目						
小组编号		实训场地		实训者		
序号	评价项目	分值	评价指标			评价分值
1	测量精度	30	精度符合规范要求			
2	数据记录	20	数据记录格式规范、无转抄、涂改、抄袭			
3	数据计算	20	计算准确、精度符合规范要求			
4	数据书写	15	书写认真、工整，没有错漏			
5	训练效果	15	理解训练目的、掌握操作方法、效果良好			
合计分值						
最后总得分						

存在问题：

指导老师：   评价时间：

实训 23　建筑物沉降变形监测

一、实训目的

（1）了解沉降变形监测的意义。

（2）熟悉沉降变形监测的基本原理。

（3）掌握沉降变形监测基准点与监测点的布设。

（4）掌握沉降变形监测的测量流程。

（5）掌握沉降变形监测的数据处理与分析。

二、实训仪器及设备

DS1 电子水准仪 1 台，水准仪专用三脚架 1 个，水准尺 1 对，尺垫 1 对，记录表格若干，自备铅笔、小刀、计算器等。

三、任务目标

选择校园内的某一栋大楼，在大楼周边确定好基准点，布设好监测点，选择二等水准测量方法，定期完成监测工作。

四、实训要求

（1）每名同学独立完成一次沉降变形监测的全过程。

（2）观测精度等级要求：

① 观测点观测等采用了二等水准测量；

② 基准点观测精度应高于变形点观测的精度，即采用了一等精度观测。

（3）基准点观测主要技术要求见表 23-1、表 23-2，观测点的主要技术要求见表 23-3、表 23-4。

表 23-1　基准点观测主要技术要求

等级	相邻基准点高差中误差（mm）	每站高差中误差（mm）	往返较差（mm）	检测已测高差较差（mm）	主要技术要求
一等	±0.3	±0.07	±0.15$\sqrt{n}$	±0.2$\sqrt{n}$	按国家一等水准测量的技术要求施测；n 为测站数

表 23-2　基准点观测主要技术要求

等级	视距（m）	前后视距差（m）	视距累积差（m）	视线高度（m）	基、辅分划读数的差（mm）	基、辅分划所测高差之差（mm）
一等	≤15	≤0.7	≤1.0	≥0.3	0.3	0.5

表 23-3　观测点的主要技术要求

等级	高程中误差（mm）	相邻点高差中误差（mm）	往返较差或环线闭合差（mm）	观测要求
二等	±0.5	±0.30	≤0.3$\sqrt{n}$	按国家二等精密水准测量；n 为测站数

表 23-4　观测点的主要技术要求

等级	视线长度（mm）	前后视距差（mm）	前后视距累积差（mm）	视线高度（mm）	基、辅分划读数的差（mm）	基、辅分划所测高差之差（mm）
二等	≤50	2.0	3.0	0.3	0.5	0.7

（4）一般情况我们至少要埋设 3 个基准点，基准点距观测点的距离应大于 2 倍建筑物的深度。为便于检测基准点的稳定性，3 个基准点最好围成一个边长不超过 60 m 的等边三角形。

（5）观测点的布设是沉降观测工作中一个很重要的环节，应考虑以下几个因素：

① 建筑物的结构和形状；

② 地质条件；

③ 荷载因素。

（6）根据实训课程的特点，观测周期确定为 7 天比较适宜。

五、实训步骤

（1）基准点检测，使用一等水准测量的方法在三个基准点之间进行测量。

（2）使用二等水准测量的方法，从一个基准点出发，经过所有监测点，回到出发的基准点，完成一个闭合水准路线测量。

（3）内业数据处理，数据分析。

（4）编写沉降变形监测报告。

六、注意事项

（1）沉降变形监测要遵循"五定"原则。

（2）当测量精度超限时，应立即重新测量。

（3）严格按照变形监测规范要求，完成实训。

七、记录表格

1. 二等水准测量记录表格

根据表 23-5 完成二等水准测量手簿表作业。

表 23-5　二等水准测量手簿

| 测站编号 | 后距 | 前距 | 方向及尺号 | 标尺读数 | | 两次读数之差 | 备注 |
	视距差	视距累积差		第一次读数	第二次读数		
			后				
			前				
			后－前				
			h				
			后				
			前				
			后－前				
			h				
			后				
			前				
			后－前				
			h				
			后				
			前				
			后－前				
			h				
			后				
			前				
			后－前				
			h				
			后				
			前				
			后－前				
			h				
			后				
			前				
			后－前				
			h				

测站编号	后距	前距	方向及尺号	标尺读数		两次读数之差	备注
	视距差	视距累积差		第一次读数	第二次读数		
			后				
			前				
			后－前				
			h				
			后				
			前				
			后－前				
			h				
			后				
			前				
			后－前				
			h				
			后				
			前				
			后－前				
			h				
			后				
			前				
			后－前				
			h				
			后				
			前				
			后－前				
			h				

2. 内业数据整理表格

完成内业数据整理，见表 23-6～表 23-9。

表 23-6　基准点观测数据表

点号	已知高程（m）	实测高程（m）	下沉量（mm）	总下沉量（mm）	实测高程（m）	下沉量（mm）	总下沉量（mm）	实测高程（m）	下沉量（mm）	总下沉量（mm）

表 23-7　观测点下沉数据统计表

点号	起始高程（m）	实测高程（mm）	下沉量（mm）	总下沉量（mm）	实测高程（m）	下沉量（mm）	总下沉量（mm）	实测高程（m）	下沉量（mm）	总下沉量（mm）

表 23-8　基准点观测数据表

点号	已知高程（m）	实测高程（m）	下沉量（mm）	总下沉量（mm）	实测高程（m）	下沉量（mm）	总下沉量（mm）	实测高程（m）	下沉量（mm）	总下沉量（mm）

表 23-9　观测点下沉数据统计表

点号	起始高程（m）	实测高程（m）	下沉量（mm）	总下沉量（mm）	实测高程（m）	下沉量（mm）	总下沉量（mm）	实测高程（m）	下沉量（mm）	总下沉量（mm）

八、自我评价与小组互评表

实训项目			实训日期		
小组编号		实训场地		实训者	
序号	评价项目	分值	评价指标		评价分值
1	训练纪律	15	不迟到、不早退、不在课堂做与实训无关的事情		
2	团队协作	15	主动领仪器、还仪器，轮流观测，乐于助人		
3	熟练程度	20	安置仪器快、观测速度快		
4	规范程度	15	操作仪器程序规范、基本功扎实		
5	爱护仪器	15	理解训练目的、掌握操作方法、效果良好		
6	完成情况	20	在规定时间、规定地点按要求完成任务		
自评得分					
最后得分					

自我总结和反思：

小组其他成员评价得分：_____

九、教师评价表

实训项目				实训者	
小组编号		实训场地		实训者	
序号	评价项目	分值	评价指标		评价分值
1	测量精度	30	精度符合规范要求		
2	数据记录	20	数据记录格式规范、无转抄、涂改、抄袭		
3	数据计算	20	计算准确、精度符合规范要求		
4	数据书写	15	书写认真、工整，没有错漏		
5	训练效果	15	理解训练目的、掌握操作方法、效果良好		
合计分值					
最后总得分					

存在问题：

指导老师：   评价时间：

实训 24　水平位移监测

一、实训目的

（1）了解水平位移监测的意义。
（2）熟悉水平位移监测的基本原理。
（3）掌握水平位移监测的常用方法。
（4）掌握水平位移监测的测量流程。
（5）掌握水平位移监测的数据处理与分析。

二、实训仪器及设备

全站仪 1 台，全站仪专用三脚架 1 个，含基座棱镜组 2 套，脚架 2 个，全站仪反光贴若干，自备铅笔、小刀、计算器等。

三、任务目标

选择校园内的一个基坑，若没有基坑，也可以选择某一栋大楼，在基坑周边确定好基准点和后视定向点，在基坑上布设好监测点，监测点分布要均匀合理，定期完成监测工作。

四、实训要求

（1）每名同学完成一测站的测量工作。
（2）布设监测点时，要考虑到建筑物（基坑）的构造特点。
（3）合理确定监测周期，根据实训课程特点，建议 7 天为一个周期。
（4）观测时，所有测量项目的精度应满足测量规范中的技术要求（表 24-1），参考《建筑变形测量规范》（JGJ 8—2016）、《工程测量标准》（GB 50026—2020）。

表 24-1　变形监测的等级划分及精度要求

等级	沉降监测点测站高差中误差（mm）	位移监测点坐标中误差（mm）	适用范围
特等	0.05	0.3	特高精度要求的变形测量
一等	0.15	1.0	地基基础设计为甲级的建筑的变形测量；重要的古建筑、历史建筑的变形测量；重要的城市基础设施的变形测量等
二等	0.5	3.0	地基基础设计为甲、乙级的建筑的变形测量；重要场地的边坡监测；重要的基坑监测；重要管线的变形测量；地下工程施工及运营中变形测量；重要的城市基础设施的变形测量等
三等	1.5	10.0	地基基础设计为乙、丙级的建筑的变形测量；一般场地的边坡监测；一般的基坑监测；地表、道路及一般管线的变形测量；一般的城市基础设施的变形测量等；日照变形测量；风振变形测量等
四等	3.0	20.0	精度要求低的变形测量

五、实训步骤

（1）按测量要求检验好仪器，准备观测仪器工具。
（2）到测站后打开仪器箱，晾置 30 min 左右，使仪器温度和环境温度基本一致。
（3）检测控制点位置。
（4）测量监测点、记录好外业观测数据。
（5）内业数据处理、数据分析。

六、注意事项

（1）每次观测前，要对控制点进行检测。
（2）每次观测所使用的控制点应该固定。
（3）每次进行外业测量前，最好先进行仪器检测。
（4）每次进行位移观测时，注意不得使太阳光直晒测量仪器。

七、实训数据记录表

完成表 24-2 水平位移监测数据记录表。

表 24-2　水平位移监测数据记录表

点号	初始数据	年　月　日		总位移量（mm）	年　月　日		总位移量（mm）
		本期数据（m）	水平位移（mm）		本期数据（m）	水平位移（mm）	
	X	X	$\triangle X$		X	$\triangle X$	
	Y	Y	$\triangle Y$		Y	$\triangle Y$	

八、自我评价与小组互评表

实训项目				实训日期	
小组编号		实训场地		实训者	
序号	评价项目	分值	评价指标		评价分值
1	训练纪律	15	不迟到、不早退、不在课堂做与实训无关的事情		
2	团队协作	15	主动领仪器、还仪器，轮流观测、乐于助人		
3	熟练程度	20	安置仪器快、观测速度快		
4	规范程度	15	操作仪器程序规范、基本功扎实		
5	爱护仪器	15	理解训练目的、掌握操作方法、效果良好		
6	完成情况	20	在规定时间、规定地点按要求完成任务		
			自评得分		
			最后得分		
自我总结和反思：					
小组其他成员评价得分：_____					

九、教师评价表

实训项目				实训者	
小组编号		实训场地		实训者	
序号	评价项目	分值	评价指标		评价分值
1	测量精度	30	精度符合规范要求		
2	数据记录	20	数据记录格式规范、无转抄、涂改、抄袭		
3	数据计算	20	计算准确、精度符合规范要求		
4	数据书写	15	书写认真、工整，没有错漏		
5	训练效果	15	理解训练目的、掌握操作方法、效果良好		
			合计分值		
			最后总得分		
存在问题：					
指导老师：			评价时间：		